蔬菜食品加工
工艺与配方

薛效贤　薛 薪　李文郁　编著

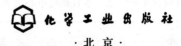

化学工业出版社

·北京·

图书在版编目（CIP）数据

蔬菜食品加工工艺与配方/薛效贤，薛薪，李文郁编
著.—北京：化学工业出版社，2019.11
ISBN 978-7-122-35305-4

Ⅰ.①蔬… Ⅱ.①薛… ②薛… ③李… Ⅲ.①蔬
菜加工Ⅳ.①TS255.3

中国版本图书馆 CIP 数据核字（2019）第 215478 号

责任编辑：张　彦　　　　　装帧设计：韩　飞
责任校对：边　涛

出版发行：化学工业出版社（北京市东城区青年湖南街13号　邮政编码100011）
印　　刷：北京市振南印刷有限责任公司
装　　订：北京国马印刷厂
850mm×1168mm　1/32　印张9½　字数245千字
2020 年 8 月北京第 1 版第 1 次印刷

购书咨询：010-64518888　　　售后服务：010-64518899
网　　址：http://www.cip.com.cn
凡购买本书，如有缺损质量问题，本社销售中心负责调换。

定　　价：45.00元

蔬菜，是指人们日常用来
植物，经过栽培、种植、驯化改

蔬菜是人们饮食结构中的
天都离不开它。现在人们有"
们日常饮食中占有相当重要的位

蔬菜种类繁多，资源丰富，
化合物等营养物质，对人体维持
疫、加强新陈代谢的生理功能有
维，可促进肠道蠕动，加速有害物

本书主要介绍叶菜类、茎菜类、
菜品种的品质、营养保健作用以及各
的先进性、实用性与可操作性为一体，
掌握各种蔬菜的传统加工方法，如保鲜
罐头、脱水干制等。近年来又发展了进
技术、新工艺、新方法，能为从事蔬菜
考，也为家庭创业致富开辟新的途径。

由于水平所限，编写中难免有不当

目录
CONTENTS

第一篇 叶菜类

第二篇　茎菜类

第三篇 根菜类

第四篇　茄果类

第一篇

叶菜类

　　叶菜主要是指以鲜嫩的绿叶、叶柄为食用对象的蔬菜。有野生和人工种植两大类，品种很多，资源丰富，色泽艳丽，含水量高，并富含各种维生素、矿物质、碳水化合物、纤维素、芳香物质及消化酶等营养物质。大多数叶菜偏甘凉，有清热除烦、凉血解毒、化痰止咳、通利二便等功能。它适应性广，生长期短，没有严格的成熟标准，故采收期灵活，对人体供给营养、维持生命、调节酸碱平衡及新陈代谢等生理功能起着重要的作用，是人们生活中不可缺少的蔬菜之一。现将13种叶菜的作用价值及制品加工方法分别详述于后。

一、菠　菜

（一）概述

　　菠菜，又名为菠薐菜、鹦鹉菜、红根菜、波斯菜等，原产于伊朗（西波斯）和亚美尼亚，已有两千多年的栽培历史。7世纪初传入我国，在唐代开始栽培，最初叫菠薐菜，后简称菠菜。

　　菠菜品种较多，按成熟时间一般分为：春菠、夏菠、秋菠和大叶菠。春、夏菠菜的叶子显圆形；秋冬菠菜叶子是尖的；大叶菠菜棵大茎长，叶片肥硕，是春秋露地栽培的好品种。

　　菠菜叶绿色，呈椭圆或箭形，根呈红色，粗而柄长，味甘，细嫩柔软，含水量高。菠菜很容易脱水、萎缩、色泽暗淡，但只要干爽、菜叶无黄色斑点、根呈浅红色，都可食用。

　　菠菜是叶菜类重要的品种之一，是低热量食物，营养丰富，维生素、蛋白质和矿物质含量较高。根据测定，每百克含水分91.8克，含蛋白质2.5克，脂肪0.5克，碳水化合物2.76克，粗纤维0.7克，灰分1.5克，矿物质如钾、钠、钙、镁、铁、磷、氯，还含有胡萝卜素、维生素A原、维生素B_1、维生素B_2、烟酸、尼克酸、维生素C，因此，菠菜被誉为"菜中之王"。

菠菜味甘、性凉、无毒。具有利五脏通血脉、止渴润燥、补血养颜、养肝明目、健脑安神的功效。适于慢性便秘、高血压、糖尿病、夜盲症、贫血者食用，还可以解酒毒、治咳喘等。《本草纲目》说：菠菜的叶及根味甘辛无毒、利五脏、通肠胃热、解酒毒、通血脉、开胸膈、下气调中、止渴润燥，根尤良。现代医学把菠菜作为滑肠药，主治习惯性便秘及痔漏，并有促进胰腺分泌、帮助肠胃消化、提高消化吸收的功能。

（二） 制品加工技术

菠菜可作为各种荤素菜的配料，还可加工成净菜、速冻食品、干制品及各种膳食饮品等。

1. 菠菜干制品

蔬菜脱水干制是将蔬菜中的大部分水分降低至微生物不能繁殖的条件，并使所含酶的活性受到抑制，从而达到产品较长时间不变质的目的。干制品体积缩小，重量轻，便于包装和贮运。其干制方法有自然干制和人工干制两大类。

（1） 配料

鲜嫩菠菜，食盐。

（2） 工艺流程

原料选择→修整→清洗→切段→脱水→压块→包装→成品

（3） 制作要点

① 原料选择：选取新鲜、叶片大、肉肥厚、色泽绿，无病虫害、损伤，生长良好的菠菜为原料。

② 修整、清洗：除去老黄叶和根部，用清水洗涤干净。

③ 切段：将洗净的菠菜，用不锈钢刀切成1～2厘米的段。

④ 脱水：将清洗切段的干净菠菜装入烘筛中，在75～80℃条件下进行风干，使菠菜干制品含水量在6.5％以下。

⑤ 压块：烘制的菠菜干片，调入适量食盐，立即趁热用压块机模压块，以免转凉变脆增加破碎率。

⑥ 包装：将压块干制菠菜用塑料薄膜袋密封包装贮存或销售。

特点：制品深绿色，块形完整，叶片卷曲状，质地脆，复水性好，用 50℃ 热水浸泡 1 分钟即可食用。

2. 速冻菠菜

蔬菜的速冻是利用低温使蔬菜迅速冻结，是将蔬菜中的水分形成冰晶结构，有效抑制微生物和酶的活性，减缓蔬菜的生化反应，从而能保持其原有色、香、味、形及营养成分，延长蔬菜的保质时间，达到调节市场供应、满足消费者需求的目的。

采用冷冻真空干燥，可最大限度地保持菠菜固有的色泽、香气、滋味、形状和营养成分。

（1）配料

新鲜菠菜。

（2）工艺流程

原料选择→清洗→切分→护色→装盘→冷冻→干燥→分选包装→成品

（3）制作要点

① 原料选择：选用叶大肥厚的新鲜菠菜，剔除黄叶、病斑叶及虫蛀叶等不可食部分。

② 清洗、切分：将选好的菠菜用清洗机或水池漂洗干净，沥去水分，用切菜机或人工切成 1 厘米长的段。

③ 护色、装盘：把切分后的菠菜段置于 80～85℃ 的热水中浸泡 50～90 秒钟，以抑制氧化酶的活性，保护绿色，捞出，再浸入冷水中冷却至常温，沥去表面水后，将菠菜均匀地摊放在不锈钢料盘上。装料厚度 8～9 毫米。

④ 冷冻干燥：将装料盘送入真空冷冻干燥机内，密封后开启真空阀，抽真空 30 分钟，使干燥室内真空度由 0.084 兆帕逐渐上升至 0.097 兆帕，此时菠菜中的水分在低压环境中直接升华成水蒸气，由排气筒排出干燥室外。当温度下降至 -12℃ 时，加热系统开始送温，使物料温度升至 -5℃，以使菠菜中的水分升华率达到最大值，持续 1.5～2.0 小时后，控制系统调节送温，使料温稳定在 -5～-3℃，持续 1.5 小时，再调节送温，使物料温度达 -2℃ 左

右，关闭送温阀。待菠菜干重达到预测值，电子秤显示器所示料重在 20 分钟内无变化时，停机结束干燥，这一过程约需 5 小时，冻干菠菜的含水量在 2% 以下。

⑤ 分选包装：停机后打开干燥室门，取出料盘检查冻干菠菜的颜色、形状及干燥程度是否一致。挑选出未干燥完全或干燥过头、变色、变形的菠菜，将合格品用聚乙烯复合塑料袋按每袋 1 千克迅速进行抽气密封包装。因冻干菠菜吸水性极强，要求包装环境相对湿度控制在 20%～30%，贮存时要用吸湿剂或吸湿装置来控制库内的相对湿度，以防吸潮变质。

特点：制品呈鲜绿色，片状均匀一致，具有菠菜的天然滋味和香气，菠菜涩味减轻。将冻干菠菜在 70～80℃ 热水中浸泡 45 秒，即可烹调或直接食用。

3. 净菠菜

净菜是洁净蔬菜的简称，是指经过挑选、去皮、去根等修整、清洗、切分和包装处理的生鲜蔬菜，可食率达到 100%，即可达到直接烹食或生食的要求。净菜具有干净、营养、卫生、方便、安全的特点，目前国际市场十分盛行，已成为消费主流。我国具有良好的市场前景和巨大的发展潜力。

（1）配料

鲜嫩菠菜，抗坏血酸钠，脱氢醋酸钠，乳酸钙。

（2）工艺流程

原料分级挑择→清洗→整理→切分→保鲜→脱水→灭菌→包装→成品→冷藏

（3）制作要点

① 原料分级挑择：选择新鲜叶厚的菠菜，除去杂物、黄叶后分成大小不同等级进行初步清洗。清洗后置于清水池中浸泡 2.0 小时，然后再过分级机械或手工分级处理。

② 清洗、整理：采用气泡式清洗机或滚筒式清洗机，将菠菜上附着的细菌和附着在净菜表面的细胞液洗去，以减少病原菌，减少色变，延长保存时间，最后用净水喷淋冲洗，把菜理整齐。

③ 切分：净菜切分越小，切分面积越大，保存性越差。菠菜用钝刀切割，切割面受伤多，容易引起变色、腐败，所以尽量减少切割次数。一般都采用不锈钢材质、刀身薄、刃锋利的切刀，将菠菜切成段或丝的净菜。

④ 保鲜：菠菜切割时会受到机械损伤而引起一系列的生理变化反应，如呼吸加快、乙烯产生加快、酶促和非酶促褐变加快，同时使一些营养物质流出，更容易发生微生物腐烂变质，使菠菜自然抵抗力下降，使货架存放期缩短，因此采用 0.05％～0.1％ 的异抗坏血酸钠、0.3％～1.0％ 脱氢醋酸钠、0.1％ 乳酸钙保护液浸泡5～10分钟进行保鲜。

⑤ 脱水：菠菜经过切分保鲜后，内外都有许多水分，在这种湿润状态下放置，很容易引起变坏或老化，因此需要进行适当的去掉水分。采用离心机脱水，时间 3～5 分钟，使净菠菜表面无水分。

⑥ 灭菌：净菜一般用紫外线灭菌 2～3 分钟。

⑦ 包装：净菠菜采用合格包装袋进行包装，真空度为 0.065 兆帕，然后将净菜产品放入 4℃ 左右条件下贮藏。

特点：制品具有深绿、新鲜、方便、卫生、安全和营养等优点，可直接进行烹调加工处理。

4. 菠菜纸

（1）配料

菠菜 100％，海藻酸钠 1.0％，淀粉 3.0％，调味料适量。

（2）工艺流程

原料选取→清洗→软化→破碎→过筛→拌料→刮片→烘烤→揭片→调味→再烘烤→包装

（3）制作要点

① 原料选取：选用新鲜不变质的菠菜，去除根部和泥杂。

② 清洗：将菠菜用清水冲洗干净后，切成 1.0 厘米左右的段。

③ 软化：将清洗切好段的菠菜放入沸水锅中漂烫 5 分钟左右，以柔软、可打浆、颜色碧绿时捞出。

④ 破碎、过筛：将捞出沥去水的菠菜料送入打浆机打浆，越

细越好，要求能通过 100 目筛。

⑤ 拌料：用适量的温水将 1.0％海藻酸钠和 3.0％淀粉溶解后加入打浆机中和菠菜浆汁混合均匀。

⑥ 刮片：将混合拌好的糊状物倒在钢化玻璃板上，用木条刮成 0.5 厘米厚的薄层。不宜太薄或太厚，太厚成品发硬，太薄则揭片时易碎。

⑦ 烘烤、揭片：将刮片后的玻璃板送入烘箱中，在 60℃下烘烤 5 小时，至菠菜纸有韧性时揭片。

⑧ 调味、再烘烤：按自己口味调好调味剂，喷涂于菠菜纸上，再烘烤片刻，至成品稍硬时即可取出，放干燥处冷凉。

⑨ 包装：采用复合袋抽真空包装，并在袋内放入一小袋干燥剂。

特点：制品清脆可口，风味独特。产品不仅保留了原料的风味和营养成分，而且具有低糖、低钠、低脂、低热量等特点，还有养血、止血、敛阴润燥的功能。适于衄血、便血、坏血病、消渴引饮、大便涩滞等病患者食用。

5. 菠菜冰淇淋

（1）配料

菠菜糊 12％，白砂糖 14％，鲜牛奶 45％，奶油 5％，鸡蛋清 5％，淀粉 3％，柠檬酸 0.15％，明胶 0.3％，羧甲基纤维素钠 0.15％，单甘酯 0.075％，香精适量。

（2）工艺流程

原料处理→打浆研磨→配料→杀菌冷却→均质→陈化→注模凝冻→硬化包装→冷藏→成品

（3）制作要点

① 原料处理

a. 将鲜菠菜择去老叶及根，清洗干净后切成小段，并将梗和叶分开处理。梗在沸水中烫漂 2 分钟，叶烫漂半分钟后，迅速投入冷水中冷透，以防变色。

b. 将牛奶、奶油、羧甲基纤维素钠、白砂糖、明胶等分别按常规工艺处理，其中明胶、羧甲基纤维素钠首先浸泡后再加热溶解。

② 打浆研磨：采用研磨机将菠菜进行粗磨和精磨两次研磨成菜糊。研磨时应严格控制出料温度，以防研磨时间长温度高时引起菠菜变色。精磨时有利气泡混入，提高产品膨化率。

③ 配料、杀菌：将研磨的菠菜糊与其他原料按配料比混合后采用组合板式杀菌器在 121℃运行 10 秒钟进行高温瞬时杀菌。

④ 冷却、均质：经杀菌后的料液，快速冷却到 60℃送入均质机，以 $1.47×10^6$ Pa 压力均质处理，使混合原料黏度增加，使稳定剂、乳化剂、蛋白质细化分布均匀，起泡性好，细腻、润滑、膨胀率高。

⑤ 陈化：经均质后的原料迅速冷却到 2～4℃，在不断搅拌下放置 14 小时，使其充分成熟。

⑥ 注模凝冻：陈化后的料液加入香精后，注入冰淇淋槽模中，冻结膨化，其凝冻温度为 -5～-4℃。

⑦ 硬化包装、冷藏：凝冻的膨化冰淇淋迅速送入 -30～-5℃冷库中速冻。使冰淇淋中心温度降止 -18℃以下，然后脱模、包装，再送入 -20～-18℃冷藏。

特点：色泽翠绿有奶香味，冰凉细腻，入口即化。

6. 翡翠豆腐

（1）配料

大豆 5.0 千克，菠菜 7.0 千克，石膏卤适量。

（2）工艺流程

原料处理→磨浆，榨汁→浆汁混合→加热搅拌→加卤凝固→装箱→成品

（3）制作要点

① 原料处理：将大豆用清水洗净；菠菜择洗干净，晾干。

② 磨浆，榨汁：洗净的大豆，加入 5 倍量的水浸泡 10 小时后，带水磨成浆水。晾干的菠菜用榨汁机压榨取汁。

③ 浆汁混合：将磨成的浆水，搅拌加入到 3 倍量的沸水中，

煮沸 10 分钟，再加入 2 倍于大豆量的菠菜汁混合。

④ 加热搅拌：混合浆汁加热搅拌，保温 3 分钟。

⑤ 加卤凝固：在保温时加入卤汁，其加入量为大豆量 4％，待凝固后，轻轻捣碎，撇去浮液。

⑥ 装箱、成品：撇去浮液后，移入多孔形箱中，内垫滤布，可制得形状各异的绿色豆腐。

特点：豆腐嫩软，色泽碧绿。

7. 菠菜菠萝汁复合饮料

（1）配料

菠菜、菠萝、白砂糖、柠檬酸、海藻酸钠、氯化钙。

（2）工艺流程

原汁提取→复合配调→脱气→均质→装瓶密封→杀菌→冷却→贴标→包装→成品

（3）制作要点

① 原汁提取

a. 菠菜汁：菠菜洗净后，迅速投入 0.8％浓度的氯化钙溶液中浸泡 30 分钟护色。清洗后用蒸汽烫 3 分钟，然后用打浆机打成均匀细腻的糊状，其料水比为1∶1，用滤布过滤，得到菠菜汁。

b. 菠萝汁：菠萝削去皮后，用 0.5％盐水浸泡，按照料水比1∶1进行打浆，然后加热到80℃，再过滤得到菠萝汁。

② 复合配调：按照菠菜汁 11.54 千克，菠萝汁 11.54 千克，白砂糖 4 千克，柠檬酸 0.15 千克，海藻酸钠 0.05 千克的配比配料，混合均匀。

③ 脱气：采用真空脱气机，真空度为 88～93.3 千帕，温度40～50℃。

④ 均质：采用高压均质机均质，压力为 1.5～1.8 兆帕。

⑤ 装瓶密封：先将玻璃瓶和瓶盖洗净、消毒，待混合料均质后，趁热装罐，压盖封口。

⑥ 杀菌、冷却、贴标、包装：采用蒸汽杀菌10分钟后，用水分段冷却至 38℃，擦干罐入库存放一周后，检验、贴标、装箱。

特点：色泽黄绿色，呈浑浊状液体，有菠菜和菠萝混合风味。固形物含量12%，糖量11%，还原糖0.6克/100毫升，pH值4，总酸度0.6。

❧ 二、油 菜 ❧

（一）概述

油菜原产于我国，南方地区叫青菜，又称芸薹、油白菜、红油菜、胡菜、小白菜，是绿叶蔬菜中最普通的一种，夏秋主要是小青菜，冬春是大棵青菜。

油菜味美爽口，营养丰富，在每百克油菜中含水分93.0克，蛋白质2.0克，脂肪0.1克，碳水化合物4.0克，粗纤维0.5克，灰分1.3克，维生素A3.15毫克，还含有矿物质钙、磷、铁，以及胡萝卜素、维生素B_1、维生素B_2、维生素C、尼克酸等，对人体有良好的滋补作用。

油菜性温、味平，具有清热解毒、润肠通便、活血化瘀、明目的作用。

（二）制品加工技术

油菜食法有炒、烧、炝、扒、腌、干制、净菜、酱等。如想吃酥软菜肴，可先将油菜放到油锅里煸炒之后放盐。若吃带脆性油菜时，在蔬菜放入锅内即时放盐即可。

1. 油菜干制品

（1）配料

新鲜油菜。

（2）工艺流程

选料→整理→清洗→煮制→日晒→压块→包装→成品

（3）制作要点

① 选料：选取菜叶绿色、肥大、有白纹，菜质脆硬的油菜为原料，一般多采用不包心油菜。

② 整理：选取的油菜用刀削去菜根和老帮，除去枯老黄叶和病虫蛀叶待用。

③ 清洗：将整理的油菜放在流动的清水中洗净，除去泥沙等杂质。

④ 煮制：将清洗干净的油菜一棵棵放入沸水锅中煮沸几分钟，待菜从嫩绿色转变为浅绿色时，用竹夹夹出，同时投入未煮的油菜。夹出的油菜沥去水分，再摊放在竹篓内散热。

⑤ 日晒：将散热后的油菜，从叶端劈成两叉，然后在晾晒竹竿上暴晒。日晒一天后，菜的表面即起皱纹，到傍晚时将菜和竹竿一起搬入通风良好的室内，不能堆放在一起。第二天再搬出室外暴晒，如此连晒 2～3 天即成油菜干。100 千克鲜油菜可晒成 6～7 千克的油菜干。

⑥ 压块、包装：晒好的油菜干按菜身大小，以每 5～6 株捆成一束，菜头与根颠倒叠放于打包机上，加压成块，最后装箱。箱内衬塑料薄膜食品袋，封好袋口，即可贮存或销售。一般可存放 3～4 个月。

特点：菜叶深绿色，嫩脆，菜帮呈乳白色，菜身干硬结实，带有微甜味。

2. 腌油菜

（1）配料

油菜 5.0 千克，食盐 0.8 千克。

（2）工艺流程

原料处理→清洗沥干→腌制→成品

（3）制作要点

① 原料处理：选择鲜嫩色绿的油菜，除去菜根、外部老菜帮和黄叶。

② 清洗沥干：将处理的油菜，逐棵用清水冲洗干净，沥干

水分。

③ 腌制：取一小缸，刷洗干净，擦干缸内水分，在缸底铺一层油菜，菜上面均匀撒一层食盐，捺实。如此直至将油菜腌完，菜面上再均匀地撒一层食盐，再盖上洗干净而沥干水分的稻草，盖住缸口，40 天后，即为成品，可以食用。

特点：制品黄绿色，脆嫩味鲜，微酸爽口，是佐粥下酒的好菜。

3. 净油菜

（1）配料

选用无公害油菜。

（2）工艺流程

挑选分级→清洗→整理、切分→保鲜→脱水→灭菌→包装→冷藏

（3）制作要点

① 挑选分级：选用无公害油菜，除去杂物、黄叶，置于清水中浸泡 2 小时，然后通过分级机械或手工进行分级处理。

② 清洗：将分级处理的油菜，采用气泡式清洗机或滚筒式清洗机清洗，最后再用净水喷淋。

清洗后附着在油菜上的细菌数量减少，病原菌数减少，附着在净油菜表面的细胞液洗去，可使净菜保存时间长，而且减少变色。

③ 整理、切分：将清洗后的净油菜进行整理，采用多功能切菜机切分成块状或其他不同形状。

④ 保鲜：由于切分使油菜中的一些营养物质流出，易发生微生物腐败变质，使净菜自然抵抗微生物能力下降，使净菜品质下降，货架期缩短。因此，必须进行净菜保鲜处理。一般采用异抗坏血酸、植酸、柠檬酸等保鲜剂。其用量浓度与浸泡时间相适宜，并考虑到风味的影响。

⑤ 脱水：浸泡保鲜后的净油菜其内外部有许多水分，在这种湿润状态下放置，很容易变软或老化，因此需要进行适当脱水。可采用离心机脱水，但注意脱水不可过分，以免引起产品干燥枯萎，

使品质下降。一般控制脱水时间为 3～5 分钟。

⑥ 灭菌：脱水后的净油菜一般选择用紫外线灭菌器灭菌。

⑦ 包装、冷藏：采用聚丙烯复合薄膜袋进行包装，其真空度为 0.065 兆帕，然后将净油菜放入 4℃左右条件下贮藏。

三、白菜

（一）概述

白菜又名结球白菜、卷心白菜、黄芽菜、窝心白菜等，原产于我国。白菜品种很多，按结球类型可分为结球白菜、花心白菜、半结球白菜和散叶白菜四个变种。

大小白菜品质柔嫩适口，营养成分含量大致相同，每百克含水量 94.6 克，含有蛋白质 0.96 克、脂肪 0.1 克、碳水化合物 2.5 克、粗纤维 0.34 克、灰分 0.48 克，还含有矿物质钠、钙、镁、铁、锌、铜、锰、磷、硒，以及胡萝卜素、维生素 A、维生素 B_1、维生素 B_2、尼克酸、烟酸、维生素 C、维生素 E 等人体所需要的多种营养素。

卷心白菜，每百克含蛋白质 1.9 克、脂肪 0.2 克、碳水化合物 2.3 克、粗纤维 0.9 克，还含矿物质钙、铁和胡萝卜素、尼克酸、维生素 C 等，颇有食用价值，素有"百药"之称。

（二）制品加工技术

白菜制品很多，有干制品，酱、腌、泡制品，白菜汁等。

1. 保健白菜干

保健白菜干是由白菜与党参、山药、枸杞子、红枣等中药溶液共同加工制成的具有补益功能的制品，深受人们的青睐。

（1）配料

白菜，食盐，小苏打，白酒。

（2）工艺流程

选料→清洗→烫漂→切分→离心脱水→烘烤→中药液处理→再烘烤→包扎→回烘→包装

（3）制作要点

① 选料：选取短脚、梗白、叶绿的小白菜，每棵在 150～200 克以上，同时剔除烂、黄、病虫叶。一般在冬、春季节采收的白菜含糖量高，粗纤维优良。

② 清洗：白菜放在 10％食盐水中浸泡半小时，以便驱除虫，然后用流动清水洗净白菜附带的泥沙和其他杂质以及部分微生物。一边清洗一边进行大小分级，然后沥干水分。

③ 烫漂、切分：将分级沥干水分的白菜放入 93～98℃水中烫漂 2 分钟（水中加入 0.5％食盐，0.1％小苏打，0.1％白酒），当白菜叶片变软皱缩，变成碧绿色时，即可捞起，放入流动水中冷却。大棵白菜头部还要切几条缝，但勿分离，然后再放入 0.2％小苏打溶液中浸泡半小时后取出。

④ 离心脱水：将浸泡后的白菜放入 2800 转/分钟的离心机中脱水 6 分钟，至白菜表面水分已干，组织软化为止。

⑤ 烘烤：将脱水后的白菜送入隧道式干燥炉中进行热风干燥，温度控制在 75℃左右，烘 3 小时，使白菜中的水分去掉 75％以上。

⑥ 中药液处理：在含有一定浓度食盐、葡萄糖、党参、山药、枸杞子、红枣等配料澄清溶液的滚筒中搅拌 2 分钟后，静置 30 分钟，然后取出沥干，再送入干燥室干燥。控制半干白菜：中药液＝1：1.2 比例。

⑦ 再烘烤、包扎：白菜再烘制时，前期温度 86℃烘 40 分钟，后期温度 65～68℃，烘 3～4 小时，烘至含水量 14％为止。后期温度不能太高，否则易焦，影响产品质量。然后按一定的规格和质量要求进行包扎。

⑧ 回烘：包扎的白菜，以热风 68℃烘烤 10 分钟，然后在室温下降温冷却。检验水分是否达到标准，合格后方可包装成成品。

⑨ 包装：采用涂膜复合材料制成的包装袋进行包装。

特点：制品保持原有色泽、风味、营养成分，浸入水中即可复原。

2. 酱白菜

（1）配料

大白菜 15 千克，食盐 2.0 千克，面酱 8.0 千克。

（2）工艺流程

选料→整理→清洗→入缸腌制→捞出浸泡→沥干水分→装袋→酱制→成品

（3）制作要点

① 选料：选用质地脆嫩、苗壮丰满、无病虫害的鲜白菜为原料。

② 整理、清洗：将选取的白菜切除根，剥去外层烂叶，放入流动清水中冲洗干净。

③ 入缸腌制：清洗干净的白菜放入用食盐 1.0 千克制成的盐水缸内，再在白菜表面撒上食盐 1.0 千克，然后在白菜上压上石块，2 天翻倒 1 次，共翻倒 4 次。

④ 捞出浸泡：把白菜从盐水缸中捞出，投入清水中浸泡拔咸，一天换水一次，共换水 3 次。

⑤ 沥干水分、装袋：浸泡除咸后的白菜控干水分装入纱布袋中。

⑥ 酱制：将纱布袋放入装面酱的坛子内，酱制 30 天后即为成品，可食用。

特点：成品咸、鲜、脆，有酱香味。

3. 甜酱白菜

（1）配料

白菜 50 千克，食盐 5.0 千克，甜面酱 25 千克，咸汤 1.5 千克。

（2）工艺流程

原料整理→腌制→第二次加工→出缸控卤→装袋→酱制→成品

（3）制作要点

① 原料整理：将白菜切去白菜疙瘩，剥掉老帮残叶，整理后，在根部竖刀切一"十"字口，切口深度为5～6厘米。

② 腌制：50千克白菜加食盐5千克、咸汤1.5千克，采用一层白菜一层食盐放缸中，并加入咸汤。当天倒缸一次，翌日起每天倒缸一次，半月后出缸。

③ 第二次加工：出缸的白菜，在菜坯根部竖切成4～6瓣，切口深度为5～6厘米，然后再切去白菜顶端松散的菜叶，作为下脚料另作他用。初腌制的出品率为45%。

④ 出缸控卤、装袋：出缸加工后的菜坯进行控卤后装入布袋。

⑤ 酱制：将布袋入缸酱制。菜坯每50千克加甜面酱25千克，每天打耙4次，20天后成为成品，出品率80%。

特点：制品金黄色，味道鲜美。除直接作为佐餐小菜外，还可炒食。此菜是北京的传统食品之一。

4. 酱什锦白菜

（1）配料

大白菜10千克，白萝卜1.0千克，大葱、大蒜、苹果、梨各500克，甜面酱2.0千克，味精20克，食盐250克。

（2）工艺流程

原料处理→腌制→出缸→酱制→成品

（3）制作要点

① 原料处理：大白菜剥去黄帮洗净，沥干水分，整棵白菜破成四瓣，切成小块。萝卜洗净去皮切成小片。苹果、梨洗净沥干去籽切成片。葱、蒜洗净沥干水后剁成碎末。

② 腌制：切成小块的白菜，装入盆内，加入食盐150克腌4～6小时。萝卜片状入碗内，用食盐50克腌4～6小时。用凉开水1.2升溶化剩余食盐和味精，搅拌均匀后注入缸内，将白菜、萝卜等料入缸淹没菜料，盖上缸盖，腌1～2周后即成。

③ 出缸、酱制：将初步腌制的白菜、萝卜捞出缸（倒掉缸内的盐卤），沥干卤水，再和苹果、梨、葱、蒜、甜面酱拌匀后装入

缸中，数日后即可成食用品。

特点：制品脆、嫩、酸、辣、香甜。

5. 腌白菜

（1）配料

大白菜 100 千克，食盐 3.0～5.0 千克。

（2）工艺流程

原料选取→修整清洗→容器处理→热烫和沥水→入缸腌制→成品贮存

（3）制作要点

① 原料选取：选取包心白菜，根部向阳，在阳光下晾晒 1～2 天，使白菜减少水分，杀死菜帮上的寄生菌，以防白菜腐烂，腌制时便于发酵，缩短腌制期。

② 修整清洗：晾晒后的白菜去掉菜根、外部黄帮、烂叶，用清水洗净。

③ 容器处理：将腌制用的容器（缸）洗涤干净，用脱脂棉蘸酒精均匀擦洗容器内壁杀菌消毒，保持清洁，不沾油污、灰尘，以防有害菌的滋长烂菜。

④ 热烫和沥水：将洗净的白菜纵切成四瓣，然后放在沸水中热烫 1～2 分钟，使白菜变得柔软，捞出沥干水分。

⑤ 入缸腌制：将热烫后的白菜按顺序一层层交错地平铺在缸中，每层撒少许食盐，既可抑菌，又利于乳酸发酵。待白菜铺完后上面压上重石，再往缸中注入凉水，使水淹没过白菜 10 厘米，封缸，放在 12～15℃处，20 天后即可变酸食用。

⑥ 成品贮存：腌制好的酸菜转入低温贮藏，可以保存 4～5 个月。

（4）注意事项

① 腌好的白菜尽可能贮藏在低温下，以抑制酸菜进一步发酵，防止过酸。

② 迅速封住缸口，防止杂菌感染和氧化作用。

③ 捞取酸菜时，谨防油物带入，以防止腐烂。如果污染杂菌

时，可采用给缸内分批加食盐的方法来抑制杂菌滋生。

④ 缸内液面出现灰白色有皱纹膜时，可采用添加清水使膜外溢的方法除去，然后在液面上洒点白酒，使之均匀分散于液面上，然后封盖。

特点：制品味道微酸，清脆爽口，吃法多样。与肉类一起烹调滋味更佳，是北方人越冬贮菜的一种方法。

6. 腌日本辣白菜

（1）配料

白菜 100 千克，食盐 6.0 千克，海带 120 克，辣椒 80 个，清水 6.0 千克。

（2）工艺流程

原料处理→清洗沥干→腌制→加入辅料→封缸腌制→成品

（3）制作要点

① 原料处理：将选取的白菜去根、烂叶、虫蛀叶和外帮。大棵白菜靠根部用刀切分划开，小棵白菜可整棵腌制。

② 清洗沥干：将处理的白菜用清水冲洗干净沥去水分，在通风处晾晒一天。海带洗去污物，沥干切成块状，辣椒用清水冲洗干净沥干水分。

③ 腌制：在腌制缸中装入 50 千克白菜，撒入食盐 2.0 千克，压上重石，注入清水 2.0 千克，待水分涨出后，放置半天，以同样方法再加入 50 千克白菜，撒入食盐 2.0 千克进行腌制。

④ 加入辅料、封缸腌制：在腌制缸中，装入经过腌制处理的白菜 100 千克，加入食盐 1.0 千克、海带块 120 克、辣椒 80 个，使其分布均匀，然后封缸，经 10 天后即为成品，便可食用。

特点：制品具有海带鲜味和咸辣味，味道极鲜，可开胃增食。

7. 腌朝鲜族白菜

（1）配料

大白菜 100 千克，苹果 5.0 千克，梨 5.0 千克，白萝卜 10 千克，葱、蒜各 5.0 千克，食盐 3.0 千克，辣椒粉 2.0 千克，味精

0.1 千克。

（2）工艺流程

原料处理→初次腌制→捞出沥水→二次入坛腌制→成品

（3）制作要点

① 原料处理：将选取的大白菜去根，去老帮，沥干水分，整棵白菜切成四半，然后切成 4 厘米的小块。萝卜洗净去皮切成片。苹果、梨去柄去籽切成片，葱、蒜剁成末。

② 初次腌制：将切块的白菜块和萝卜片，分别入缸后用食盐腌制 4 小时。

③ 捞出沥水：把初腌的白菜块和萝卜片捞出沥干水。

④ 二次入坛腌制：把初腌的白菜块、萝卜片沥水后，再和苹果、梨、葱、蒜、辣椒粉拌和均匀装入坛中，然后加入味精、凉开水，用石头压住，经过 10 天即为成品。

特点：制品味道鲜香，微带辣，利口解腻。

8. 北方冬菜腌制

（1）配料

鲜大白菜 50 千克，食盐 1.2 千克，酱油 100 克，料酒 1.0 千克，花椒 25 克，味精 40 克，白糖 400 克，蒜泥 2.0 千克。

（2）工艺流程

原料选择→原料处理→晾晒→腌制→装坛发酵→成品贮存

（3）制作要点

① 原料选择：选取晚熟大白菜，要求色泽洁白，叶肥厚、组织细密，无烂叶，无病虫害。

② 原料处理：将选取的白菜，去掉老帮和干叶，切除菜根，用不锈钢刀将大白菜由上向下切成 4～6 瓣，然后切成宽 1 厘米的细长条，再将菜条切成 1 厘米见方的小方块，放入大缸或桶内用清水洗一下，捞出放入筐内沥干水。

③ 晾晒：将沥干的菜块放在席子上均匀摊开成薄薄一层进行晾晒。在晾晒过程中，每天翻动 2～3 次，以利于水分迅速蒸发，晚间将菜块堆成垛用席子盖上，第二天将菜摊平继续晾晒，如此需

三天左右的时间，使菜的水分含量在 50％以上。

④ 腌制：将晾晒好的菜坯按比例拌入经过炒制的细盐，拌匀后，再按比例把酱油、料酒、香料等辅料调配好，加入菜坯中翻拌均匀，然后装入大缸或坛内，压紧加盖，第二天揭开盖子进行翻缸，连续翻倒三天，待食盐全部溶化即可。

⑤ 装坛发酵：将腌好的菜坯从缸中取出，转入另一坛内，每装一层即用棒捣紧压实，直至装满坛为止，最后在坛口处菜面上洒一层细盐，再用干菜叶盖满压紧，用塑料布盖上坛口，用麻绳捆紧，糊上黄泥封口。要求糊严不漏气。置于室内进行后熟发酵，经30～40 天即为成品。

⑥ 成品贮存：出品率为 10 千克鲜大白菜出 2.0～2.5 千克。如果坛口密封不漏气，置阴凉处可保存 1 年左右。

（4）注意事项

① 腌菜有荤、素之分，主要区别是放不放蒜泥。

② 制作荤冬菜时，在配料中加蒜时，以选用红皮大蒜为宜，去掉蒜皮，捣成蒜泥，每 10 千克腌好的菜坯加蒜泥 2.0 千克。

③ 荤腌冬菜香味浓郁，具有大蒜气味。素腌冬菜香气清淡。

特点：制品色泽金黄，风味香甜，味道鲜美。

9. 腌怪味白菜帮

（1）配料

白菜帮 10 千克，食盐 1.5 千克，辣椒面 100 克，白醋 100 克，五香粉 100 克，大蒜 120 克。

（2）工艺流程

原料处理→首次腌制→加辅料二次腌制→成品

（3）制作要点

① 原料处理：将白菜帮掰开用清水冲洗干净，用不锈钢刀切成长条。

② 首次腌制：将切成长条的白菜放入盆内，撒入食盐拌匀，腌 1 天后取出，挤出水分。

③ 加辅料二次腌制：将挤干水分的菜坯上加入辣椒面、白醋、

大蒜泥、五香粉，分层再装入坛中，约 7 天后即为成品可食用。

（4）注意事项

白菜帮需挤净水分，否则拌腌时易出汤水，影响成品味道。

特点：制品色泽红白相间，脆嫩爽口，微带辣味。

10. 泡白菜

（1）配料

大白菜 100 千克，食盐 8 千克，白酒 1 千克，花椒、大料各适量。

（2）工艺流程

原料选择→原料处理→漂烫→冷却→装缸→加盖→成品

（3）制作要点

① 原料选择：选择棵大、包心结实、菜叶白嫩的包心菜。

② 原料处理：将选取的包心菜切去根，去老帮，纵切成块。

③ 漂烫：把切成块的白菜，放入开水中漂烫一下，使白菜变透明，菜帮呈乳白色。

④ 冷却：将漂烫的白菜块捞出，投入冷水中冷却。

⑤ 装缸，加盖：冷却后的菜块放入清理后的缸中，每层菜的根朝一个方向，层与层之间互相交错，铺满缸后，灌入冷的花椒水、白酒、大料，水超过白菜面 10 厘米左右，加盖封口。

⑥ 成品：装缸加盖封口后，经 10 天即成为成品。

特点：制品嫩脆适口，味鲜，色白。

11. 浓缩白菜汁

（1）配料

鲜大白菜。

（2）工艺流程

原料选择→原料处理→破碎→磨浆→榨汁→煮沸→分离→过滤→一次杀菌→浓缩→二次杀菌→冷却→调配→灌装→冷冻保存

（3）制作要点

① 原料选择：选取无霉烂、无老叶的新鲜大白菜。

② 原料处理：选好的白菜切去根，用清水冲洗干净。

③ 破碎：用破碎机将白菜破碎至 0.3～0.6 厘米。

④ 磨浆：用胶体磨将破碎的白菜充分磨成颗粒度为 0.4 毫米以下的浆。

⑤ 榨汁：用榨汁机将磨好的浆进行榨汁。采用孔径 0.2 毫米不锈钢网分出果汁和菜渣。

⑥ 煮沸：分离出的汁立即通蒸汽加热到 96～100℃，保温 40 分钟。并且一边加热一边搅拌。

⑦ 分离：用离心机将煮好的料液进行分离，分离出的部分菜汁悬浮物再进行过滤。

⑧ 过滤：采用硅藻过滤机过滤。分离出的菜汁温度45～50℃时开始过滤较好。

⑨ 一次杀菌：过滤出的汁液经 110℃、10 秒钟杀菌，流出汁液温度85℃。杀菌过的物料暂存于罐中急冷至 60℃左右。

⑩ 浓缩：将杀菌后的汁液送入真空浓缩罐中进行浓缩。控制蒸汽压在 0.096～0.29 兆帕。如果沸腾剧烈，可小心地减小真空度，液温应保持在 55～58℃。浓缩到可溶性固形物含量达到 40%～50%时，再进行二次杀菌。

⑪ 二次杀菌：浓缩料液在 90℃进行杀菌 5 分钟，放出料液冷却。

⑫ 冷却：用冷凝水将浓缩汁冷却到 30℃。

⑬ 调配、灌装：用柠檬酸和糖，调配至 pH 值 5.0～6.8、总糖量 40%的溶液后，灌装于清洁消毒后的瓶中封口。

⑭ 冷冻保存：冷却好的产品在 −25～−18℃保存。

特点：液汁半透明、褐色，具有白菜特有的香味，无异味，组织均匀一致，悬浮不分层，无沉淀现象。

12. 白菜果蔬汁

（1）配料

鲜白菜一棵，苹果一个，柠檬一片，草莓 20 个。

（2）工艺流程

原料处理→榨汁→汁液混合→调味→饮用

（3）制作要点

① 原料处理：将鲜白菜、苹果、草莓、柠檬用水洗净。草莓去蒂，切成两半。苹果去皮、去核，切成黄豆大的碎块。白菜放沸水中焯一下再剁碎。

② 榨汁：将切好的苹果、白菜、草莓分别送入榨汁机中进行榨汁。

③ 汁液混合、调味：将白菜、苹果、草莓汁放入同一杯中，用挤出的柠檬汁调味，也可将整片柠檬放入混合汁中饮用。如果没有柠檬时，也可加 1 滴柠檬香精或加 0.3 克柠檬酸代替。若感觉过酸时可加一点糖来调节口味。

特点：有多种果味，柠檬香气浓郁。是肠胃衰弱、牙根出血和吸烟者的最好饮料。

❧ 四、香 菜 ❧

（一）概述

香菜学名为芫荽，又称香荽、原荽、满天星。原产于地中海沿岸及中亚地区，汉武帝时张骞从西域引入我国，已有两千多年的栽培历史。由于从"胡人"地引入，故而有"胡荽"之称。

香菜按叶柄的颜色可分为青梗和红梗两个类型。主产于山东、河北、河南、江苏、安徽、广东、甘肃等地。

香菜的叶片、嫩柄具有特殊的香味。香菜营养丰富，每百克香菜含蛋白质 2.0 克，脂肪 0.3 克，碳水化合物 6.9 克，粗纤维 1.0 克，灰分 1.5 克，含有矿物质钙、磷、铁，以及胡萝卜素、维生素 B_1、维生素 B_2、维生素 C、烟酸等，还富含有挥发油、苹果酸钾、葡萄糖、甘露醇、黄酮类物质。香菜之所以香，主要因其含有十二烯醛和芫荽醇等挥发性香味物质，可作为调味品，能增进食欲。

香菜性温、味辛，入肺、脾经，具有发汗透疹、消食下气、益脾健胃的作用。

（二）制品加工技术

香菜可供生食凉拌、腌渍、炒制、做汤羹调味品等。

1. 腌香菜

（1）配料

香菜 1.0 千克，食盐 20 克，花椒 4.0 克。

（2）工艺流程

原料选择和处理→清洗→沥水→入坛腌制→封坛→成品

（3）制作要点

① 原料选择和处理：选用叶绿、无公害、秆短粗嫩的香菜为原料，去根，去黄叶，理顺。

② 清洗、沥水：将处理的香菜用清水冲洗干净，然后沥干水分待用。

③ 入坛腌制：取炒锅置于火上，加入水、食盐、花椒烧开，待食盐溶化后离火晾凉，倒入坛内，再把沥干水的香菜投入坛中腌制，上面用石头压紧。

④ 封坛：装坛后封住坛口，放置半个月后成为成品，即可食用。

特点：制品清香爽口，具有解腻作用，制作简单。

2. 凉拌香菜

（1）配料

香菜 0.5 千克，豆腐干 0.3 千克，胡萝卜 50 克，香油 20 克，酱油 15 克，食盐、味精各适量。

（2）工艺流程

原料选择→清洗→沥水→切制→入盆调味→拌和→成品

（3）制作要点

① 原料选择：选取新鲜、色绿的香菜，新鲜豆腐干和色红嫩

脆的胡萝卜为原料。

②　清洗、沥水、切制：将香菜择洗干净，切成段。豆腐干用开水漂烫一下，沥干水分切成丝。胡萝卜用水清洗干净去皮切成丝，加入少许食盐拌匀稍腌后，挤去水分。

③　入盆调味、拌和：将香菜段、胡萝卜丝、豆腐干丝放入盆内，加入食盐、酱油、香油、味精拌和均匀后即为成品。

特点：此菜脆嫩、鲜香。

3. 净香菜

（1）配料

新鲜香菜。

（2）工艺流程

原料挑选→分级→清洗→切分→保鲜→脱水→灭菌→包装

（3）制作要点

①　原料挑选、分级：选用叶绿、茎秆短粗、无公害的香菜进行初步清洗，除去杂质、黄叶。清理后，置于水中浸泡2小时，然后用手工进行不同等级的分级。

②　清洗：分级后的香菜采用气泡式或滚筒式清洗机清洗，最后用净水喷淋，其目的是除去附着在香菜上的细菌，减少病原菌数，并洗去附着在净菜表面的细胞液，减少色变。

③　切分：切分规格大小是影响品质的重要因素之一。切分越小，切分面积越大，保存性越差。锋利刀切割保存时间长，钝刀切割的蔬菜切面受伤多，容易引起变色、腐败，必须尽量减少切割次数。一般应用不锈钢材质、刀身薄、刃锋利的切刀切分。

④　保鲜：净菜容易变质，这主要是因切割受到损伤而引起一系列不利于贮藏的生化反应，如呼吸加快、乙烯产生加快、酶促和非酶促褐变加快等；同时，由于切割使一些营养物质流出，更易发生微生物腐烂变质，切割使蔬菜自然抵抗微生物能力下降，货架期缩短，因此需要采用保鲜剂进行保鲜，一般常用抗坏血酸、植酸、柠檬酸的保鲜溶液浸泡5～15分钟即可。

⑤　脱水：切分保鲜后的香菜，内外部有许多水分，在湿度条

件下放置，很容易变坏或老化，需要进行适当去掉水分。可采用离心脱水，脱水时间为 3～5 分钟，使净菜表面无水分。

⑥ 灭菌：净菜一般选用紫外线灭菌器灭菌，时间为 10～15 分钟。

⑦ 包装：采用合格的包装袋进行包装，真空度控制为 0.065 帕，然后放入 4℃左右条件下贮藏。

五、苋　菜

（一）概述

苋菜又名为米苋、赤苋、彩苋、青香苋等，我国南北各地栽培比较普遍，是夏季的主要蔬菜之一。

据测，每百克菜用苋含蛋白质 2.5 克、脂肪 0.4 克、碳水化合物 3.5～5.4 克、粗纤维 1.1 克、灰分 1.6 克，还含有矿物质钙、磷、铁、胡萝卜素、维生素 B_1、维生素 B_2、维生素 C、尼克酸、烟酸等营养物质。

苋菜中含人体必需的氨基酸比较齐全，民间有"六月苋当鸡蛋，七月苋金不换"的俗语。苋菜又被视为补血佳菜，故有"长寿菜"之称。

（二）制品加工技术

苋菜可干制、制脯，也可做馅、做汤，味道鲜嫩、可口。而红苋菜的汤汁鲜美，能促进食欲。

1. 脱水苋菜

（1）配料

苋菜（人工栽培或野生皆可）。

（2）工艺流程

选料→去根→热烫→硬化→淋水→烘干→包装→成品

（3）制作要点

① 选料：选择鲜嫩的苋菜，去除腐烂、变质及过老的植株，去净根基待用。

② 热烫、硬化、淋水：将选择的苋菜在开水锅中烫漂 3～5 分钟取出，为防软烂，热烫时，可向沸水中加入 0.5% 石灰水或 1% 的氯化钙水溶液硬化。热烫取出后，用清水洗净石灰残留物。

③ 烘干：将热烫洗净石灰味的苋菜在 70～75℃ 下烘 10～12 小时，使含水量低于 5% 为止。

④ 包装：将干制品用塑料袋包装，以防吸湿。

特点：苋菜体硬实，呈红褐色，含水量较低，无腐烂现象，具有苋菜的清香味。

2. 酸辣苋菜

（1）配料

苋菜 1.0 千克，白糖 100 克，辣椒 5.0 克，醋 150 克，料酒 20 克，食盐 12 克，凉开水 400 克。

（2）工艺流程

选料→整理清洗→切段烫漂→脱水干燥→浸渍调味→包装

（3）制作要点

① 选料：选用鲜嫩苋菜为原料，否则制出的产品口感粗糙，不烂。

② 整理清洗：将选取的苋菜去除菜根及菜根以上 3 厘米部分，同时摘除老枝叶，用清水冲洗干净，沥干。

③ 切段烫漂：将苋菜切成 3 厘米小段，放入 90℃ 热水中烫漂 60 秒钟。

④ 脱水干燥：烫漂后的料段经冷却后烘干或晒干，使苋菜体明显变软，含水量在 50% 以下。烘干温度不宜过高，一般以 60～70℃ 为宜。

⑤ 浸渍调味：先将辣椒切碎后用水煮 10 分钟，再加入糖、食盐溶解后加入醋、料酒搅拌均匀。把脱水料段放入调味液中浸泡 10 日即可食用。

⑥ 包装：泡好的料段取出沥水，可直接定量真空包装，也可脱水后进行普通包装。采用 60～70℃下烘干或晒干。要求含水量降至 30％以下。

特点：制品料段整齐，色泽鲜亮，形态饱满，酸辣适中，口感清脆。

3. 苋菜脯

（1）配料

苋菜 100％，白砂糖 55％。

（2）工艺流程

选料→去杂清洗→切段烫漂→糖制→冷却→包装

（3）制作要点

① 选料：选取未污染的新鲜苋菜为原料，要求不宜太老，也不宜太嫩，因太老纤维多，口感差；太嫩不耐煮，易软烂。

② 去杂清洗：用剪刀从根部以上 2 厘米处剪去菜根，摘掉太嫩的枝叶，放入清水中洗干净后沥去水分。

③ 切段烫漂：将菜体剪成 5 厘米左右的小段，放入热水中烫漂。烫漂时要上下翻动，烫匀漂透，水温控制在 95℃下烫 90 秒，效果较好。

④ 糖制：可采用常压糖煮和真空糖煮，均能得到理想产品。

常压速煮法：将料段装入网袋中，先在热糖液中煮制 4～8 分钟，然后取出，立即放入冷糖液中浸泡，这样交替进行 4～5 次，并逐渐将糖液浓度从 30％提高到 55％以上，待料段透糖彻底，有较强的弹性和透明感时即可取出沥糖。

真空糖煮：先将料段用 25％稀糖液煮制 8～10 分钟，再放入冷糖液中浸泡 1 小时，然后用 40％～50％的糖液抽真空糖煮 5 分钟左右，再放入冷糖液中浸 1 小时后，捞出沥糖。

⑤ 冷却、包装：糖制后的物料经充分冷却，进行定量包装，并注意密封。

特点：制品香甜，具有清热解毒、凉血止痢、除湿通淋的功能。

六、香椿

（一）概述

香椿因其清香浓郁，故称香椿，又名椿芽、香椿尖、香椿头、香椿叶、椿花、香铃子等，是香椿树在春季发出的嫩芽、嫩梢枝为食用对象的蔬菜，是为数不多的木本蔬菜之一。原产于我国，主要分布于山东、安徽、河南、河北、广西北部、湖南南部及四川等地，其中安徽的太和香椿、山东的西牟香椿和神头香椿、河南的焦作红香椿最为著名。香椿根据初出芽苞和子叶的颜色不同，可分为紫香椿和绿香椿两大类。紫香椿有黑油椿、红油椿、焦作红香椿、西牟紫香椿等品种；绿色香椿有油椿、黄罗伞椿等品种。由于香椿的品种不同，其特征和特性也不相同。

香椿营养丰富，每百克鲜嫩叶芽中含水分 84 克、蛋白质 9.8 克、脂肪 0.8 克、碳水化合物 6.1 克、粗纤维 1.3 克，还含有胡萝卜素、维生素 B_1、维生素 B_2、尼克酸、维生素 C 以及矿物质钙、磷、铁，还含有 17 种氨基酸及挥发性的芳香族有机物。另外香椿中含有的维生素 E 和性激素物质，有抗衰老和补阳滋阴的作用，故有"助孕素"的美誉。因此，在春季多吃香椿，对健康大有裨益。

（二）制品加工技术

香椿食用花样繁多，加工方法有传统的盐腌制、酱制法和现代开发的饮品、罐头新方法，产品清香可口，令人胃口大开。

1. 腌香椿

（1）配料

鲜嫩香椿 10 千克，食盐 2.5 千克，苏打粉少许，5% 氯化钙溶液。

（2）工艺流程

选料→清洗→漂烫→冷却→硬化→腌制→脱盐→切段→配料→装袋→封口→成品

（3）制作要点

① 选料：选择香椿芽长 10～15 厘米，色紫红，尚未木质化的嫩梢、嫩叶，剔去老梗、黄叶不可食部分。

② 清洗：用清水冲洗干净，除去杂质和污物。

③ 漂烫：将洗净的香椿芽投入漂液中，漂烫液温度为 90～95℃，时间 30～60 秒钟。漂烫液中加入少许苏打及食盐，使 pH 值为 8～8.4。

④ 冷却、硬化：将漂烫后的香椿芽，浸入 0.5%氯化钙溶液中泡 20 分钟，进行冷却硬化，然后捞出，用清水冲洗干净，沥干水分。

⑤ 腌制：将沥干水晾好的香椿芽，按一层盐一层菜放入缸中，加盐量一般为香椿重量的 20%，顶部撒一层盐，盖好缸盖口。腌制三天后，即可翻缸一次，约每周翻一次，共翻三次，经过一月后，即腌制完成。

⑥ 脱盐、切段：将腌好的香椿放入清水中浸泡脱盐，浸泡期间注意换水，至盐含量为 7%左右，停止脱盐，然后根据需要的长度切成段。

⑦ 配料：切好的香椿段加入 0.1%苯甲酸钠防腐剂（或用 0.05%山梨酸钾）搅拌均匀，即可装袋，真空封口，即为盐腌香椿。

特点：制品色绿、脆嫩，味香，鲜美可口，不霉烂。

2. 腌麻辣香椿

（1）配料

香椿 100 千克，菜油 15 千克，香油 1.0 千克，辣椒粉 1.5 千克，白糖、味精、柠檬酸、胡椒粉各 0.5 千克。

（2）工艺流程

原料选择→腌制→脱盐→脱水→挑选→切分→配料→混匀→包装→封口→杀菌→检验、装箱入库。

（3）制作要点

① 原料选择：选采椿芽呈紫色或略带绿色、柔嫩、无老梗、新鲜、香气浓郁的品种，长到 10～15 厘米。全部捆成约 0.5 千克的小把，平放在筐内。

② 腌制：用清水冲洗干净鲜香椿，按 100 千克香椿用 20 千克盐量，一层香椿一层盐，分层放入缸内。撒盐时要底轻上重，最上层用盐覆盖。腌渍 5～6 小时，椿芽已湿润，这时从底部拿起，即时翻缸，并翻转到另一缸中，使上下香椿变换位置，10～12 小时后进行第二次翻缸，再过 10～12 小时进行第三次翻缸，过 24 小时进行第四次翻缸，最后经过 48 小时腌制再翻一次，大约 25 天左右腌好。腌好的香椿一层一层排好，压实，最上面撒一层盐，厚约 2～3 厘米，用塑料膜封口扎牢。腌好的香椿，色泽翠绿，味清香，叶细而卷，手捏有柔软感，食用脆嫩，咸味适口。

③ 脱盐、脱水、挑选、切分：将腌好的香椿在清水中浸泡脱盐，浸至盐浓度 5%～7% 时冲洗干净（浸泡期间勤换水），然后甩干水分，除去老化部分，手工分选整齐，切成 1 厘米长的小段。

④ 配料、混匀：按味型进行配料，混合均匀。

可加工成辣味、酸甜类型。

辣味型配料：香椿 100 千克，菜油 15 千克，香油 1 千克，味精 0.5 千克，柠檬酸 0.3 千克，辣椒粉 2 千克。

酸甜型配料：香椿 100 千克，菜油 15 千克，香油 1 千克，味精 0.5 千克，柠檬酸 0.5 千克，砂糖 2 千克。

⑤ 包装、封口：将拌好的料装入复合塑料袋中，用真空封口。也可装入玻璃瓶中。

⑥ 杀菌：在 90～100℃ 水中杀菌 10～15 分钟后，用水浴冷至室温。

⑦ 检验、装箱入库：逐袋检验，剔除破袋、膨胀袋，合格品

装箱入库。

特点：浅绿色，油润有光泽，有香椿特有的香气和辅料香气，味道纯正，大小均匀，无杂质。

3. 香椿酱

（1）配料

香椿芽，食盐，辣椒面，白芝麻，植物油，味精，山梨酸钾。

（2）工艺流程

选料→清洗→护色→沥水→斩切→打浆→配料→装罐→密封→杀菌→冷却→成品

（3）制作要点

① 选料：选择柔嫩新鲜的香椿芽，剔除黄叶、老梗不可食用部分。

② 清洗：用清水冲洗干净表面泥沙及污物。

③ 护色：把洗净的香椿投入100℃，含有醋酸铜和亚硫酸钠护色溶液中烫漂30秒，然后进行冷却。

④ 沥水：采用低速离心机甩去表面水分。

⑤ 斩切：用人工或切片机，将香椿芽切成细丝。

⑥ 打浆：用多功能打浆机，打成均匀的浆体。

⑦ 配料：按食盐4%～5%，辣椒面2%，白芝麻1%，植物油3%，味精0.2%，山梨酸钾0.05%，加入香椿打制的浆中，搅拌均匀。

⑧ 装罐、密封：将调配好的香椿浆加热到70℃时，趁热装入已清洁消毒的罐中密封。

⑨ 杀菌、冷却：在90～95℃的水中杀菌20分钟，立即冷却，擦干罐体入库，存放一周后检验合格装箱包装即为成品。

特点：酱体均匀一致，细腻，色泽浅绿，咸淡可口，有香椿诱人滋味。

4. 香椿蒜泥

（1）配料

香椿4.5千克，大蒜100千克，生姜2.5千克，食盐3.0

千克。

（2）制作要点

① 大蒜去皮，清洗干净，沥干水，和洗净的生姜块、食盐混合后用绞磨机磨成蒜泥。大蒜粒直径在 3 毫米以下。

② 将香椿去杂，洗净，沥干水分，切成 0.5 厘米左右的小段，倒入蒜泥中混合均匀，包装杀菌即成。

特点：蒜泥呈白色，椿芽绿色或褐红色，具有二者混合风味，可做凉拌食品的调味品，也可直接装盘食用。

5. 香椿汁饮料

（1）配料

香椿芽，食盐，味精，β-环糊精，山梨酸钾。

（2）工艺流程

原料选择→清洗→热烫→冷却→护色→打浆→榨汁→调制→灌装→封口→杀菌→冷却→检验包装→成品

（3）制作要点

① 原料选择：选择新鲜柔嫩、长 10～15 厘米的香椿芽，剔除老梗及黄叶。

② 清洗：用清水冲洗香椿表面泥沙及污物。

③ 热烫、冷却：将洗净的香椿芽，在沸水中烫漂 30～40 秒钟，然后捞出用冷水降温冷却，沥干水。

④ 护色：沥水后的香椿芽放入醋酸铜和亚硫酸钠溶液中浸泡 1 小时。

⑤ 打浆：护绿后的香椿捞出，用清水冲洗干净，沥干水，放入多功能打浆机中打浆，使成均匀、滑腻的浆体。

⑥ 榨汁：将打好的浆体，用榨汁机榨汁，并经过滤得香椿汁。

⑦ 调制：按食盐 2%、味精 0.3%、β-环糊精 3%、山梨酸钾 0.05% 的比例加到香椿汁中拌匀。

⑧ 灌装、封口：将香椿汁加热到 70℃，趁热灌入清洁清毒后的罐中，采用真空封口。

⑨ 杀菌：放入 100℃ 水，杀菌 10～30 分钟。

⑩ 冷却、检验包装：杀菌后的香椿汁，采用分段冷却到 40℃ 左右，擦干罐，入库一周后检查合格装箱即为成品。

特点：色泽鲜绿，半透明，具有浓郁香椿香味，味微咸。

6. 盐水香椿罐头

（1）配料

香椿，盐，苯甲酸钠或山梨酸钾。

（2）工艺流程

选料→清洗→热烫→冷却→硬化→装罐→加盐水→密封→ 杀菌→冷却→检验→成品

（3）制作要点

① 选料：选择新鲜柔嫩、长 10～15 厘米的香椿，剔除老梗、黄叶。

② 清洗：用清水冲洗干净香椿表面泥沙及污物。

③ 热烫：将洗净的香椿放入沸水中漂烫 30～40 秒钟，以烫透为度。

④ 冷却、硬化：将热烫后的香椿，立即放入冷水中冷却，再浸入 0.2％的氯化钙溶液中泡 20 分钟，然后用清水漂洗干净，沥干水分。

⑤ 装罐：硬化后的香椿芽，装入罐中，固形物占 55％～60％。

⑥ 加盐水、密封：将 7.5％盐水煮沸过滤，再加入 0.1％的苯甲酸钠或 0.05％山梨酸钾，冷却到 80℃注入罐中，用真空封口。

⑦ 杀菌：采用 100℃水中杀菌 5～15 分钟。

⑧ 冷却、检验：杀菌冷却后擦干罐身，入库一周检验合格后装箱即为成品。

特点：色泽鲜绿，具有香椿香味，味咸，可佐酒、配饭食用。

七、茼 蒿

（一）概述

茼蒿又名蓬蒿、蒿子秆、蒿菜、茼蒿菜，其花形似菊，又称菊花菜、花冠菊等，原产于我国。

茼蒿的营养丰富，而且比较全面。每百克茼蒿含水分 95.8 克、蛋白质 1.8 克、脂肪 0.4 克、碳水化合物 2.5 克、粗纤维 0.6 克、灰分 1.0 克，还含有矿物质钾、钠、钙、镁、铁、磷、氯，以及胡萝卜素、维生素 B_1、维生素 B_2、维生素 C、维生素 E、烟酸、尼克酸，还含有 13 种氨基酸，其中丙氨酸、丝氨酸、苏氨酸、天冬氨酸和脯氨酸含量较多，并含有挥发性芳香油、胆碱等物质。

茼蒿性平、味甘辛，入脾胃经，有益于暖肾和养肠。具有利脾胃、消食开胃、化痰通便之功效。

（二）制品加工技术

茼蒿以幼嫩叶供食用，脆嫩可口，有清香味，可炒食、凉拌或做汤等。

1. 凉拌茼蒿

（1）配料

茼蒿 500 克，麻油 30 克，食盐、醋、味精、白糖各适量。

（2）工艺流程

原料处理→焯烫→调拌→成品

（3）制作要点

① 原料处理：将选取的茼蒿去除杂物，用清水冲洗干净。

② 焯烫：将洗净的茼蒿放入滚开水中焯过，冷却，沥干水分待用。

③ 调拌：将沥水的茼蒿加入食盐、白糖、麻油、味精、醋拌和均匀，即为成品。

特点：此菜辛香清脆、甜酸爽口，具有健脾胃、助消化的功效。

2. 茼蒿拌荠菜

（1）配料

茼蒿 0.5 千克，荠菜 0.5 千克，大米粉 0.1 千克，熟猪油 25

克，香油 20 克，食盐、胡椒粉适量。

（2）工艺流程

原料处理→加入辅料→蒸制→调拌→成品

（3）制作要点

① 原料处理：将茼蒿和荠菜去除老叶，用清水冲洗干净，切成细末待用。

② 加入辅料：将切成细末的茼蒿和荠菜，放入盆中，加入食盐、熟猪油、大米粉拌和均匀。

③ 蒸制：将拌好的菜放入蒸笼内，用旺火蒸 20 分钟取出。

④ 调拌：在蒸好的菜上撒上胡椒粉，淋上香油，拌和均匀，即为成品。

特点：鲜嫩爽口，清香滋糯，别有田园风味。

3. 素炒茼蒿

（1）配料

茼蒿 0.5 千克，蒜、葱、姜末各少许，食盐、味精适量，植物油 20 克。

（2）工艺流程

原辅料处理→炒制→加辅料→成品

（3）制作要点

① 原辅料处理：将茼蒿切成寸段，用清水洗净备用。将蒜去皮，剁成蒜茸。

② 炒制：将炒锅置于火上，加入植物油烧热，放入葱、姜末，煸出香味，再放入茼蒿用旺火炒制。

③ 加辅料：在用旺火炒制时，再放入食盐、蒜茸、味精，炒熟即为成品。

特点：此菜具有清香、清热解毒、利糖作用，适宜糖尿病患者食用。

4. 茼蒿蛋白汤

（1）配料

茼蒿 0.5 千克，鸡蛋 6 枚，食盐、香油适量。

（2）工艺流程

原料处理→煎煮→调辅料→成品

（3）制作要点

① 原料处理：将鲜茼蒿清洗干净，鸡蛋打开取蛋清备用。

② 煎煮：将洗净的茼蒿放置于锅中加适量水煎煮，快熟时，加入鸡蛋清煮片刻。

③ 调辅料：在加鸡蛋清煮制时，加入香油、食盐即为成品。

特点：此汤品具有降压、止咳、安神功效。

5. 茼蒿汁

（1）配料

茼蒿 0.5 千克，笋子、香菇、火腿肉各 150 克，豆粉、熟猪油各适量，食盐少许。

（2）工艺流程

原辅料处理→煮制→调拌→勾芡→成品

（3）制作要点

① 原辅料处理：取新鲜茼蒿洗净剁碎，捣取汁，将此汁水拌入生豆粉制成稀芡。火腿、笋子、香菇洗净，均切成小丁。

② 煮制：锅中放入清水，煮沸后下入火腿丁、笋丁、香菇丁，改用小火烧煮 10 分钟即可。

③ 调拌、勾芡：在烧煮 10 分钟后的三丁中，加入食盐，倒入茼蒿汁勾稀的豆粉，使成浅腻状，再浇上熟猪油，即为成品。

特点：此菜滑润爽口，鲜香开胃，具有安心神、养脾胃的作用。

八、卷心菜

（一）概述

卷心菜为甘蓝的变种，又名为圆白菜、包心菜、莲花白、甘蓝，俗称大头菜，名目甚多。因从欧洲引进，又称洋白菜，学名结球甘蓝。

普通卷心菜叶片肥厚，随着生长发育，叶片环抱呈球状，一层叶包着另一层叶生长。由于变种很多，叶球有扁圆形、圆形、圆锥形，另外还有叶片皱褶形和紫色品种。

卷心菜供应时间长，滋味鲜美、营养丰富，很受人们的喜食，是家庭餐桌上常用的一种蔬菜。每百克含蛋白质1.4克、脂肪0.2克、碳水化合物2.3克、粗纤维0.9克、灰分0.7克，还含有矿物质钙、磷、铁，以及胡萝卜素、维生素B_1、维生素B_2、尼克酸、维生素C、维生素D、丙醇二酸、果胶等。除此而外，还含有一种"萝卜硫素"或称"莱菔子素"，能刺激人体细胞产生有益的Ⅱ型酶，这种物质具有抑制致癌物亚硝酸合成的作用。

卷心菜味甘、性平、无毒，具有健胃止痛、清热散结、益肾减肥的功效。

（二）制品加工技术

卷心菜食法多样，可炒、烧、炝、拌、醋熘、煮汤、做馅、腌、泡。也可做各种西餐荤素菜肴的配料。

1. 脱水卷心菜

（1）配料

新鲜卷心菜。

（2）工艺流程

选料→清洗→切块→硫处理→干制→包装→成品

（3）制作要点

① 选料：选取球茎大、紧实的品种。要求干物质含量大于4%，颜色为黄绿或白色的卷心菜为原料。

② 清洗、切块：将选用的原料用清水冲洗干净后，再切成0.3～0.5厘米的方块。

③ 硫处理：将切块的原料用0.2%亚硫酸氢钠溶液浸泡3分钟，捞出，再用清水冲洗至无硫残存物。

④ 干制、包装：将冲洗干净的物料放在60℃烘干机中烘烤8

小时即成。再采用食品袋包装。

特点：成品浅绿色，水分含量不超过5%。

2. 干制卷心菜

（1）配料

卷心菜50千克。

（2）工艺流程

原料处理→烫漂灭菌→干制→均湿回软

（3）制作要点

① 原料处理：经挑选整理的新鲜卷心菜，先从纵向切成两半或四半，撕开重叠的菜叶，喷水洗涤，用人工或切菜机切成宽为6～8毫米的细条。

② 烫漂灭菌：将切分的卷心菜条投入沸水中烫漂3～5分钟后，立即投入冷水中冷却。

③ 干制：卷心菜条多采用气流干燥脱水或用两段式隧道干燥脱水方法。第一段菜条中水分较多，用高温（约80℃）气流顺流操作；第二段用较低温度（约60℃）的逆流操作，待水分低于5%即可。

④ 均湿回软：将脱水的菜条放在干燥室温下5～8小时，自然均湿回软。

特点：制品微白，略带黄色，清脆可口，保持原风味，复水性好。

3. 腌卷心菜

（1）配料

卷心菜10.0千克，食盐2.5千克。

（2）工艺流程

原料处理→腌制→倒缸→最后腌渍→成品

（3）制作要点

① 原料处理：将卷心菜去皮，用清水洗净，晾晒半天待用。

② 腌制：入缸腌制时，第一次用盐量为50%。隔一天后，再

分层将另一半盐撒进去，使每个卷心菜腌制均匀。

③ 倒缸：腌制后每隔一天倒一次缸，使食盐水上下均匀，然后每隔两天再倒一次缸，约倒两次。

④ 最后腌渍：最后上面再撒一层盐，腌渍一个月即为成品。

特点：色泽透明，脆嫩爽口。

4. 酱卷心菜

（1）配料

卷心菜 10 千克，香叶 50 克，胡椒 70 克，食盐 500 克，红辣椒 175 克，甜面酱 2.5 千克。

（2）工艺流程

原辅料处理→腌制→酱制→成品

（3）制作要点

① 原辅料处理：将卷心菜用清水洗干净后，切成细丝，香叶、胡椒捣成碎粉，干辣椒切成细丝。

② 腌制：将卷心菜细丝放入缸内，加食盐揉搓，当菜丝料体积缩小近一半，菜丝呈黄白色时，同菜汁一起放入缸内，投入香叶、胡椒、辣椒丝充分拌匀。菜面加盖，上面压块石头，封好缸口，腌制一周左右。

③ 酱制：将腌制的卷心菜丝从缸内捞出，倒去缸内盐水，将缸清洗干净擦干水，再倒入卷心菜丝，加入甜面酱，搅拌均匀后，盖好缸盖，酱制一周左右，即成成品。

特点：制品酸辣微甜，别有风味。

5. 酸卷心菜

（1）配料

卷心菜 20 千克，食盐 500 克。

（2）工艺流程

选料→原料处理→切分→装桶→发酵→成品

（3）制作要点

① 选料：选取质地脆嫩、结球紧实、无病虫害的新鲜卷心菜

为原料。

②原料处理：将选用的卷心菜剥除外部的老、黄、烂叶，削除根茎，然后用清水洗净泥沙和污物，并沥干水分。

③切分：将沥干水分的卷心菜，用不锈钢刀切分成 1～1.5 厘米宽的细丝。

④装桶：将卷心菜丝按配比撒上食盐拌匀，逐层装入桶内，边装边用手或木棒压紧压实，装至八成满时，在卷心菜丝上面用一个小于桶径的木制顶盖，边揉压边压紧菜丝，使被挤压出的菜汁淹没顶盖。

⑤发酵：将装卷心菜丝的桶置于洁净凉爽的室内自然发酵，经过 10 天左右，即为成品。

特点：制品呈淡黄绿色，质地清脆，酸味醇厚，清香爽口。

6. 四川泡菜

（1）配料

卷心菜、莴笋、黄瓜、青椒、红辣椒、蒜薹、嫩蒜、大白菜、芹菜、萝卜、茭白、扁豆等各适量，食盐 0.12 千克，花椒 15 克，干辣椒 10 克，白酒、料酒、红糖各 60 克，葱白、鲜姜各 100 克，各种鲜菜的配比可以根据食用嗜好和时令菜种类等实际情况调整。

（2）工艺流程

原料选择→修整→洗涤、晾晒→切分→配置盐水→装坛→发酵→成品

（3）制作要点

①原料选择：要选择肉质肥厚、质地细嫩、无病虫害的原料。

②修整：将选用的卷心菜削去根茎，剔除老帮、黄叶，其他用菜除叶片、叶柄、根须、果柄等。

③洗涤、晾晒：将整理后的蔬菜用清水洗净，晾干水分。大白菜、卷心菜等可置于阳光下晒至稍蔫。

④切分：将质地脆嫩的蔬菜手撕、掰成各种小块或小段，有些蔬菜可切成条或片。

⑤配制盐水：按清水与食盐 10∶2.5 的比例，将清水和食盐

放在锅中加热煮沸，冷却后除去沉淀物，然后按配方将白酒、料酒、红糖、干辣椒、花椒、葱、姜等佐料加入盐水中配成泡菜盐水。

⑥ 装坛：严格挑选好泡菜坛，并刷洗干净，擦干水备用。将需要泡的各种菜料放入坛内，装至八成满时，再灌入配制好的盐水，并使盐水淹没全部菜料，盖好坛盖，然后在坛沿水槽中注满清水。

⑦ 发酵：装好坛后，将坛置于通风、干燥、明亮、洁净的发酵室内。一般夏季温度高，泡制2～3天即可成熟，冬季需5～7天才成熟。

特点：制品红绿黄白色彩斑斓，色泽鲜艳，有光泽，质地鲜嫩清脆，味道酸咸，甜辣爽口，清香浓郁。如果泡菜吃完后，再要继续泡制时，要将原卤汁上火烧开，撇去浮沫，冷却后再投入菜料进行泡制。泡菜卤汁时间越长，泡菜味道越好。

7. 西式泡菜

（1）配料

卷心菜10千克，胡萝卜、葱头各2.5千克，黄瓜、花椰菜各2.0千克，青椒、芹菜各1.5千克，白砂糖6.0千克，干红辣椒650克，白醋1.5千克，桂皮500克，丁香100克，白胡椒50克，食盐350克，水10～15升。

（2）工艺流程

原料处理→热烫→配料汤→泡制→成品

（3）制作要点

① 原料处理：将卷心菜剥去老叶，拆成大块，洗净控干水分，再切成3厘米见方的方块；将花椰菜洗净、去梗，切成小朵；将芹菜洗净，切成小段；将胡萝卜、葱头去根须，清洗干净切成小片；青椒、黄瓜去籽洗净切成小片。

② 热烫：将卷心菜块放入沸水中烫一下，迅速捞出放入冷水中浸泡冷却，然后再捞出沥干水分。将胡萝卜放入沸水中烫一下，两秒后再放入花椰菜朵，翻两下，再投入青椒、芹菜、黄瓜和葱

头，待水将沸时迅速捞出，用冷水浸泡，冷却后再捞出，沥干水分，与卷心菜一起装入泡菜坛中。

③ 配料汤：将切碎的干辣椒、丁香、白胡椒、桂皮放入 10～15 升的沸水中，用小火煮沸 20～30 分钟停火，加入剩余的配料，搅拌均匀，冷却后过滤，去掉残渣制成料汤。

④ 泡制：将料汤注入装有菜料的泡菜坛中，使料汤淹没菜料，然后盖好坛盖，添加坛沿水封坛，泡制 3 天后即可成熟食用。

特点：制品色泽鲜艳，味道酸甜咸香，嫩脆爽口。

8. 糖醋卷心菜

（1）配料

鲜嫩卷心菜，白砂糖，食盐，柠檬酸，白酒，辣椒，香料，氯化钙溶液。

（2）工艺流程

原料整理→盐渍处理→配制糖醋液→糖醋卤液浸渍→杀菌→包装

（3）制作要点

① 原料整理：将选用的卷心菜用清水洗涤干净，按需要去老帮、内心等，再按食用习惯切分。

② 盐渍处理：将整理好的卷心菜用 8％左右的食盐浸渍 2～3 天，至料呈半透明为止。盐渍的作用主要是排出不良味，增强原料组织细胞膜透性，使呈半透明状，以利于糖醋液渗透。

③ 配制糖醋液：糖醋液要求甜酸适中，一般要求含糖 30％～40％。选用白砂糖为甜味剂，用醋酸或柠檬酸混合使用，适当加入一些调味品，如加入 0.5％的酒、3％的辣椒、0.05％～0.1％的香料（如丁香、桂皮等）。香料先用水熬煮，过滤后待用；白砂糖加水加热溶解过滤后煮沸，依次加入其他配料，待温度降至 80℃时，加入醋酸或柠檬酸、白酒和香料水；另外加入 0.1％的氯化钙来保脆。

④ 糖醋卤液浸渍：将盐渍腌制半透明状的原料用清水浸泡脱盐，至稍有咸味时，捞出沥去水分，再投入配好的糖醋卤液内（糖

醋液用量与原料等量）。

⑤ 杀菌、包装：腌好的原料，如要长期保存时，需要进行包装。包装物可用玻璃瓶、塑料袋或复合薄膜袋，采用热装罐包装或抽真空包装。在温度 75℃ 以上的热水中杀菌 10 分钟。热装罐密封后或杀菌后，均需迅速冷却，否则制品容易软化。

9. 卷心菜脯

（1）配料

卷心菜 50 千克，白砂糖 60 千克，0.6% 石灰水适量。

（2）工艺流程

原料处理→糖煮→烘干→包装

（3）制作要点

① 原料处理：将卷心菜清洗干净，切除根部及青头部分，再切成长 4～6 厘米、宽 1 厘米、厚 0.5 厘米的长条，放在石灰水中浸泡 8～12 小时，取出用清水漂洗 3～4 次，每次 1～2 小时，然后倒入沸水中煮 20 分钟，捞出再用清水洗涤 4 小时，沥水备用。

② 糖煮：用清水 6 千克，将白砂糖分 4 次加入，每次相隔 30 分钟，待糖液烧沸后放入卷心菜，改用小火煎煮至糖液浓缩将干，菜变硬时停火捞出。

③ 烘干：捞出的菜脯送入 70℃ 烘房内烘干。

④ 包装：采用塑料薄膜食品袋包装后即为成品。

特点：成品甜脆、可口，具有利五脏、消食下气、止咳的功能，能治疗咳嗽等病症。

九、菜花(西兰花)

（一）概述

菜花即花椰菜，又称花菜、花甘蓝，也有叫西兰花，是十字花科植物甘蓝族的一个变种。又有青花菜、茎椰菜的别名，是由甘蓝演化而来。19世纪传入我国，在福建、广东、广西、浙江、台湾等省及一些大城市市郊栽培。

菜花质地脆嫩、味甜美、易消化，为蔬菜中的珍品。每百克食用部分含蛋白质2.4克、脂肪0.4克、碳水化合物3.0克、粗纤维0.3克、灰分0.8克，还含有胡萝卜素、维生素A、维生素B₁、维生素B₂、烟酸、维生素C、维生素E，以及矿物质钾、钠、钙、镁、铁、锌、铜、锰、磷、硒等。还有类黄酮类、多酚类化合物。

菜花味甘、性凉，具有清热润肺、健脾养胃、抗癌的功效，被视为菜中珍品。

（二）制品加工技术

菜花可速冻、腌制、泡制、炒、烧、熘、拌、焓、煮食用。

1. 速冻菜花

（1）配料

新鲜菜花。

（2）工艺流程

选料清洗→漂烫冷却→沥干速冻→包装贮存

（3）制作要点

① 选料清洗：选取叶片深绿色、花球紧密新鲜、大花、色白、组织脆嫩、无病虫害和损伤的菜花为原料。除去外叶、叶柄，切分成长3~4厘米、宽1厘米的长条朵，然后在水池中漂洗2~3次，洗净杂质和碎屑，沥干备用。

② 漂烫冷却：将洗净的菜花朵放入75~100℃的热水中漂烫1~2分钟，不断搅拌，使其受热均匀。为保持菜花洁白，可在烫水中加入0.1%的柠檬酸。漂烫后立即捞放入冷水中冷却至8~10℃。

③ 沥干速冻：将冷却后的菜花料沥干水分后，送入速冻机中，在-30℃下进行冻结，待菜花终温达到-18℃时，取出装袋。在速冻时，振动2~3次以防止菜花冻结成坨块。

④ 包装贮存：冻结好的菜花，在低温下用塑膜食品袋分装。可根据用途装成500克家用和2千克宾馆用。用热合机封口，再装

入纸箱，如不能外运上市时，必须放在−18℃低温库中贮存。

2. 腌虾油菜花

（1）配料

鲜菜花2.0千克，食盐200克，虾油700克。

（2）工艺流程

原料处理→漂烫→盐渍→浸泡→成品

（3）制作要点

① 原料处理：将选取的新鲜菜花去叶，用不锈钢刀切成小块待用。

② 漂烫：将切成小块的菜花投入沸水中略余一下，捞出用凉水冲凉。

③ 盐渍：取干净小坛一个，装入冲凉的菜花块，加入食盐拌匀腌制。

④ 浸泡、成品：将腌制一天后的菜花块，倒入虾油浸泡，约10天后即为成品。

特点：制品脆嫩鲜香，虾油味浓。

3. 泡菜花

（1）配料

新鲜菜花10千克，老盐水10千克，食盐、干红辣椒各300克，白糖200克，白酒200毫升，醪糟汁80克，香包一个。

（2）工艺流程

选料处理→装坛→发酵→成品

（3）制作要点

① 选料处理：选取花球紧实，颜色洁白，质地细嫩，无病虫害和伤痕的新鲜菜花为原料。将菜花用不锈钢刀切分成小朵，去掉茎筋。将菜花朵放入沸水中漂烫2～3分钟。漂烫时间不可过长，否则会使菜花质地软化。以烫至表面透明、中间尚有硬心为度。漂烫后，迅速用冷水冷却，捞出，晾干表面附着的水分。

② 装坛：选用质量好的泡菜坛，刷洗干净，控干水分。将老

盐水与白糖、食盐、干红辣椒、白酒、醪糟汁放入泡菜坛内，混合均匀。再把晾好的菜花朵装进盛有盐水的坛内，装至半坛时放入香料包，继续装至八成满，用竹片卡紧，使盐水淹没菜花，盖好坛盖，注满坛沿水，密封坛口。

③ 发酵：将装好的泡菜坛，置于阴凉处发酵。泡制5～7天即可成熟为产品。

特点：产品淡黄色，质地细嫩，味道咸香，微辣可口。

❀ 十、莴 苣 ❀

（一）概述

莴苣又称莴笋、青笋、生笋等。原产于地中海沿岸，西汉时由西方传入我国，尤以两广地区出产为多。

莴苣分为叶用和茎用两类。叶用莴苣称为生菜，茎用莴苣称为莴笋。

莴苣营养丰富，每百克含水分95.5克、蛋白质1.0～2.0克、脂肪0.3克、碳水化合物3.2克、粗纤维0.5克、灰分0.54克，还含有胡萝卜素、维生素 A、维生素 B_1、维生素 B_2、尼克酸、烟酸、维生素 C、维生素 E，以及矿物质钙、磷、铁、钾、钠、镁、锌、铜、锰、硒，并含有机酸、甘露醇和莴苣素等，是一种低热量蔬菜。

（二）制品加工技术

莴苣可凉拌生吃、煮炒食和作汤料，是西餐色拉和中餐火锅的主要原料，也是中餐的佳品，可酱制，还可用于各种菜肴的装饰配料等。

1. 酱莴苣

（1）配料

鲜莴苣50千克，食盐10千克，稀甜酱20千克，二酱适量。

（2）工艺流程

原料选择→腌制处理→酱制→成品

（3）制作要点

① 原料选择：鲜莴苣分为绿叶莴苣与紫叶莴苣两个品种，腌渍加工一般均采用绿叶莴苣，因为它水分小、脆度高、结根紧，腌制后产品得率高，品质脆嫩。

② 腌制处理：将鲜莴苣经削皮等处理后，当日下缸盐渍，一般每 50 千克鲜莴苣用食盐 4.0 千克。一层鲜莴苣铺撒一层食盐，加食盐量是下层少上层多，层层撒遍。腌后隔 8～10 小时后，将盐渍莴苣和盐卤倒缸，翻倒一次，使盐分渗透均匀。共翻倒两次，每次翻倒后，均须将鲜莴苣排齐。腌渍一天半后，从缸内捞出，装入大眼竹篮，相互层层重叠控卤，以排出淡卤，6～8 小时后将竹篮上下互调一次，使浸卤均匀排出（每 10 千克鲜莴苣可腌制头道莴苣 6.0 千克）。

鲜莴苣经腌制后，已略呈海绵软状态，由于盐分低不易久藏，而需经两次复腌，即将控卤后的咸莴苣倒入缸内，50 千克咸莴苣再加食盐 4.0 千克，层层撒盐腌渍，反复 8～10 小时，再连卤翻拌两次，腌渍一天后，即成为莴苣成品。

将腌渍成的咸莴苣层层捺实入缸贮存，每缸装满后，缸面再铺竹片物卡紧。每 50 千克咸莴苣另加封缸盐 1～2 千克，再充满 20～21 波美度澄清盐卤。咸莴苣要求放置于阴凉干燥处贮存。

③ 酱制

a. 切制加工：将贮藏的莴苣捞出控去咸卤，切制前应先挑去表皮残留筋纤维、黑斑、锈斑及老茎，选取中段，尾径不小于 1.5 厘米的切片。尾径小于 1.5 厘米的尾段切条，通常切成长 3～4 厘米、宽 0.8～1.0 厘米的三角形莴条。切片要薄厚均匀，莴段粗细适宜。

b. 拔淡去咸：将切片后的咸莴苣放入缸内，按咸莴苣每 50 千克加清水 50 升，拔淡去咸 2.5～3 小时，并间歇搅拌，使去咸均匀。然后捞起装入篾箩内或直接装入酱菜袋，压卤 3～4 小时，中途上下箩互调一次，使淡卤均匀排出。

c. 初酱：将压卤后的莴苣及时揉松，装入酱菜袋内，每袋容量 10～11 千克。装袋后及时放入二酱中酱制 3～4 天。酱制时应每日早晨翻捺酱袋，使莴苣浸酱均匀。

d. 复酱：经初酱后的莴苣，控去二酱卤，按咸莴苣每 50 千克重量用稀甜酱 45～50 千克，将菜袋放入缸内，进行复酱。酱制时间 5～7 天，冬季气温低可适当延长。酱制时，仍每天翻捺酱袋，使莴苣浸酱均匀。

e. 成熟期：夏季一周，春秋季 8～10 天，冬季半个月。

特点：制品色泽金黄，有光泽，香味浓郁，细嫩紧脆，滋味鲜甜。

2. 甜辣酱莴苣

（1）配料

莴苣咸坯、甜辣酱各 25 千克，辣椒油 2.5 千克。

（2）工艺流程

选料→腌制→切分→漂洗→酱制→拌油→成品

（3）制作要点

① 选料：多选用绿叶莴苣为原料。削去莴苣皮，去除尾梢皮及老根。

② 腌制：采用三腌法腌制。加工整理后的莴苣要及时下缸腌制。

第一次腌渍时，按莴苣重量的 10% 加盐。一层莴苣一层盐，均匀码列，每隔 12 小时翻倒一次，2～3 天后捞出放入竹箩，压去苦卤，再下缸复腌。

第二次腌渍时，可按鲜菜重量的 7% 加盐。每天翻倒一次，腌渍 4～5 天后即可并缸，然后进行第三次腌渍。

第三次腌渍时，按鲜菜重量的 5% 比例加盐。缸面用棍棒压紧，然后加入 18～20 波美度的食盐水浸泡贮存备用。

③ 切分：取腌制好的菜坯选取中段，剔除老筋、黑疤及空心莴苣段，切成长 8 厘米、宽与厚约为 4 毫米的丝。

④ 漂洗：将切好的莴苣丝入清水浸泡，漂洗脱盐后，捞出压干水分，晒至微脆发馊时，即可入缸酱制。

⑤ 酱制：将处理好的莴苣丝放入稀甜面酱中浸泡，待莴苣丝吃透酱汁，外形饱满时即可捞出沥净酱汁。

⑥ 拌油：将酱丝 25 千克加入辣椒油 2.5 千克，反复拌和均匀即为成品。

特点：制品色泽微黄，口味甜鲜微辣，脆嫩爽口。

3. 扬州甜酱莴苣

（1）配料

莴苣 50 千克，食盐 10 千克，稀酱 25 千克，原汁甜面酱 25 千克。

（2）工艺流程

选料处理→腌制→复腌→漂洗→初酱→复酱→成品

（3）制作要点

① 选料处理：选用绿叶莴苣，削去表皮，去掉尾梢和叶子。

② 腌制：将处理好的莴苣，按 50 千克莴苣加食盐 5 千克的比例，分别摆一层莴苣撒一层盐进行腌制，12 小时后翻缸，待两次翻缸后捞出，放在竹筛上压挤出水分和卤汁。

③ 复腌：将挤压去卤后的莴苣进行二次腌制时，加盐量仍为原料 50 千克加盐 5.0 千克，12 小时以后进行翻缸，共翻缸两次，调整卤液使其含盐达 20% 左右，这时咸坯可封缸贮存或进行酱制。

④ 漂洗：将腌制好的莴苣咸坯切成长 3 厘米、宽 0.8～1.0 厘米的条形，按咸坯 50 千克加水 60～70 升的比例，放在清水中浸泡 1～2 小时，然后叠放起来压去卤汁。

⑤ 初酱：初酱使用的甜面酱汁可适当调稀或使用前次剩余的酱汁。咸坯每 50 千克用酱 25 千克，酱制 4 天后捞出，去掉表面卤汁。

⑥ 复酱：经初酱后的莴苣坯料，可按 50 千克加原汁甜面酱 25 千克的比例进行复酱。视气温高低及酱的渗透情况，经 7～14 天后即为成品。

特点：制品呈黄绿色，表面有光泽，有浓郁的酱香味和醇香味。莴苣鲜味突出，质地脆嫩可口，为扬州酱菜中的名品。

4. 酱连皮莴苣

（1）配料

咸莴苣 50 千克，甜面酱 25 千克，黄豆酱 10 千克，二酱适量。

（2）工艺流程

清泡处理→第一次酱制→第二次酱制→成品

（3）制作要点

① 清泡处理：将咸莴苣放在清水中清泡一夜，捞出后晾干水分。

② 第一次酱制：把清泡晾干水分的莴苣放入二酱中，先吸取莴苣中的水分，10 天后取出洗去表面的酱。

③ 第二次酱制：洗去表面酱的莴苣，再放入甜面酱 15 千克、黄豆酱 5 千克中酱制。每天打耙两次，两周后捞出，再放入甜面酱 10 千克和黄豆酱 5 千克，每天打耙两次，经 15 天即为成品。

特点：制品呈青黄色，透明清脆，略带甜味。

十一、苜 蓿

（一）概述

苜蓿又名草头、紫花苜蓿、金花菜、三叶菜、母鸡头、南苜蓿等。原产于印度，西汉时传入我国，广布于我国西北、内蒙古、东北、华东等地。苜蓿的茎叶柔嫩多汁，味道清香可口，是江南地区的一种时鲜蔬菜。大致有江苏常熟苜蓿和上海的崇明苜蓿两种类型。此两种类型的品种并没有太大的差别。

苜蓿的营养丰富，价值很高，可食部分为 100%，每百克茎叶含蛋白质 4.2 克、脂肪 0.4 克、碳水化合物 4.2 克、粗纤维 1.7 克、灰分 2.0 克，还含有胡萝卜素、维生素 B_1、维生素 B_2、尼克酸、维生素 C，以及矿物质钙、磷、铁，另外还含有止血作用的维生素 K、苜蓿酚、苜蓿素、大豆黄酮、植物皂素等成分。

苜蓿性平、味苦、无毒，入脾胃、大小肠、膀胱经。具有清热利尿、舒筋活络、疏利肠道、排石、补血止喘的功效。

（二）制品加工技术

苜蓿食法除了有腌渍和酱制外，一般用来素炒，也可作为扣肉、红烧肉等荤菜的垫底物。

1. 腌制苜蓿

（1）配料

鲜苜蓿 20 千克，菜油 0.5 千克，酱油 0.25 千克，食盐 50 克，高粱酒 30 克。

（2）工艺流程

选料→清洗→煸炒→入盆拌和→成品

（3）制作要点

① 选料、清洗：选用新鲜苜蓿，择洗干净，沥干水分待用。

② 煸炒：锅置于火上，倒入菜油烧热后倒入酱油盆中。锅内留少许菜油，放入苜蓿稍炒片刻，加入食盐，翻炒均匀，加入高粱酒烧透。

③ 装盆拌和：将烧透的苜蓿倒入酱油盆中拌和均匀，即为成品。

特点：成品色泽绿，软嫩，鲜咸味美。

2. 酱苜蓿

（1）配料

鲜嫩苜蓿 10 千克，食盐 2.0 千克，甜面酱 8.0 千克，酱油 5.0 千克。

（2）工艺流程

选料→清洗→切分→漂烫→腌渍→酱制→成品

（3）制作要点

① 选料、清洗：选择新鲜苜蓿，用清水冲洗干净，沥干水分

备用。

② 切分、漂烫：将沥干水的苜蓿用不锈钢刀切分成 4 厘米长的段，然后放入开水中焯一下，再放入凉水中冷却后沥干水分。

③ 腌渍、酱制：按一层苜蓿撒一层盐的顺序装入缸内腌制。每天倒缸一次，4～5 天即成菜坯，然后捞出控净卤汁。

把甜面酱同酱油混合均匀后，放入菜坯于缸中，每天翻动一次，5 天后通风一次，20 天即为成品。

特点：成品呈橙黄色，透亮，质地嫩脆，甜而稍咸，有浓郁的芳香味。

3. 苜蓿烧豆腐

（1）配料

苜蓿 0.5 千克，豆腐 0.4 千克，葱花、姜末各 20 克，食盐、味精、植物油少许。

（2）工艺流程

选料处理→烧制→调拌→成品

（3）制作要点

① 选料处理：将选取的鲜苜蓿去杂冲洗干净切成段，豆腐切成块。

② 烧制：炒锅置于火上，加入植物油烧热后，放入葱花煸香，再加入豆腐块、食盐和少量水，烧至入味。

③ 调拌：豆腐块入味后，再投入苜蓿段，煮沸后加葱花、姜末、味精，拌匀后即为成品可食。

特点：此菜白绿相间，营养丰富，美味可口。

十二、荠 菜

（一）概述

荠菜又有地菜、香荠、大荠、菱角菜、护身草、鸡心菜、清明

菜、地地菜、地菜花、家荠菜等多种名称。原产于中国，已有三千
年的食用历史。原为野生常见的蔬菜，现在已人工栽培。

　　荠菜是一种药食兼用的蔬菜，营养价值很高。可食部为88%，
每百克荠菜含水分85.6克、蛋白质5.3克、脂肪0.4克、碳水化
合物6.0克、粗纤维1.4克、灰分1.6克，还含有胡萝卜素、维生
素 B_1、维生素 B_2、维生素C、维生素E、尼克酸，以及矿物质钙、
磷、铁、锌、铜、硒，并含有多种有机酸和荠菜酸、生物碱、黄酮
类、氨基酸、皂苷、乙酰胆碱、胆碱、柠檬酸等物质。

　　荠菜性温、味甘淡、无毒，入心、脾、肾经。具有健脾利水、
止血解毒、降压、明目之功效。《本草纲目》谓："甘平无毒"，功
能"和中益气、利肝明目"。

（二）制品加工技术

　　荠菜幼苗及叶可供蔬菜食用，其食用方法有凉拌、热炒、做
汤、煮粥、干制、盐渍等。现将各种制品的加工方法列述于后。

1. 香干拌荠菜

　　（1）配料

　　嫩荠菜0.5千克，香豆腐干25克，熟芝麻屑50克，熟冬笋
25克，熟胡萝卜50克，白糖10克，香油20克，食盐、味精各
适量。

　　（2）工艺流程

　　原料处理→辅料处理→原辅料混合→调味→拌匀→成品

　　（3）制作要点

　　① 原料处理：将选用的嫩荠菜去杂清洗干净，沥干水，放入
沸水锅中焯一下，捞出控净水，切成细末，放盆中。

　　② 辅料处理：将豆腐干、熟冬笋、熟胡萝卜分别切成末，用
沸水烫过，沥干水分，放入荠菜盆中。

　　③ 原辅料混合：将原料及辅料进行混合。

　　④ 调味：在混合料盆中撒上芝麻屑，加入白糖、食盐、味精，
淋上香油，搅拌均匀，即为成品。

特点：此成品色泽鲜艳，软脆适口，清香味美，为初春应时佳肴。可作为肝火血热、目赤肿痛、吐血、便血等病的食疗菜肴。健康者常食，能延缓衰老。

2. 肉片炒荠菜

（1）配料

嫩荠菜 0.3 千克，猪五花肉 0.1 千克，豆腐干 0.1 千克，熟猪油 0.1 千克，酱油 20 克，白糖、葱末、姜末各 5 克，食盐 3 克，味精 2 克。

（2）工艺流程

原辅料处理→炒制→调味→成品

（3）制作要点

① 原辅料处理：将荠菜择去杂质，放沸水中稍烫后，用清水洗涤一遍，控净水分，切成 1.5 厘米长的段。豆腐干切成 2 厘米长的菱形片。将五花肉洗净，切成 3 厘米长的柳叶片。

② 炒制：炒锅置于火上，加熟猪油，烧至五成热时，放肉片，迅速煸炒，加入葱姜末、酱油、白糖、豆腐干片，拌炒几下后，投入荠菜段。

③ 调味：在炒制的荠菜段中，加入适量食盐、味精，再炒拌均匀，出锅，即为成品。

特点：此菜色泽清雅，软脆适口，咸鲜味美。

3. 荠菜炒百合

（1）配料

荠菜 0.15 千克，鲜百合 0.25 千克，红甜椒 1 只，豆油 30 克，食盐 4 克，味精 2 克。

（2）工艺流程

原料处理→炒制→调味→成品

（3）制作要点

① 原料处理：将荠菜留根须，反复洗涤干净，控净水分，切成小段。百合瓣成瓣，洗干净。红甜椒去蒂去籽，洗净，切成

小块。

② 炒制：炒锅置于火上，放入豆油，烧至五成热时，倒入红甜椒迅速爆炒后，再放入百合瓣、荠菜段炒熟。

③ 调味：在炒锅中加入食盐、味精，再炒匀后，出锅，即为成品。

特点：此菜色泽白绿相映，味微甜酥脆，具有润肺凉肝、明目降压的功效。

4. 荠菜炒年糕

（1）配料

荠菜 250 克，年糕 200 克，色拉油 6 克，鲜汤 25 克，料酒、香油各 5 克，姜末、食盐各 4 克，味精 2 克。

（2）工艺流程

原料处理→炒制→调味→成品

（3）制作要点

① 原料处理：将荠菜择洗干净，切成 3 厘米长段。年糕切成薄片。

② 炒制：炒锅置于火上，倒入色拉油烧热，下入年糕片煸炒，加入鲜汤，略烧至快干时，放入荠菜段、姜末。

③ 调味：在炒锅中荠菜段上加入食盐、味精、料酒，再炒至荠菜变色时，淋入香油，起锅，即为成品。

特点：此菜色泽分明，清香软糯，咸鲜爽口。

5. 荠菜肉饺

（1）配料

荠菜 0.5 千克，猪肉 0.2 千克，虾皮 20 克，面粉 0.5 千克，酱油 5 克，葱末、香油各 5 克，花生油 3 克，食盐、味精各 2 克。

（2）工艺流程

原辅料处理→制馅料→制面皮包饺→熟制→成品

（3）制作要点

① 原辅料处理：荠菜去杂洗净，沥净水分，切成末。猪肉洗

净，剁成末。虾皮用温水泡发，沥去水，剁成末。

② 制馅料：将荠菜末、肉末、虾皮末同放入盆中，加入食盐、葱末、味精、酱油、香油、花生油，拌和均匀，即成为饺子馅料。

③ 制面皮包饺：将面粉用水和成软硬适度的面团，再揉成圆条，切成小面剂子，擀成饺子圆皮，包入肉馅料，制成荠菜饺子。

④ 熟制：制成的生饺子蒸熟或水煮熟后可食用。

特点：外软里嫩，咸鲜清香。具有清热解毒、止血降压的功效。

❧ 十三、雪里蕻 ❧

（一）概述

雪里蕻又叫雪菜，是叶用芥菜的一个变种。雪里蕻叶有锯齿及缺刻，叶片较小，叶柄长而圆，叶绿色，味带辛辣，不宜鲜食。一般是经过腌制后食用，制品碧绿鲜嫩，稍有辣味，用于荤素炒食，也可做配菜。

雪里蕻营养比较丰富，每百克含水分 91.5 克、蛋白质 2.4 克、脂肪 0.52 克、碳水化合物 2.5 克、粗纤维 1.6 克，还含有胡萝卜素、维生素 B_1、维生素 B_2、尼克酸、维生素 C，以及矿物质钙、磷、铁等。雪里蕻鲜菜中含硫代葡萄糖苷，腌渍时水解形成芥子苷，有特殊香辣味，再加上丰富的谷氨酸，吃起来格外鲜嫩。

（二）制品加工技术

雪里蕻，一般家庭可自行腌制后单独食用，也可炒食。现将各种制品的加工方法列述于后。

1. 腌雪里蕻

（1）配料

新鲜雪里蕻 10 千克，食盐 500 克。

（2）工艺流程

原料处理→腌制→贮存→成品

（3）制作要点

① 原料处理：按照雪里蕻菜棵长短和质量进行挑选，分类堆放。选取时顺便用小刀剔除菜头、老茎和腐叶。将菜棵摊开晾晒1～2天，使菜萎蔫，并拍掉菜根上的泥土。

② 腌制：可用缸腌制，用盐量为5％～6％。腌制时先在缸底撒一层薄盐。排最底一层菜时，菜头朝上，菜叶朝下，逐层按量撒盐，并逐层把菜踩压，在踩出菜汁以后再排菜加盐。从第二层起，让菜头朝下，菜叶朝上，撒盐后再踩踏菜，待菜棵完全装完以后，再撒上面盐，盖上小于缸口的竹篾盖，压上石头。第二天检查，如果卤水漫过菜面，便可在缸面上再盖上薄席，经1～2个月以后，便可食用。

③ 贮存：成熟后的雪里蕻在原缸贮存，可以保存1～2个月。要经常检查，如果缸内卤水不够时，应按照100升水加32千克食盐比例烧开，待冷却后再加入缸内。菜缸应存放于室内阴凉通风处，并忌生水漏入。菜缸中的卤水应清亮不浑浊。

特点：制品色泽青绿，肉质香脆，滋味鲜美，咸度适口。

2. 泡雪里蕻

（1）配料

雪里蕻10千克，一级老盐水5.0千克，食盐800克，红糖150克，干红辣椒250克，醪糟汁100克，香料包一个。

（2）工艺流程

原料处理→制坯→装坛→发酵→成品

（3）制作要点

① 原料处理：选用的雪里蕻摘除老叶、黄叶及叶柄，削净根须，用清水漂洗干净，整理好后放在通风向阳处晾晒，晒至稍干发蔫。

② 制坯：将雪里蕻与食盐按100∶6的比例，辅一层菜均匀地撒一层食盐，并稍加揉搓，进行腌制，而后用石块压上，处理24

小时，取出，沥干水分，即为菜坯。

③ 装坛：选好的泡菜坛，刷洗干净并擦干水。将一级老盐水、红糖、干红辣椒、醪糟汁和余下的食盐等调料放入坛内，搅拌均匀。把雪里蕻坯捋整齐，装进盛有盐水的坛内。装至 1/2 坛时放入香料包，继续装到九成满，用竹片卡紧，防止菜体上浮，使盐水淹没菜体，盖好坛盖，注满坛沿水，以水密封坛口。

④ 发酵：装好坛后泡制 2~3 天发酵，即可成熟开坛食用。

特点：成品黄绿色，质地柔脆，味咸带辣微酸，鲜香可口。

3. 雪里蕻豆瓣酥

（1）配料

雪里蕻 0.5 千克，水发蚕豆 1.5 千克，菜油 75 克，食盐、白糖各适量。

（2）工艺流程

原辅料处理→炒制→调味→成品

（3）制作方法

① 原辅料处理：雪里蕻去根、去老叶，用清水冲洗干净后，将嫩梗切成 3 厘米长的小段。将水发蚕豆剥去皮，洗净，放入锅中，加清水置旺火上煮开后，再改微火焖至蚕豆酥烂。

② 炒制：将炒锅置于火上，倒入菜油，烧热后，倒入雪里蕻煸炒几秒钟，再放入煮烂的蚕豆和汤。

③ 调味：在雪里蕻加入煮烂蚕豆和汤后，加入盐、白糖，再炒至收干汤汁，即为成品。

特点：制品味鲜酥软，是家常素菜。

4. 雪里蕻炒肉丝

（1）配料

腌雪里蕻 0.5 千克，猪五花肉 0.3 千克，豆油 100 克，白糖 6 克，味精 2 克，葱、姜末、料酒、酱油各 10 克。

（2）工艺流程

原辅料处理→炒制→调味拌匀→成品

（3）制作要点

① 原辅料处理：将腌雪里蕻泡入清水中，浸至微咸时捞出，沥干水分，切成细末。猪肉洗净后，切成6厘米长的细丝。

② 炒制：将锅置于火上，放入豆油，烧至六成热时，放入葱、姜末，煸炒出香味，放入猪肉丝，煸炒至变白色，再放入雪里蕻末再炒。

③ 调味拌匀：将炒好的肉丝和雪里蕻末，加入料酒、酱油、白糖、味精及少量水，盖上锅盖，略焖一下，拌和均匀，即为成品。

特点：成品雪里蕻脆嫩，咸鲜味香，肉丝软嫩清香，是江南人家冬季常食的一道菜，既可下饭又可佐酒。

第二篇

茎菜类

　　茎菜类主要是指以肥大的变态茎秆或花茎为食用对象的蔬菜。有野生和人工栽培两大类，品种很多，资源丰富。这类蔬菜色泽有绿、黄、白等各不相同。茎菜类蔬菜有薤菜、芹菜、蕨菜、金针菜、大葱、大蒜（和蒜薹）、韭菜（和韭薹）、百合、竹笋、芦笋、莴苣、茭白、莲藕、洋葱等。

　　茎菜类蔬菜资源丰富，多质地脆嫩、口感丰富，含淀粉较多，蛋白质、无机盐和维生素的含量相对比较低。此外，大蒜、洋葱含有丰富的二丙烯化合物、甲基硫化物等多种功能植物化学物质，有利于防治心血管疾病，常食可预防癌症，有消炎杀菌作用。芦笋含有丰富的谷胱甘肽、叶酸，对预防新生儿脑神经管缺损、防治肿瘤有良好的作用。

　　除了生姜、大蒜和蒜薹、洋葱、韭菜和韭薹等属于辛温之品外，多数茎菜类蔬菜如竹笋、芦笋、茭白等，性味多属甘平或甘凉，以清热生津润燥为主要作用。

　　除了嫩茎菜之外，大部分茎菜类蔬菜无需冷藏，只需存放在干爽、阴暗、空气流通的地方，即可贮存较长时间。

　　一般茎秆类蔬菜香味浓郁，可烹饪菜肴，也可作为调味品使用。有些花茎蔬菜有一定的药物价值，可预防和辅助治疗疾病，也可促进人体内的新陈代谢，促进消化，增加食欲，调节酸碱平衡，维持生命，增强免疫功能。现将我国人民生活中常食用的13种嫩茎菜的制品的加工制作分别列述于后。

一、薤菜

（一）概述

　　薤菜又称空心菜、通菜、竹叶菜、藤菜、无心菜等，是一种价廉、营养丰富、食用价值高的蔬菜，矿物质、维生素含量不亚于其他蔬菜。每百克薤菜含水分为92.9克、蛋白质2.3克、脂肪0.3

克、碳水化合物 3.6 克、粗纤维 1.0 克、灰分 1.5 克，还有胡萝卜素、维生素 A、维生素 B_1、维生素 B_2、尼克酸、维生素 C、维生素 E，以及矿物质钙、磷、钾、钠、镁、铁、锌、铜、锰、硒及果胶、叶绿素等物质。

蕹菜中的叶绿素被称为"绿色精灵"，可洁齿、防龋、除口臭、健美皮肤，是天然美容佳品。

蕹菜味甘、性微寒，具有清热生津、凉血止血、解暑去毒、疗疮、通便排毒等功效。

（二）制品加工技术

蕹菜多以幼苗和嫩梢供食，一般可生食、熟食皆宜，荤素均可。可熟炒、做汤、煮面，也可油炸后加调料凉拌食用。

1. 凉拌空心菜

（1）配料

空心菜 0.5 千克，蒜泥 30 克，香油 15 克，辣椒油 5 克，醋 20 克，食盐 3 克，味精 2 克。

（2）工艺流程

原料处理→漂烫→冷却→调拌→成品

（3）制作要点

① 原料处理：将选取的空心菜除去黄叶及杂质后，用清水冲洗干净，切成 3 厘米长的段。

② 漂烫：将切成段的空心菜放入沸水中漂烫至断生，立刻捞出，不能烫烂。

③ 冷却：漂烫的空心菜段用冷水过冷，沥干水分。

④ 调拌：将沥干水晾冷的空心菜段放入调拌盆中，加入蒜泥、食盐、味精、香油、辣椒油拌和均匀，即为成品，在食用前加入醋。

特点：此产品清香扑鼻，蒜味浓郁，咸酸鲜脆，别有风味。

2. 腐乳拌空心菜

（1）配料

鲜嫩空心菜 0.8 千克，腐乳 40 克，白糖 4 克，食盐 1 克，植物油 30 克。

（2）工艺流程

原辅料处理→翻炒→成品

（3）制作要点

① 原辅料处理：将选好的空心菜择好，清洗干净切成段。炒锅内放入植物油，加入腐乳煸炒，把腐乳炒碎备用。

② 翻炒：在煸炒好的腐乳中加入食盐、白糖，再略炒后加入空心菜段翻炒，使腐乳汁完全被空心菜吸收后，即为成品。

特点：此菜腐乳味浓郁，具有补虚养胃功效。适宜体质虚弱者食用。

3. 姜汁拌空心菜

（1）配料

嫩茎空心菜 0.75 千克，姜块 50 克，麻油 15 克，醋 30 克，食盐 2.5 克，味精 2 克。

（2）工艺流程

原辅料处理→漂烫→冷却→调拌→成品

（3）制作要点

① 原辅料处理：将选取空心菜的嫩茎切成 3.3 厘米长的段，并捏破，放入清水中淘洗干净。姜块去皮，切碎，捣成茸，放入纱布中挤出姜汁待用。

② 漂烫：将空心菜段放入开水锅中烫熟（不要烫烂）待用。

③ 冷却：经漂烫熟的空心菜段放入盆中晾凉，沥干水分。

④ 调拌：空心菜段中加菜油拌匀，再加食盐、姜汁、麻油调拌均匀，再加入味精、醋即为成品。

特点：此菜色泽翠绿，脆嫩爽口，酸咸微辣。

二、芹菜

（一）概述

芹菜由原产于地中海沿岸的野生种驯化而成，在我国汉代从高加索传入，至今已有两千多年的栽培历史，经逐渐培育，已成细长叶柄类型。叶子有一种特殊辛香气味，很受人们喜爱。

芹菜有水芹、旱芹、西芹三种。水芹又称水英、白芹，产于水塘、江湖之边，叶茎细小，色绿有锯齿。旱芹生长在平地土埂、田洼之沟，叶茎肥大，色带浅黄，香气浓郁，又叫香芹、药芹、胡芹。一般所称的芹菜多指旱芹而言。西芹又名西洋芹、欧洲芹菜，色泽淡，入口香脆，是近代从国外引进的品种，属欧洲类型。

每百克芹菜茎中含蛋白质2.2克、脂肪0.3克、碳水化合物1.9克、粗纤维0.6克、灰分1.0克，还含有胡萝卜素、维生素B_1、维生素B_2、尼克酸、维生素C，以及矿物质钙、磷、铁、钾、钠、镁、氯，及多种游离氨基酸、芳香油、芫荽苷、甘露醇、黄酮类等物质。

芹菜性凉、味甘、无毒，具有清热利水、平肝定惊、养血调经、通便抗癌功效。适用于降血压、降血脂、净血、镇静、镇痉、调经、健胃等。

（二）制品加工技术

芹菜一般可炒食、凉拌、炝、腌、酱、泡、做馅，净菜也可以用作配料、制成荤菜皆宜，清鲜爽口，别有风味。

1. 净芹菜

（1）配料
新鲜芹菜。

（2）工艺流程
原料预冷→清洗杀菌→漂洗切分→护色保脆→保鲜脱水→包装贮存

（3）制作要点
① 原料预冷：选取无公害芹菜为原料，及时进行真空预冷处理，以抑制原料微生物的繁殖。

② 清洗杀菌：将原料芹菜用清水洗去污泥和其他附着物，送入杀菌设备中，进行臭氧水浸泡杀菌处理（浸泡时间为30分钟），

再放入 200 毫克/升二氧化氯液中浸泡（浸泡时间为 15 分钟），除去芹菜中残留的农药，同时起到再次杀菌的作用，再用无菌水漂洗干净。

③ 漂洗切分：将用无菌水处理好的芹菜漂洗后，用多功能切菜机切分成片、块或其他不同形状。

④ 保色保脆：将切分好的芹菜放入 0.05％～0.1％异抗坏血酸钠、0.03％～1.0％脱氢醋酸钠、0.1％乳酸钙护色保鲜及保脆液中进行浸泡 5～15 分钟即成。

⑤ 保鲜脱水：将护色保鲜保脆好的芹菜捞入消毒好的袋子中，置于离心机中进行分离脱水，使净菜表面无水分。脱水时间为 3～5 分钟。

⑥ 包装贮存：采用合格的包装袋进行包装，真空度为 0.065 兆帕，然后放入 4℃左右条件下贮存。

2. 腌芹菜（一）

（1）配料

鲜芹菜 10 千克，食盐 2.5 千克。

（2）工艺流程

选料处理→烫漂→腌制→倒缸→成品

（3）制作要点

① 选料处理：选取新鲜大棵、实心的芹菜，切根，择除黄叶烂叶和杂质，清洗后稍加沥水，切成 3 厘米长的小段。

② 烫漂：将切成的芹菜段投入沸水中漂烫一下，捞出用凉水冷却，控净水分。

③ 腌制：用相当于芹菜重量 25％的食盐把芹菜腌制于缸中，上边多放些盐，下边少放些盐，再少加些水，由上往下浇在缸内，压上石块。

④ 倒缸：由于芹菜是叶茎类蔬菜，易腐烂，故需要倒缸。腌制第二天翻倒一次，以后每天坚持 2 次，待食盐全部溶化停止倒缸。一般需放置阴凉通风处，防止日光暴晒，10 日后即成成品食用。

特点：制品呈鲜绿色，嫩脆清香，可直接食用，也可作荤菜配料。

3. 腌芹菜（二）

（1）配料

鲜芹菜 10 千克，熟黄豆 5 千克，胡萝卜 5 千克，食盐 5 千克，花椒 75 克。

（2）工艺流程

原料处理→清洗沥水→腌制→成品

（3）制作要点

① 原料处理：将选取的芹菜切去根，择除黄叶烂叶和杂质。

② 清洗沥水：除杂后的芹菜用清水洗涤干净，控干水，切成 1.5 厘米长的段。胡萝卜用水洗净，切成 1 厘米见方的丁。

③ 腌制：将芹菜段、胡萝卜、熟黄豆、花椒、食盐同放于盆内拌和均匀，放于缸内腌制，半月左右即为成品可食。

特点：成品色泽美观，别具特色。

4. 腌虾油芹菜

（1）配料

芹菜 5 千克，食盐 1 千克，虾油适量。

（2）工艺流程

原料处理→漂烫→腌渍→虾油浸泡→成品

（3）制作要点

① 原料处理：去除芹菜外面几根老帮，切去根，择掉叶，用水清洗干净。

② 漂烫：清洗后的芹菜放入沸水中烫 3 分钟，见菜呈鲜绿色后捞出，马上浸入冷水中，换一次冷水再浸，彻底冷却后捞出切成长 1.5 厘米的段。

③ 腌渍：将芹菜段放入洗干净的盆中，加入食盐拌匀，腌渍半小时后，捞出菜段放入稀盐水中浸泡 12 小时，再捞出用清水冲洗成微咸味止，沥干水。

④ 虾油浸泡：将冲洗沥干水分的芹菜段倒入干净的坛中，倒入虾油浸泡，浸泡 10 天后可以食用。

特点：成品色绿、清脆、鲜美、爽口。

5. 腌糖醋芹菜

（1） 配料

芹菜 10 千克，红糖、醋各 0.7 千克，食盐 0.8 千克，凉开水 4 千克。

（2） 工艺流程

原料处理→腌汁配制→腌制→成品

（3） 制作要点

① 原料处理：将选取的芹菜择洗干净，晾干水分，切成 3 厘米长的小段待用。

② 腌汁配制：将红糖、醋、食盐、凉开水混合一起，搅拌均匀，放入腌罐中。

③ 腌制：腌罐中投入芹菜段，使芹菜淹没在腌汁中，密封罐口，放置 15 天即成，开罐食用。

特点：成品清脆，酸甜可口。

6. 酱芹菜

（1） 配料

新鲜芹菜 10 千克，食盐 2 千克，甜面酱 8 千克，酱油 5 千克。

（2） 工艺流程

原料处理→清洗焯烫→腌坯→酱制→成品

（3） 制作要点

① 原料处理：将新鲜芹菜去掉老梗和菜叶，削去须根，用刀在根部切成四半，基部相连，备用。

② 清洗焯烫：将处理的芹菜用清水洗净，放入开水中焯烫一下，再放入凉水中冷却，沥干水分。

③ 腌坯：按一层菜一层盐的顺序装入缸内腌制，每天倒缸一次，4～5 天即成菜坯。

④ 酱制：把甜面酱同酱油混合均匀，倒入缸内，再投入芹菜坯，每天翻动一次，5天通风一次，30天即为成品。

特点：制品呈橙黄色，透亮有光泽，质地脆嫩无渣，甜而稍咸，有浓郁的芳香味。

7. 泡芹菜

（1）配料

鲜芹菜10千克，老盐水10千克，干辣椒0.25千克，红糖50克，食盐0.2千克，醪糟汁50克。

（2）工艺流程

原料处理→装坛→发酵→成品

（3）制作要点

① 原料处理：选择新鲜翠绿、质地细嫩，纤维少，叶柄粗壮实心的芹菜原料。摘除老叶、黄叶，去掉叶片和根须，用清水洗净并晾干表面水分，切分为8~10厘米长的段。

② 装坛：将泡菜坛刷洗干净，控干水。把老盐水倒入坛内，加入红糖、食盐，搅拌溶化后加入醪糟汁，混合均匀，然后装入芹菜段和干辣椒，装满后用竹片卡紧，盖好坛盖，注满坛沿水密封坛口。

③ 发酵：装好坛后，放置在阴凉通风、干燥、洁净地方发酵。一般夏季5~7天，冬季10~15天左右即可成熟出坛。可随泡随食。

特点：制品质地清脆、鲜嫩，咸辣清香可口。

8. 泡酸辣芹菜

（1）配料

芹菜5千克，白糖0.5千克，醋0.75千克，料酒0.1千克，食盐60克，干红辣椒粉25克，净化水2千克。

（2）工艺流程

原料处理→护绿烫漂→脱水→浸泡发酵→成品

（3）制作要点

① 原料处理：将选用的芹菜去根，保留叶和茎，择洗干净，

切成 5 厘米长的段待用。

② 护色烫漂：将洗净的芹菜段置于 30 豪克/千克的葡萄糖酸锌溶液中，于 90℃保持 10 分钟的护绿和烫漂。

③ 脱水：将烫漂后的芹菜段置于低温烘至含水量 40%～50%，使菜体明显变软。烘烤温度不超过 65℃。

④ 浸泡发酵：将白糖、醋、料酒、食盐、干辣椒粉和净化水混合拌均匀，放入泡缸中，再放入脱水后的芹菜段，密封缸口，浸泡发酵 10 天左右即可成熟。

特点：制品色泽鲜亮，形态饱满，酸辣适口，口感清脆。

9. 芹菜脯

（1）配料

新鲜芹菜 100 千克，白砂糖 65～70 千克，石灰、柠檬酸各适量。

（2）工艺流程

选料→切分→硬化→漂洗→真空浸糖→烘烤→包装→成品

（3）制作要点

① 选料、切分：选择鲜嫩、肥壮、叶柄长、质地脆嫩无渣、大小一致的芹菜，剔除病残植株，去掉根叶，认真清洗干净，沥干水后切成 3～5 厘米长的小段。

② 硬化、漂洗：将芹菜小段放入沸水中热烫 0.5～1 分钟，立即冷却，捞入 0.5%的石灰乳浊液中，浸渍 6～11 小时，每小时翻动一次，使其硬化均匀，然后用清水漂洗数次，除尽残留的石灰乳，调 pH 到 7，并沥干水分。

③ 真空浸糖：将硬化漂洗沥干水的芹菜段投入真空浸糖机，然后注入煮沸 5～10 分钟的 10%的糖液，在 80～90 千帕真空下保持 1 小时。在原糖液中浸泡 9～11 小时，捞出沥干，再调整糖度至 65%，同时加入糖液重 0.2%的柠檬酸再进行高浓度真空浸糖。浸糖结束捞出，沥糖液。

④ 烘烤、包装：将沥去糖液的芹菜段摊晾在烘盘上，送入 65℃烘房中，烘烤 15～20 小时即可。用塑料食品袋包装或食品盒

分装密封。

特点：制品色泽翠绿，呈透明状，大小均匀，表面稍有光泽，有韧性，久置不返砂，不吸潮，味道纯正，香甜适口，无异味，具有芹菜特有香气。

10. 芹菜纸形食品

（1）配料

芹菜叶 30%，海藻酸钠 0.6%，玉米淀粉 10%，调味料适量。

（2）工艺流程

芹菜叶清洗护色→预煮→辅料制备→调配→破碎→均质→脱气→成型→烘烤→调味干燥→包装

（3）制作要点

① 芹菜叶清洗护色：新鲜的芹菜叶含叶绿素，色泽碧绿，加热后颜色变深暗，影响产品感官质量。而叶绿素在碱性介质中生成钠盐或钙盐，绿色稳定。因此，选用 pH8.5 的氢氧化钠溶液或生石灰水浸泡芹菜叶 30 分钟护绿后，再漂洗干净。

② 预煮：将洗干净的芹菜叶投入沸水中热煮 3～5 分钟，以软化组织，钝化酶的活性。

③ 辅料制备

玉米淀粉的制备：玉米淀粉用适量的热水调匀，加热糊化备用。

海藻酸钠的制备：将海藻酸钠先用过滤水浸泡 2 小时，让其充分溶胀再进行配料。

④ 调配：按芹菜叶 30%，海藻酸钠 0.6%，玉米淀粉糊 10% 的比例配料混合。

⑤ 破碎：将调配混合的料送入粉碎机中破碎制成浆料。

⑥ 均质：制成的浆料送入均质机中，经过均质，使浆料细化。

⑦ 脱气：浆料均质后需进行脱气处理，否则会使产品难以呈连续完整的片状。

⑧ 成型：脱气的料浆送入成型机中，加工成片状。

⑨ 烘烤：将成型的物料送入烘烤室保持温度在 60～65℃，时

间 4～4.5 小时。温度高，揭片困难，易破裂；温度低，烘烤时间长。

⑩ 调味干燥：烘烤物料涂上调味液后放入微波炉中干燥，可大大缩短干燥时间，还可达到高温杀菌的目的。

⑪ 包装：可选用塑料食品袋包装，即为成品。

特点：成品薄如纸，清脆可口，具有芹菜香味。

11. 芹菜汁

（1）配料

芹菜叶 96%，白糖 2%，食盐 1.3%，味精 0.2%，琼脂 0.5%。

（2）工艺流程

选料→清洗→护色→榨汁→过滤→调配→脱气→真空浓缩→均质→杀菌→灌装→冷却→成品

（3）制作要点

① 选料：选择新鲜、肥壮、无霉变的芹菜，除杂质和根，留下叶子。

② 清洗：除去质量不好的茎和叶，用清水洗涤干净，控干水分。

③ 护色：将芹菜叶放入 0.19 摩尔/升碳酸钾溶液中，浸泡 30 分钟，然后用水洗，再用 $10℃0.005$ 摩尔/升的氢氧化钠水溶液处理 1～3 分钟，最后投入冷水中骤冷。

④ 榨汁：护色处理过的芹菜叶，直接放入榨汁机中榨汁。

⑤ 过滤：采用 80 目绢布过滤，得芹菜汁。

⑥ 调配、脱气：芹菜汁与白糖、食盐、味精、琼脂按配方混合调配后，进行脱气处理。

⑦ 真空浓缩：为保持芹菜的营养成分，采用中温真空浓缩。温度为 45～50℃，压力为 0.08～0.09 兆帕，用片式蒸发器浓缩。

⑧ 均质：采用高压均质机处理时，其压力为 15 兆帕，可使芹菜汁中的细小颗粒进一步细化。

⑨ 杀菌、灌装、冷却：采用高温瞬时杀菌。芹菜汁经均质后

迅速送入杀菌器，快速加热至95℃，维持30秒钟，及时灌装，倒灌1～3分钟后，冷却到38℃，入库一周后检验，贴标装箱即为成品。

特点：色泽为浅色均匀浑浊液体，具有鲜芹菜香味。

12. 芹菜苹果汁饮料

（1）配料

芹菜原汁、苹果原汁按7∶1比例，柠檬酸0.25％，白糖9％。

（2）工艺流程

芹菜处理取汁┐
　　　　　　├→调配→脱气→灭菌→杀菌包装→成品
苹果处理取汁┘

（3）加工要点

① 芹菜处理取汁：选用鲜嫩肥壮的芹菜，将有色变的部位去掉，保留叶片，清洗干净后放在30毫克/千克的葡萄糖酸锌溶液中，于90℃浸泡10分钟，然后送入榨汁机榨汁，再用0.1％果胶酶澄清剂在45℃下澄清3小时，然后再过滤，可得芹菜汁。

② 苹果处理取汁：选用八九成熟新鲜、无虫害的苹果，去皮去芯后，清洗干净，置于0.02％亚硫酸钠和0.2％柠檬酸组成的护色液中，浸泡1小时，取出预煮，然后榨汁，榨出的汁用0.1％果胶酶在45℃以下澄清3小时，再过滤得到澄清苹果汁。

③ 调配：将芹菜澄清汁、苹果澄清汁按7∶1的比例混合，加入0.25％柠檬酸和9％的糖，以纯净水稀释至原汁的1.5倍，即可得到满意的风味。

④ 脱气：两汁调配后真空脱气处理。脱气温度为50℃，压力为15千帕，时间20分钟。脱气是为防止产品褐变。

⑤ 灭菌：采用高温瞬时灭菌，将汁液快速加热至95℃，维持30秒钟后，趁热灌装。

⑥ 杀菌包装：灌装后用沸水杀菌5～10分钟，分段冷却到37℃，擦干瓶，入库一周，检验，贴标，包装即为成品。

特点：此饮料具有降压健胃、润肠的作用。

13. 芹菜汁冰淇淋

（1）配料

芹菜汁12％，白砂糖14％，鲜牛奶45％，稀奶油5％，淀粉3％，柠檬酸0.15％，明胶0.3％，羧甲基纤维素钠0.15％，单甘酯0.075％，香精鸡蛋、适量，余下部分为水。

（2）工艺流程

冰淇淋配料→芹菜汁的制取→调酸→灭菌→均质→陈化→凝冻→速冻→冷藏→成品

（3）加工要点

① 芹菜汁的制取：选择鲜嫩芹菜，去根及其他杂质，保留叶及茎，用清水洗净，放入0.15摩尔/升的碳酸钾水溶液中，浸泡30分钟，再用100℃、0.05摩尔/升的氢氧化钠水溶液处理1～3分钟，最后在冷水中骤冷，可达到护色效果。然后用榨汁机榨汁，并用80目绢布过滤，得到芹菜汁可用于冰淇淋加工。

② 冰淇淋配料：首先将白糖放入温水中溶解后过滤。然后将羧甲基纤维素钠、明胶、淀粉和单甘酯分别溶于热水中，最后再按配料比例将糖水、羧甲基纤维素钠、明胶、淀粉、单甘酯水溶液及芹菜汁、鲜牛奶、稀奶油慢慢加到料液混合罐中，边加边搅拌。

③ 调酸：为防止料液沉淀，加酸过程要求严格，必须将3％柠檬酸溶液慢慢加入到冰淇淋液中，边加边搅拌均匀。

④ 灭菌：经调酸后的料液加热到80℃，在加热过程中，将搅打好的鸡蛋液倒入料中，充分混合，灭菌时间30分钟。

⑤ 均质：灭菌后的料液降温到60℃，用压力1.8～2.0兆帕进行均质。

⑥ 陈化：均质后的料液在板式热交换器中迅速冷却，然后进入陈化缸中，搅拌10～12小时，温度控制在2～4℃，使料液充分老化，提高黏度和稳定性，增加膨胀率。

⑦ 凝冻：陈化好的料液加入香精后，送入冰淇淋斗槽中冻结膨化，制成冰淇淋制品。

⑧ 速冷与冷藏：凝结膨化的冰淇淋成品迅速送入－35～

－30℃的冷库中速冻 6～8 小时，然后再转入－18℃冷藏。

特点：组织细腻，入口即化。

三、蕨 菜

（一）概述

蕨菜别名为龙凤尾、拳头菜、如意菜、吉祥菜、锯菜、蕨台等，是一种野生蔬菜，原产于我国。主要生长在山区湿润、肥沃、土层较厚的阳坡草地上，它的根茎粗壮、肥大，叶柄挺直，在每年春季，当它的嫩茎刚刚长出，嫩叶还处于卷曲未展开时采摘嫩茎，供人们食用，是典型的无公害蔬菜，被称为"山菜之王"。

蕨菜具有清香适口、风味异殊等特点，是深受国内外人们喜食的山野菜之一，被誉为"林海山珍"，确如诗人陆游所说："蕨菜珍嫩压春蔬"。

蕨菜营养丰富，每百克嫩茎叶中含热量 209 千焦、蛋白质 1.6 克、脂肪 0.4 克、碳水化合物 10 克、粗纤维 1.3 克、灰分 0.4 克，还含有胡萝卜素、维生素 C，以及钙、磷、铁、锌、铜、锰等矿物质，还含有氨基酸、胆碱、麦角固醇、苷类。蕨菜根中含有淀粉，称"蕨粉"，可供食用，具有滋补作用，可替代藕粉和豆粉。

（二）制品加工技术

蕨菜的供食部分为嫩茎和叶，可以腌制、干制、凉拌、炒食、煮食、做汤，还可制作罐头等。

1. 蕨菜干

（1）配料

鲜蕨菜 100 千克。

（2）工艺流程

原料选择→去根清洗→烫漂冷却→晒制、揉搓→包装成品

（3）制作要点

① 原料选择：选择菜叶苞尚未开伞、卷缩、新鲜粗壮、色绿的嫩茎为原料。

② 去根清洗：选取的蕨菜切去根及老硬部分，然后用清水洗去泥沙等杂物。

③ 烫漂冷却：将清洗的蕨菜在 95～98℃ 水中烫漂 7～10 分钟，捞出，立即用冷水冷却，沥干水。

④ 晒制、揉搓：将烫漂冷却后的蕨菜放在阳光下晒制，表皮见干时装入袋内，轻轻揉搓数次。经过 2～3 小时后再揉搓一次。

⑤ 包装成品：将晒干后的蕨菜用塑料袋包装，然后装入纸箱，每箱净重 10～20 千克，即可外销。

特点：制品色泽金黄色，间或有微红色或微绿色，组织柔软，富有弹性，菜体完整，含水量不超过 13％，无霉变，无杂质。营养丰富，清香爽口，风味独特，具较高药用价值和滋补功能，被誉为"林海山珍"和"山菜之王"。

2. 脱水蕨菜

（1）配料

新鲜蕨菜 50 千克。

（2）工艺流程

原料预处理→烫漂→脱水干制

（3）制作要点

① 原料预处理：蕨菜采收后应立即进行加工。切去菜根及粗、老、硬、叶部分，而后用清水冲洗去泥沙、杂质，沥干水分。

② 烫漂：将沥水后的蕨菜放入沸水中烫漂 3～5 分钟，以杀灭酶的活性。捞出后立即放入冷水中冷却，然后用甩干机脱除表面的水分，以利于后期脱水干燥。

③ 脱水干制：将甩干的蕨菜采用人工干燥时先期温度不超过 75℃，后期干燥温度不超过 55℃。

特点：制品呈黄褐色或带有微红色和微绿色，含水量 5％ 以下，具有蕨菜的清香味。

3. 盐渍蕨菜

（1）配料

蕨菜、食盐。

（2）工艺流程

采集→扎把→盐渍→装桶→包装

（3）制作要点

① 采集：野生蕨菜每年5～6月份采集。采收鲜嫩、粗壮、顶部叶苞尚未开伞的、无病虫害，长度在20厘米、直径不小于4毫米的绿秆蕨菜，不要紫秆蕨菜。

采收时要从蕨菜嫩部分采摘下，分长、短分别盛装在垫有青草的筐内，装满后上盖一层青草，以防日光照射变色变质影响产品质量。不能见水，当日采收当日加工。

② 扎把：按长度分级为优等级22厘米以上，普通级18厘米以上，直径均为4毫米以上。将分级后的蕨菜按级扎成直径8厘米的小把，要求顶部齐，下部不齐，用橡皮筋在离断口3厘米处缠扎两圈，然后以最短的一根为准，用刀切齐。

③ 盐渍：首先在腌渍池底铺一层2厘米厚的底盐，将切齐的蕨菜捆整齐地在底盐上摆上一层，再在蕨菜上撒放一层1厘米厚的盐，然后再摆上一层蕨菜，如此反复至装满池为止。在池口撒上2厘米厚的池口盐，盖好盖，压上石头。石头重量与菜重的比例为1∶（1.2～1.5）。盐渍时间为10～15天，要求在12小时内盐渍水将菜全部淹没。第二次倒池用盐量比第一次盐渍的用盐量略少（第一次30%，第二次为20%），做法仍为一层盐一层菜法，倒池后，必须加满饱和盐水。盐水用12.5千克盐溶于37.5千克水中配制。

④ 装桶：蕨菜盐渍装桶时，要用3～4层纱布过滤澄清，排除泥沙和杂质。盖桶时，将桶内空气排除。可采用加水排气法，即将饱和盐水加满桶，然后将内盖塞进，随着盖的塞进，多余的盐水会溢出，即可取得排气效果。然后加密封垫圈，盖上外盖，盐渍5天以上即可倒装于外贸专用包装桶。

⑤ 包装：包装桶内要放底盐，装满桶后再放2厘米厚的封桶

盐。桶内应整齐、分层堆放，首尾一致。分级装桶，长菜 22 厘米以上，普菜 18 厘米以上。

特点：成品色泽鲜嫩青绿，具有蕨菜特有清香味，无异味。

4. 清炒蕨菜

（1）配料

盐渍蕨菜 0.5 千克，葱姜油 50 克，料酒 25 克，食盐、味精各 1 克，香油适量。

（2）工艺流程

原料处理→烫煮→炒制→成品

（3）制作要点

① 原料处理：将盐渍蕨菜用清水漂洗去盐分，去掉根部老茎，切成 4 厘米长的段，待用。

② 烫煮：将锅置于火上，放入清水烧开，下入蕨菜段滚煮 2 分钟，捞出控干水分。

③ 炒制：炒锅置于火上，放入葱姜油，投入煮后的蕨菜段，速炒片刻，加入料酒略炒，下入食盐、味精再炒匀，见汤汁耗尽时，淋入少许香油拌匀即为成品。

特点：成品脆嫩，鲜香适口。

5. 凉拌鲜蕨菜

（1）配料

鲜蕨菜 0.5 千克，食盐、白糖各 10 克，香醋 8 克，植物油 25 克，葱末、味精各 3 克，辣椒粉 4 克，香油少许。

（2）工艺流程

选料→清洗去根→烫煮→冷却→沥水→调拌→成品

（3）制作要点

① 选料：选择新鲜粗壮、色绿嫩茎，菜叶苞尚未开伞、卷缩的蕨菜为原料。

② 清洗去根：选取的蕨菜用清水冲洗除去泥沙等杂物后再切去根及老硬部分，然后再切成 3 厘米长的段。

③ 烫煮、冷却、沥水：将清洗后切成段的蕨菜投入沸水锅中烫煮 10～26 分钟后捞出，立即冷却，沥干水分。

④ 调拌：将沥水的蕨菜段放入盆中，加入食盐、白糖、香醋、葱末、味精、辣椒粉、植物油，拌和均匀，再滴入少许香油即为成品。

特点：成品色绿间有微红点，鲜嫩清脆，味感酸甜辣，风味独特。

6. 蕨菜扣肉

（1）配料

鲜蕨菜 0.5 千克，猪五花肉 0.5 千克，酱油 0.1 千克，植物油 0.5 千克（实用 60 克）。

（2）工艺流程

原辅料处理→油炸制片→装碗→蒸制→反扣→成品

（3）制作要点

① 原辅料处理：将鲜蕨菜用生石灰水氽过后，再用清水洗去毛茸及石灰水，晾干水分，切成 5～6 厘米长的段待用。将猪五花肉刮洗干净，放入沸水中煮 5 分钟，捞出沥去水分振平，抹上酱油待用。

② 油炸制片：将炒锅置于火上，放入植物油，烧至八成热时，放入五花肉炸至金黄色可捞出，沥油后改刀切成片。

③ 装碗：将改刀切成的肉片，要求肉皮向碗里排放整齐，再将蕨菜段放在五花肉上，加入酱油。

④ 蒸制、反扣：将装五花肉和蕨菜的碗，放置于蒸笼中，用旺火沸水蒸 20～30 分钟后出蒸笼，以盘盖碗反扣即为成品。

特点：制品软烂香糯，具有乡土风味。

7. 调味蕨菜罐头

（1）配料

鲜嫩蕨菜。

（2）工艺流程

原料选择→清洗、护色→热烫、漂洗→调味、装罐→封罐、杀

菌→冷却、装箱→成品

（3）制作要点

①原料选择：选取蕨菜叶卷缩如拳、鲜嫩粗壮、色绿嫩茎为原料，除去过老或纤维较多部分，并摘去花蕾、叶等部分，然后切成一定长度的段或条备用。

②清洗、护色：将处理好的蕨菜放在清水中冲洗干净，然后投入 0.1%～0.2%的亚硫酸氢钠的溶液中护绿。

③热烫、漂洗：将护色后的原料投入沸水中热烫 5～10 分钟，热烫水中可加入 0.2%～0.5%的柠檬酸及 0.2%的焦亚硫酸钠护色。蕨菜与水的比例以 1：（2～4）为宜。热烫一般应在 4 小时内进行，超过 4 小时再热烫会影响成品色泽。

热烫后用清水浸泡，冲洗原料 15～20 分钟。漂洗至水中 pH 达 6.5～7 及无二氧化硫气味为止。

④调味、装罐：味道可分两种风味，其配方如下。

美味蕨菜：蕨菜 180 克，麻油 10 克，精炼豆油 10 克，汤汁 50 克，控制净含量为 250 克。

麻辣蕨菜：蕨菜 180 克，精炼豆油 10 克，汤汁 60 克，控制净含量为 250 克。

汤汁配料（以 100 千克计）如下。

美味蕨菜的汤汁配料：生抽 4.0 千克，砂糖 3.0 千克，味精 350 克，酵母精 300 克，食盐 4.0 千克，生粉 1.2 千克，姜 3.0 千克，加水至 100 千克。

麻辣蕨菜的汤汁配料：麻辣酱 18 千克，砂糖 3.0 千克，味精 350 克，食盐 4.0 千克，生粉 1.1 千克，姜 3.0 千克，蒜 3.0 千克，加水至 100 千克。

将漂洗后处理好的蕨菜按标准装罐，尽量减少停留时间，以避免空气及其他因素污染。装罐后立即注入 80～85℃的温开水及含 0.2%柠檬酸的汤料汁。

⑤封罐、杀菌：采用真空封罐机密封。其真空度在 0.0534 兆帕以上。封罐后及时杀菌，其杀菌式为 15′—5′—5′/100℃。

⑥ 冷却、装箱：杀菌后分段冷却至 37℃ 左右。经保温抽样检验，产品合格后，贴标装箱即为成品。

特点：成品呈绿色或浅紫红色，同一罐色泽一致，汤汁较透明，允许有轻微浑浊现象。组织脆嫩，具有蕨菜罐头应有的滋味和气味。

四、金针菜

（一）概述

金针菜又名黄花菜、金针、萱草花、鲜黄花、忘忧草等，花色黄，形如针，故名金针菜。是我国的特产，主要产于湖北、湖南、江苏、河南、陕西、甘肃、辽宁、吉林、黑龙江等地区。金针菜是主要以茎花为食用的蔬菜，鲜品含有一定的毒素，因此，必须经过严格的处理，才可食用。目前大量供应的为干制品，是经过冷水浸泡、蒸熟后晒干的产品，食用较为安全。

金针菜干品可食部分为 96%，每百克含能量 1142 千焦耳、水分 15.5 克、蛋白质 13.5 克、脂肪 1.8 克、碳水化合物 50.6 克、粗纤维 12.4 克、灰分 6.2 克，还含有胡萝卜素、维生素 B_1、维生素 B_2、尼克酸、维生素 E、维生素 C，以及矿物质钾、钠、钙、镁、铁、锌、铜、锰、磷、硒，营养价值较高，是素菜中的珍品之一。

金针菜性凉、味甘，入脾、肺二经。具有养血平肝、利湿清热、利水消肿、通乳、利咽宽胸、清热利湿的功效。

（二）制品加工技术

金针菜的食用方法较多，可炒、烧或做汤、做配菜用。

1. 金针菜干制

新鲜金针菜不能直接食用，因其中含有秋水仙碱等有毒物质，只有通过杀青和干制处理，使秋水仙碱遭到破坏才可食用。因此，干制是目前常用的方法。

（1）配料

新鲜未开花金针菜 100 千克，硫黄适量。

（2）工艺流程

选料→采摘→蒸制→揉搓→烘晒→分级→包装

（3）制作要点

① 选料：选择花蕾充分发育，外形硕大丰满，黄色和橙色，手摸花蕾有弹性，花瓣结实的原料。

② 采摘：金针菜采摘时要求花蕾充分发育未开放，花蕾裂嘴前 1~2 小时采收。采摘最佳时间从中午 12 时开采到下午 4 时为宜，采摘时要求花柄断面整齐，不可碰伤花蕾。

③ 蒸制：采摘后的金针菜的花蕾代谢旺盛，要及时进行热烫杀青，否则它会自动开花，影响产品质量。利用高温蒸制，能快速杀死花蕾组织细胞的活性，破坏并消除秋水仙碱，尽量保持其营养成分是蒸制的重要原则。其要点是能加速干燥过程，以免破坏营养。蒸制方法是将新鲜金针菜投入蒸笼中，把水烧开，用旺火蒸煮 5~8 分钟，然后改用小火焖 2~3 分钟，待花蕾凹陷，花柄开始变软，花蕾表面布满小水珠，色泽变黄，手搓花蕾有轻微的"嗦嗦"声，手捏柄部花蕾稍向下垂时可出锅。如果发现生熟不一，可将蒸制物翻转再蒸一会，不可蒸得太熟，一般五成熟左右即可。

④ 烘晒：蒸好的花蕾需在蒸笼里焖 20 分钟，让其自然冷却，使花中的糖充分转化，可提高产品质量和风味。如在蒸笼里焖的时间太久，花蕾的组织会软化，晒干后花蕾变黑，质量欠佳。摊晾时不要用手翻捏，否则会发酵变酸。一般当天下午蒸好后，摊晾到次日早上，晒到表面转白色、稍有结皮时再翻动，到中午要翻转再晒，摊花要均匀。如遇阴雨天不能及时晾晒，可用 1% 的硫黄熏蒸。如要用火烘烤时，烘灶内的炭火要用灰掩没，以保持低温焖烤。每隔 5~10 分钟翻动一次，并进行揉制，上下对翻，防止烤焦，翻动 2~3 次，花蕾变软后可取出摊晾。一般 3.5~4.0 千克鲜

花可烘晒成 0.5 千克干货。

⑤ 揉搓：金针菜在摊晒过程中，要求揉搓 2～3 次。一般在摊晒后第二天早上回潮揉制，每次 10～15 分钟。其作用是压出内部水分，使内部脂肪适当外渗，增加油性、光泽和香味。

⑥ 分级：主要以干燥度、色泽、身条、气味和有无杂质进行分级。按质量要求一般分为三等。

一等品：干燥，色泽金黄，条粗壮均匀，味香，无霉变、无虫蛀、无蒂柄、无杂质，无青条、油条。

二等品：干燥，色泽黄，身条均匀，味好，无虫蛀、无霉变、无蒂柄、无杂质。

三等品：干燥，色黄带暗褐，条粗细不匀，无异味、无虫蛀、无霉变、无杂质。

⑦ 包装：将干品按不同级别用食品袋分装，密封。

特点：制品色泽金黄或黄褐色，无霉烂虫蛀等斑点，具有金针菜天然的清香气味。

2. 麻酱黄花菜

（1）配料

水发黄花菜 0.5 千克，水发木耳 25 克，芝麻酱 25 克，米醋 10 克，清汤 20 克，料酒 5 克，食盐、味精各适量。

（2）工艺流程

原料处理→配调味汁→热烫→沥水→勾兑味汁拌和→成品

（3）制作要点

① 原料处理：将水发黄花菜择洗干净，切成段。木耳洗净，切成粗丝。

② 配调味汁：将食盐、味精、米醋、料酒、清汤、芝麻酱同放入盆中混合，兑成调味汁，待用。

③ 热烫、沥水：锅置于火上，加入清水煮沸后，放入黄花菜段、木耳粗丝焯熟，捞出沥干水分。

④ 勾兑味汁拌和：将沥干水分的材料放入盆中，浇上调味汁，拌匀后即为成品。

特点：产品脆鲜味浓，具有补血、补肝益肾、润肠通乳的作用。

3. 辣油黄花菜

（1）配料

水发黄花菜0.5千克，水发木耳25克，清汤、花椒油、辣椒油各10克，料酒5克，食盐、味精各适量。

（2）工艺流程

原料处理→配调味汁→焯熟→勾兑味汁→拌匀→成品

（3）制作要点

① 原料处理：水发黄花菜用清水冲洗干净，切成4厘米长的段。水发木耳清洗干净，切成粗丝。

② 配调味汁：将食盐、味精、料酒、清汤、花椒油、辣椒油同放一盆中勾兑成调味汁待用。

③ 焯熟：锅置于火上，加入水煮沸后，投入黄花菜段、木耳粗丝焯熟，捞出沥水。

④ 勾兑调味汁、拌匀：将焯熟沥水的物料放一盆中，趁热加入配好的调味汁，搅拌均匀即为成品。

特点：成品麻辣鲜脆、清香可口，具有清热、凉血、滑肠、解毒的功效。

4. 金针菜炒肉丝

（1）配料

水发金针菜0.25千克，猪肉丝0.25千克，青蒜叶25克，葱花、姜末、料酒各10克，水淀粉20克，肉汤50克，鸡蛋清1只，熟花生油5.0千克（实耗0.1千克），食盐4.0克，味精、胡椒粉各2.0克。

（2）工艺流程

原料处理→炒制→调味→成品

（3）制作要点

① 原料处理：将水发金针菜用清水冲洗干净，切成3厘米长

的段。猪肉丝加入水淀粉、食盐、蛋清拌和均匀上浆。青蒜叶洗干净切成段待用。

② 炒制、调味、成品：锅置于火上，加入花生油，烧至四成热时，投入猪肉丝划熟划散，捞出沥油。再将炒锅复置于旺火上，放入花生油 20 克，烧至热后投入葱花、姜末煸出香味，下入肉丝、金针菜段翻炒，加入食盐、味精、料酒、肉汤稍炒至入味，再放入青蒜叶段、胡椒粉翻炒后，即为成品。

特点：制品色泽悦人，柔嫩鲜美，清爽利口。

五、大　葱

（一）概述

大葱古代称菜伯、和事草、鹿胎等。原产于我国西部和西伯利亚，是由野生葱经驯化和选育而来，我国栽培已有三千多年历史。

大葱的营养物质很丰富，每百克葱中含水分 91.0 克、蛋白质 0.72 克、脂肪 0.3 克、碳水化合物 6.3 克、粗纤维 0.5 克、灰分 0.22 克，还含有胡萝卜素、维生素 B_1、维生素 B_2、尼克酸、维生素 C、维生素 E，以及矿物质钾、钠、钙、镁、铁、锌、铜、锰、磷、硒。此外还含有葱蒜辣素、二烯丙基硫醚、亚油酸、苹果酸、磷酸糖、多糖等物质。

葱性甘温、味辛平，具有解表散寒、健脾开胃、通窍醒脑、去腥解膻的功效。能治寒热外感和肝中邪气，可治伤风感冒。

（二）制品加工技术

大葱可生食，也可作各种菜肴的配料，还与肉同炒或素炒，亦可脱水干制作调味用。

1. 脱水香葱（一）

香葱脱水干制有两种方法：一是采用冻干方法，有利于保持葱香味；二是采用普通加热烘干方法，对香味影响较大。

（1）配料

新鲜香葱 50 千克。

（2）工艺流程

选料处理→冷冻→干燥→成品

（3）制作要点

① 选料处理：选择新鲜香葱，除去老叶，清洗后切成段。

② 冷冻：切段的香葱放在 -20℃温度下冻结。

③ 干燥：冷冻好的香葱放入干燥箱内，箱内压力低于 150 帕，温度控制在 50℃左右，干制到水分 5％以下，即为成品。

特点：成品具有原来的葱绿、葱香及口味。

2. 脱水香葱（二）

（1）配料

新鲜香葱 50 千克，漂白粉少许。

（2）工艺流程

选料处理→漂洗→切段→清洗消毒→烘干→包装

（3）制作要点

① 选料处理：选取新鲜、叶青绿，主茎洁白，无枯尖、无枯焦、无烂叶、无斑点及枯霉叶的香葱，用刀切去葱头，去除枯尖和干枯霉烂叶子。

② 漂洗：将处理好的香葱放在流动水中清洗干净。流动水中加入少许漂白粉。

③ 切段：经漂洗后的香葱放在切菜机中或用手工切成 5 毫米长的葱段。

④ 清洗消毒：将切段的香葱放入含有效氯 25～30 毫克/千克流动水中洗涤 2～3 分钟后，再盛放于篮中沥干。

⑤ 烘干：将沥干的香葱段放入不锈钢蒸汽烘干箱中干燥。烘干温度控制在 85℃左右，时间约为 90 分钟。

⑥ 包装：烘干的香葱待冷却后，盛放在双层塑料袋内，再放入纸箱中即可外销。

特点：成品具有弹性，呈管状，长短一致。葱白约占 20％，含水量控制在 8％以内，一般为 5％。

3. 葱白拌双耳

（1）配料

鲜葱白 50 克，水发黑木耳、水发白木耳各 25 克，食盐、白糖、料酒、味精、香油各适量。

（2）工艺流程

原料处理→焯烫→炒制→调味翻炒→成品

（3）制作要点

① 原料处理：将水发黑木耳、白木耳去蒂清洗干净，撕成小朵待用。选取葱白清洗干净，斜刀切成 3 厘米长的段待用。

② 焯烫：将黑木耳、白木耳小朵放入沸水中烫漂 2～3 分钟，捞出沥干水分。

③ 炒制：炒锅置于火上，放入香油，烧至六成热时，下入葱白段，烹入料酒，待爆炒出香味时加入黑白木耳。

④ 调味翻炒：葱白和黑白木耳炒锅内，加入食盐、白糖、味精翻炒拌和均匀即为成品。

特点：制品黑白相间，味香脆嫩，具有润肺生津、益气和血、补脑强心及降血压作用。

4. 葱油海参

（1）配料

水发海参 0.25 千克，水发玉兰片 50 克，虾米 20 克，葱丝 25 克，水淀粉、姜末、酱油、食盐、白糖、味精、香油各适量。

（2）工艺流程

原辅料处理→葱油制备→炒制→调味翻炒→成品

（3）制作要点

① 原辅料处理：水发海参清洗除去杂物。水发玉兰片用清水洗净，切成 3 毫米见方的丁。虾米用料酒和水泡发待用。

② 葱油制备：锅置于火上，放入香油烧热后投入葱丝，爆香，

制成葱油待用。

③ 炒制：炒锅置于火上，放入香油烧热，放入姜末略爆香，倒入泡发虾米、玉兰片，加水煮沸后再加入食盐、白糖、酱油、味精拌均匀后，再下海参丁，煮沸 10 分钟。

④ 翻炒调制：炒锅中煮沸物勾入水淀粉薄芡，并淋入葱油翻拌均匀，即为成品。

特点：制品味鲜浓香，为高蛋白、低脂肪、低胆固醇食品，是适于中老年人食用的滋补佳品。

5. 葱爆肉

（1）配料

大葱 50 克，猪五花肉 0.35 千克，植物油 50 克，水淀粉、料酒各 20 克，食盐、味精、胡椒粉、姜粉、白糖、酱油各适量。

（2）工艺流程

原料处理→炒制→调味翻炒→成品

（3）制作要点

① 原料处理：选取的大葱剥去外皮，清洗干净，斜刀切成 3 厘米长的段。猪五花肉清洗干净，切成薄片待用。

② 炒制：炒锅置于旺火上，放入植物油，烧至六成热时，放入猪肉片爆炒至熟透，加入酱油，投入葱段略炒待用。

③ 调味翻炒：在有肉片、葱段的炒锅中，再加入料酒、食盐、姜粉、胡椒粉、味精、白糖，用水淀粉勾薄芡，翻炒后即为成品。

特点：制品油润不腻，肉质柔烂醇香。

六、大蒜、蒜苗和蒜薹

（一）概述

大蒜古时称为"葫"，又叫葫蒜、蒜头、独蒜等。原产于欧洲南部和中亚西亚。最早在古埃及、古罗马和古希腊等地中海沿岸栽培，当时仅作为药用。自汉代张骞出使西域时从伊朗引入中国，至今已有两千多年的历史。目前我国主要产于山东、江苏、上海、安徽、河南、四川、云南、新疆等地。

大蒜可食部分为 82%，每百克中含水分 69.8 克、热量 126 千焦耳、蛋白质 1.7 克、脂肪 0.3 克、碳水化合物 5.2 克、粗纤维 1.3 克、灰分 0.5 克，还含有胡萝卜素、维生素 B_1、维生素 B_2、尼克酸、维生素 C、维生素 E，以及矿物质钾、钠、钙、镁、铁、锰、锌、铜、磷、硒，此外，还含有挥发性精油蒜素——硫化丙烯素、烷基二硫化物、蒜氨酸、蒜酶、柠檬醛、糖、芳樟醇、α-水芹烯以及锗微量元素等。

蒜薹营养丰富，每百克含蛋白质 1.0 克、脂肪 0.26 克、碳水化合物 8.4 克、粗纤维 1.5 克、灰分 0.5 克，还有矿物质钙、磷、铁，以及胡萝卜素、维生素 B_1、维生素 B_2、尼克酸、维生素 C 等。

大蒜和蒜薹性温，味辛平，入脾、胃、肝经。具有解毒止痢、杀虫止痒、活血清淤、健脑安神、旺盛精力的功效。

（二）制品加工技术

大蒜和蒜薹可供生食，亦可有腌制、酱制、泡制、凉拌、炒、炝等多种加工方法。

1. 腌大蒜头

（1）配料

鲜大蒜头 10 千克，食盐 1.5 千克，16% 盐水。

（2）工艺流程

原料处理→入缸→腌制→成品

（3）制作要点

① 原料处理：将鲜大蒜去掉根须、鳞茎秆和外皱干皮，茎秆保留 2～3 厘米待用。

② 入缸：把处理后的大蒜头放入干净坛（缸）内，铺一层大蒜撒一层食盐，装完后再浇入 16% 浓度的凉盐水，淹过蒜头即可。

③ 腌制：入坛（缸）的大蒜头 24 小时后倒缸，以后每天倒缸一次，两周后蒜头自动沉底为止，并冒出气泡。

新鲜大蒜头装缸后，会有辣味散发，所以要昼夜敞开缸口，不加盖，20 天后即为成品。

特点：制品色白微透明，食之脆嫩。

2. 酱大蒜头

（1）配料

大蒜头 10 千克，食盐 2.0 千克，甜面酱适量。

（2）工艺流程

原料处理→腌制→出缸→酱制→成品

（3）制作要点

① 原料处理：将鲜大蒜剪修去茎，洗净去皮晾干待用。

② 腌制、出缸：将晾干的大蒜头装入缸中，加食盐和凉开水 2 升，腌制 10 天，3 天搅动一次，然后将腌好的红色蒜头捞出装入纱布袋中。

③ 酱制：将装有蒜头的纱布袋沉入甜面酱缸中，使酱淹没纱布袋，缸口密封。30 天后即为成品。

特点：制品甜咸可口。

3. 泡大蒜头

（1）配料

大蒜头 10 千克，食盐 1.2 千克，鲜辣椒 0.5 千克，白酒 0.1 千克，生姜 0.2 千克，白糖 0.1 千克，花椒 0.2 千克。

（2）工艺流程

原料处理→卤汁配制→入坛浸泡→出味→成品

（3）制作要点

① 原料处理：将新鲜大蒜头剪去茎、须，剥去外皮待用。

② 卤汁配制：将食盐、辣椒、生姜、白糖、白酒、花椒放入干净的坛中，加水，搅拌均匀制成泡菜卤汁。

③ 入坛浸泡：将处理好的大蒜头放入卤汁坛内，使卤水淹没

大蒜头，将坛盖盖好，经常检查保证坛内有水。

④ 出味：浸泡的时间随温度而定，待泡出味来，即弃盖，取出制品。

特点：制品质地鲜嫩，味咸甜微带辣，清香爽口。

4. 糖醋大蒜

（1）配料

大蒜头 10 千克，食盐 2.0 千克，白糖 2.0 千克，陈醋 1.0 千克，凉开水 2.0 千克。

（2）工艺流程

选料→处理→盐腌制→糖醋液配制→糖醋液腌制→成品→包装

（3）制作要点

① 选料：选取鳞茎整齐、肥大，皮色洁白、肉质鲜嫩的大蒜为原料。

② 处理：将选取的原料先削去蒜头须根，切留 2～3 厘米长蒜梗，剥去外层粗老干皮，用清水冲洗干净，沥干水分待用。

③ 盐腌制：将沥水蒜头入缸，按 10 千克蒜头加入 0.5 千克食盐腌制，一层蒜头一层食盐入缸腌制 15 天左右，捞出晾晒至水分减少 30%～35%。

④ 糖醋液配制：每 100 千克糖醋液中食盐占 70%，先将醋加热至 80℃，再放入糖加热溶解，配制时也可加入一些香辛料以增进制品的风味。

⑤ 糖醋液腌制：将处理好的蒜头装入可密封的容器内，加入配好的糖醋液，使其淹没蒜头，封缸。1～2 个月后即为成品。

⑥ 包装：将腌好的蒜头捞出，用真空包装即可上市。

特点：制品色泽乳白或乳黄，酸甜适口，香味浓郁，无异味，肉质脆嫩爽口。

5. 五香糖蒜

（1）配料

大蒜头 100 千克，白糖 43 千克，食盐 4.0 千克，酱油 1.0 千克，食醋 1.0 千克，五香粉 1.0 千克。

（2）工艺流程

选料→去根皮→浸泡→腌制→倒缸→调味→封缸→散气→包装→成品

（3）制作要点

① 选料：选取个大、厚实、鲜嫩、完整、无损伤的蒜头为原料。

② 去根皮：选好的蒜头用刀削去根须，茎留 5 厘米长，剥去 2～3 层老皮，留下 2～3 层嫩皮。

③ 浸泡：将剥皮后的蒜头放入清水中浸泡以除去部分臭味。浸泡 7 天，每天换水一次，然后捞起晾干。

④ 腌制、倒缸：将晾干的蒜头放入腌缸内，放一层蒜头撒一层食盐，直至装满缸为止。腌制 24 小时，倒缸两次，以除去（散发）辛辣臭味。然后把蒜头捞出放在晾席上晾 24 小时后，再重新入缸腌制。

⑤ 调味：用糖、醋、酱油、五香粉与适量的凉开水配制成卤水，倒入蒜头腌缸中，使蒜头入味。

⑥ 封缸：用油纸和布蒙在缸口上，用麻绳将其捆扎严实，进行封缸腌制。每天将缸歪倒转数次，使其入味均匀。

⑦ 散气：封缸后隔 1～2 天，开缸散气 4～5 小时，20 天后改为 3 天散气一次，以利尽量散去蒜臭味，30 天后即为成品。

⑧ 包装：将成品用复合塑料膜包装袋或玻璃瓶分装，上市。

特点：制品口味香甜、微咸，蒜肉细嫩可口。

6. 果味糖蒜

（1）配料

大蒜头 1.0 千克，蔗糖、茶叶均适量，果汁或水果香精适量。

（2）工艺流程

选料→去皮→漂洗→脱臭→第一次烘烤→糖渍→第二次烘烤→包装→成品

（3）制作要点

① 选料、去皮：选取成熟、个大、无虫蛀、无霉变、蒜肉洁白、带有完整外皮的大蒜，然后用清水浸泡至蒜球发亮，将蒜头分瓣，去蒜茎，剥皮。

② 漂洗：将切蒂剥皮的蒜粒用清水漂洗，以除去蒜粒上的膜衣和异物。

③ 脱臭：将大蒜粒放在其质量 1/3 的茶叶汁中沸煮 5 分钟左右，立即捞出沥水后适当晾晒。

茶叶汁的制备：用一般粗茶，按其与沸水 1∶7 比例浸泡 1~2 小时，然后过滤即可。

④ 第一次烘烤：将脱臭后的蒜粒装入烘盘后，送入 60℃ 烘箱中烘烤 20 分钟即可。

⑤ 糖渍：在橘子汁、芒果汁、苹果汁、柠檬汁或其他果汁中，加入 20% 蔗糖，加热煮沸，然后加入烘烤的蒜粒，煮沸 5 分钟（果汁及糖与蒜粒的比例以能完全淹没为宜）离火，浸渍 12~24 小时，捞出蒜粒。再将果汁加热至沸，放入蒜粒进行二次糖煮 5 分钟后，继续浸渍 8~12 小时。也可用 40% 浓度的糖液加入少量水果香精来代替果汁进行糖渍。

⑥ 第二次烘烤：将糖渍后的蒜粒捞出，沥干糖液后，再装入烘盘中送入烘房，在 60℃ 的温度下烘烤 12~18 小时即成。

⑦ 包装：经二次烘烤的产品，可进行密封包装。

特点：制品带有果汁香味，无异味。

7. 白糖蜜大蒜

（1）配料

去粗皮大蒜球 50 千克，食盐 1.5 千克，白糖 22.5 千克。

（2）工艺流程

选料→剥蒜→泡蒜→腌蒜→晒蒜→熬汤→装坛→滚坛排气→成品

（3）制作要点

① 选料：选用白皮大瓣蒜为好，以夏至前 4~6 天采收的蒜球

为宜，这时的蒜脆嫩，辣性不强。如果提前采收，蒜过嫩易烂，若延迟到夏至以后采收，皮老而发黏，容易散瓣。凡散瓣、肉质变黄的蒜均不能用。

② 剥蒜：将蒜球剥去外皮两层，见到贴在蒜球的白皮时，即不能再剥，以免散瓣，再剪去长梗和根须。

③ 泡蒜：将剥好的蒜球用清水泡入缸内淹满，经三天后上面已起泡时进行换水，以后每天换一次水，共浸泡 7~9 天。在泡蒜期间，每天要轻搅动三次，以便放出辣素。泡的程度以蒜球全部沉入缸底，蒜球发亮为止。

④ 腌蒜：将泡好的蒜球捞出，用清水洗净，放入筐内沥干水。然后一层蒜一层食盐放入缸腌制。经 6~8 小时后，轻轻搅动，再经 24 小时后，食盐已溶化，即已排出蒜的水分。

⑤ 晒蒜：将腌好的蒜捞出沥干，放阳光下晾晒，应在上午出晒。将蒜头倒放排列在芦席上，经 3~4 小时后，翻过蒜继续晾晒。一般晾晒一天即可，晒好后放阴凉处摊开散热，以免发热变质。出晒使蒜皮紧贴蒜球不易分离，使蒜质保脆。

⑥ 熬汤：熬汤用 8.0 千克水加入 0.5 千克食盐煮沸，经冷却澄清后即成汤汁，倒入坛内。汤温过高时会引起蒜球发酵而影响质量。

⑦ 装坛：将晒好冷却的蒜及时装坛，按配比糖的 1/2 一层蒜一层糖在坛内码好，再将备好的汤汁与余糖搅均匀（每 60 千克蒜加汤 12.5 千克）再放入坛内。每坛装蒜 15~20 千克，装好坛后用一层塑料薄膜一层布封坛口扎紧，即可滚动坛身，使蒜黏附均匀。

⑧ 滚坛排气：将扎好坛口的坛子放在凉处，每天滚转一次，开始两天每天滚两次，每隔两天启开坛口排气一次，放气时间应在晚上启开坛口，次日早上时封口。这样滚动放气 20 天后可每天滚动一次，每隔两天放气一次，经 30 天后停止滚动，密封坛口即成。

特点：制品色白光亮、质脆，味鲜甜而微酸。

8. 速冻大蒜瓣

（1）配料

大蒜头。

（2）工艺流程

选料→切蒂分瓣→剥去内衣→分级→漂洗→装盘→冻结→包装→冷藏

（3）制作要点

① 选料：选取干燥、清洁、成熟、无腐烂、无虫、不变质的大瓣蒜头。

② 切蒂分瓣：用刀切去蒜头根蒂，剥去外皮，把蒜瓣分开。

③ 剥去内衣：分瓣蒜粒剥去内衣薄膜，并去除斑点、霉烂、发芽、虫斑及形状不整齐者。

④ 分级、漂洗：将蒜瓣分为大、中、小三级，要求大小均匀一致。用清水漂去蒜的鳞片、碎片等不合格品。

⑤ 装盘、冻结：把蒜瓣平铺在冻结盘内，快速送入速冻机内进行冻结。冻结温度应控制在 -35℃ 以下，时间维持在 1~1.5 小时内，必须达到 -15℃ 后才可出机。

⑥ 包装、冷藏：出机的冻蒜瓣每袋装 500 克，包装必须及时，先排气再严密封口。包装后及时送进冷库，库温为 -18℃，库温必须稳定，若波动超过允许范围，会影响产品质量。

特点：速冻制品无杂质、无异味、无变色腐烂变质、无致病菌。

9. 脱水蒜片

（1）配料

鲜大蒜头。

（2）工艺流程

原料选择→切蒂→分瓣→剥内衣→切片→漂洗→脱水→摊筛→烘干→除鳞片过筛→拣选→包装→成品

（3）制作要点

① 原料选料：选取新鲜、成熟度适宜、个大完整、无腐烂的

蒜头。加工前必须堆放在通风、干燥、阴凉处，以防发热变质。

②　切蒂、分瓣、剥内衣：将选取的蒜头先切除蒜蒂，剥外皮，挑出蒜瓣，修去伤斑及霉点，同时剥去内衣膜。剥去内衣膜的光蒜瓣放置在透气容器中。堆放场地要干燥通风、阴凉，厚度不超过16.5厘米，力求在24小时以内投入加工，否则将影响色泽。

③　切片：将剥内衣的蒜瓣用清水冲洗除去泥沙，漂去衣膜后带水送入切片机内切片。片形厚度1.5毫米左右，边冲水边切片。要求切片机转速为80～100转/分钟，切出来的片形厚薄均匀、平整、表面光洁，无三角片。如果片形过厚，经烘后色泽易发黄；片形过薄易破碎，成品碎屑多而影响成品香味，辛辣味不足。

④　漂洗：将切好的蒜片装入竹箩中，放入清水缸中用流动水冲洗，除去鳞衣及蒜片表面的黏液。每箩约放20～25千克蒜片，一般冲洗4次，在冲洗时需将箩底上下翻动，使蒜片表面黏液漂清。漂洗不清，成品发黄；漂洗过度，影响香味及辣味。

⑤　脱水：用离心机将蒜片表面水甩干，一般甩干约2分钟左右，经离心机甩干后能缩短烘制时间。

⑥　摊筛：摊筛要均匀，不能过厚。摊得过厚，烘烤时间长，影响成品色泽；摊得过薄，设备利用率低。

⑦　烘干：隧道热风进口温度掌握在65℃左右，温度过高则会使成品色泽发红、发焦。风量保持平衡，或出风量稍大于进风量，以利于干燥，一般烘5～8小时即可烘干，烘出物含水分控制在4%～4.5%。

⑧　除鳞片过筛：经烘干的蒜片首先需经风扇处理除去剥蒜时残留的鳞片，同时再用筛子筛出碎屑，以便于拣选。

⑨　拣选：用风扇过筛处理后的蒜片立即进行拣选。拣选间必须清洁卫生、通风干燥、光线充足，并备有防蝇、防虫设施，操作工必须符合卫生要求，无各种传染病及皮肤病，工作衣帽整洁、卫生，头发不外露，防止其他杂质及飞虫进入。

拣选时剔除三角片、变色片，超过水分标准的厚片及其他杂质。把拣选后符合标准的蒜片，进行复测水分。一般水分控制在

5.5%左右，水分超过6%的，必须再进行复烘。

⑩ 包装：经拣选并检查合格的蒜片采用纸箱包装，内衬双层塑料袋，中间衬牛皮纸袋，箱外打两道腰箍。每箱装蒜片20千克，箱外刷上生产名及工厂代号，即可出厂外销。

特点：制品为淡黄色，无焦黑片及红片。片形厚薄大小基本均匀，无碎屑，水分不超过6%，不允许杂质存在。

10. 香脆蒜片

（1）配料

大蒜头100%，白砂糖30%，醋酸28%，β-环糊精0.3%，苯甲酸钠0.05%，食盐、柠檬酸、钙镁盐、甘草浸膏、丁香各适量。

（2）工艺流程

选料→分瓣→切蒂→脱皮→清洗→切片→浸泡→漂洗→预处理→真空干燥→调香→冷却→分级→包装

（3）制作要点

① 选料：选取鳞茎成熟、清洁、干燥，外皮完整，无虫蛀霉烂及发热变质，而且肉质洁白，辛辣味足的蒜头。

② 分瓣、切蒂：经验收合格的蒜头，先用切蒂机切除蒜蒂，然后分瓣。

③ 脱皮、清洗：将蒜瓣倒入去皮剂溶液中，在20~30℃下浸泡3~4分钟捞出，再以清水冲洗去掉皮。

去皮剂是由无机溶剂和表面活性物质等按一定比例配制而成。

④ 切片：经清洗干净、脱去外膜的蒜瓣，带水用切片机切成片。片厚度为2.0毫米左右。要求厚薄均匀、平整、表面光洁、无三角片。

⑤ 浸泡、漂洗：将蒜片倒入由28%的醋酸，0.3%的β-环糊精及适量氯化镁组成的脱臭剂溶液中，在50℃下浸泡3小时捞出，再以清水漂洗干净。

⑥ 预处理：是包括护色、硬化、调香等过程，目的是防止褐变，增加组织强度，防止蒜片变形，改善蒜片的风味。

在贮糖罐中配制30%的糖液，添加一定量的食盐、柠檬酸、钙镁盐、甘草浸膏、丁香等调香物质，并加入 0.05％的苯甲酸钠，混合后经胶体磨处理，然后将脱臭蒜片放入真空浸渍罐内，密闭抽真空至 0.09 兆帕后，打开糖罐开关，喷入糖液，维持 15 分钟，充气 40 分钟。

⑦ 真空干燥：这一步是决定产品质量的关键。影响产品质量的因素有真空度、温度、时间、蒜片的厚度等。在蒜片厚度一定时，真空度影响最大，它直接影响产品的酥脆度。真空度越高，产品越酥脆，而且干燥时间越短。在真空度 0.096 兆帕，温度 30～40℃进行真空烘干，时间约 2 小时，所得产品酥脆度好，大蒜素和氨基酸的保存率高，色、香、味及组织结构与冻干蒜片相当。

⑧ 调香：用调味机给烘好的蒜片喷洒不同的香味物质，以得到不同香味的香脆蒜片。

⑨ 冷却、分级包装：调香后的蒜片，经冷却后，分级、称量包装。用复合塑料薄膜进行真空充气包装。

特点：制品厚薄、大小基本均匀，入口香脆。

11. 蒜蓉酱

（1）配料

鲜蒜瓣 10 千克，红辣椒粉 250 克，豆瓣酱 500 克，芝麻油 259 克，甜面酱 7.0 千克。

（2）工艺流程

原料处理→制蒜蓉→调制→装缸发酵→成品

（3）制作要点

① 原料处理：将选择的蒜瓣剥去皮，用清水清洗干净待用。

② 制蒜蓉：将洗干净的蒜瓣放于碗中，用木棒捣成蒜泥或用石磨磨成蒜蓉。

③ 调制：将蒜蓉与各种调料混合均匀。

④ 装缸发酵：混合均匀的物料装入一干净陶缸中，进行自然发酵，经 3～6 个月即为成品。

特点：制品色泽酱黄，蒜香味浓，可口开胃。

12. 大蒜油提取

大蒜油是蒜头经过粉碎后提取而得到的挥发油，是大蒜主要的生理活性成分，具有强烈的杀菌、抗菌、降血脂、抑制血小板凝聚、减少冠状动脉粥样硬化、抑制体内亚硝酸胺合成和抗癌防癌等功效。目前，大蒜油提取方法主要有水蒸气蒸馏法、溶剂萃取法和超临界 CO_2 萃取法三种。一般常用水蒸气蒸馏法。

（1）配料

大蒜。

（2）工艺流程

大蒜处理→适温酶解→上灶蒸馏→油水分离→存放

（3）制作要点

① 大蒜处理：大蒜切蒂，浸泡脱皮，在室温20℃浸泡8小时。为了提高效率，可用5％的盐水或碱水浸泡搅碎。

② 适温酶解：大蒜油的产率和质量随反应时间的增长、反应温度的提高而变高。但反应温度超过60℃则会向反方向转化。搅碎后的大蒜在45℃放置一小时产油率最高。

③ 上灶蒸馏：大蒜脱皮搅碎后，按蒜、水比例为1∶1.5投料，水蒸气直接蒸馏。采用通入水蒸气蒸馏法，蒜水比值还可提高。

④ 油水分离：大蒜油产率大于0.3％。

⑤ 存放：在10～30℃条件下，大蒜油主要有效成分可在一年内保持不变质。辐照有利于大蒜保鲜，并能将大蒜油的产率提高到0.37％。

13. 大蒜素提取

大蒜素的提取方法主要有水蒸气蒸馏法、有机溶剂提取法和超临界萃取法三种。水蒸气蒸馏法所用设备简单，操作方便，但大蒜素提取很低。超临界萃取法提取率高，且品质好，但生产成本高，设备复杂，操作技术难度大。一般采用乙醇作提取剂提取。

（1）配料

大蒜、乙醇。

（2）工艺流程

大蒜处理→酶解→萃取→蒸馏→浓缩→成品

（3）制作要点

① 大蒜处理：将选取的大蒜去蒂须，浸泡于 20℃水中，8 小时后搅碎。

② 酶解：大蒜素采用体积分数 95％的乙醇作为提取剂，在 40℃下酶解 0.5 小时。

③ 萃取：按料液比例 1 克：4 毫升加入 95％乙醇于 30℃萃取 1.5 小时。

④ 蒸馏、浓缩：控制蒸馏温度 50℃，压力 0.01 帕，旋转蒸发仪转速 75 转/秒进行减压浓缩，大蒜素的提取率可达 0.24％。

14. 糖水蒜罐头

（1）配料

大蒜头，白砂糖，食盐，冰醋酸等。

（2）工艺流程

原料处理→腌渍漂洗→预煮冷却→整理装罐→排气密封→杀菌冷却

（3）制作要点

① 原料处理：大蒜应选取成熟、干燥、蒜头大、外皮呈灰白色或淡棕色，蒜瓣洁白、肥厚、无虫蛀霉烂变质现象的。用清水洗去蒜头表面泥沙等杂质，剥去鳞片，切蒂分瓣，然后将蒜瓣在自来水水中浸泡 48 小时，水量为蒜瓣的 1.7 倍。剥去蒜瓣表面薄膜，要求不得伤害蒜瓣，保持形态完整。

② 腌渍，漂洗：经处理过的蒜瓣加 5％食盐，搅拌均匀入缸腌渍 24 小时，上面用重物压紧。腌渍后，蒜瓣用自来水漂洗至口尝微咸为止。蒜瓣按大小分成大、中、小三级。

③ 预煮冷却：将漂洗后的蒜瓣放入 15％的冰醋酸溶液中预煮，温度 90～95℃。小瓣蒜预煮 11 分钟左右；中级瓣 13 分钟；大级蒜瓣 15 分钟左右。蒜瓣与水之比例为 1∶1，预煮后，蒜瓣立即放在流动水中冷却，并漂洗至 pH 值为 7.0。

④ 整理装罐：将蒜瓣按不同规格装入玻璃罐中，再加入糖液。每瓶净重 470 克，蒜瓣 250 克，糖液 210 克。糖液配方为 25％～30％白砂糖，0.6％～1.0％冰醋酸。

⑤ 排气密封：采用加热排气方法，罐中心温度应不低于 75℃，排气完毕立即封罐。罐盖应清洗消毒，沥干水分。

⑥ 杀菌、冷却：密封后的罐应及时杀菌，温度 100℃，5～15 分钟。杀菌后分段冷却至 38～40℃。实罐冷却后，擦干外表水分入库，在 20～25℃下保存一周，检验合格，贴上标签为成品。

15. 大蒜饮料

（1）配料

大蒜，酒精，食用油。

（2）工艺流程

选料→处理→脱臭→过滤→成品

（3）制作要点

① 选料：选择成熟、干燥、皮薄、瓣大，无霉变、未发芽的干蒜为原料。

② 处理：将干蒜进行分级分选，去皮、去蒂，用清水洗净后，投入沸水锅中热烫 2～5 分钟，以钝化大蒜组织中的蒜素酶。

③ 脱臭：将热烫后的大蒜，按料水比 1∶1 捣成糊状蒜浆，装入不锈钢罐中，再按料水比为 1∶2 加入 27％的酒精溶液，或加入 1％～5％的食用豆油或花生油，在室温为 25～30℃下浸 48 小时。

④ 过滤：把经过浸泡除臭的蒜浆，倒入带搅拌器的反应罐中，以 1700 转/分钟的速度搅拌 40 分钟，然后静置 5 分钟。经过滤得到淡茶色半透明的清液，即是无臭蒜汁饮料，可进行装瓶、杀菌、包装、上市。

特点：制品无蒜臭味，营养丰富。

16. 蒜汁保健饮料

（1）原料

大蒜头、山楂汁、红枣汁、蜂蜜、去离子水、白糖、柠檬酸、稳定剂。

（2）工艺流程

大蒜汁制备→调配→调糖酸度→装瓶→成品

山楂汁 红枣汁————↑

（3）制作要点

① 大蒜汁制备：选用无霉变、无黑斑的大蒜，用脱皮机脱去皮，然后分选并清洗干净，再用脱臭剂脱臭。脱臭后的大蒜与3倍量的水一起加入粉碎，粉碎成浆，10天后，用1200转/分钟，200目滤布的离心机分离出蒜汁，最后再加硅藻土过滤机精滤一次即成蒜汁。

② 调配：将大蒜汁、山楂汁、红枣汁打入配料缸中，加入白糖、蜂蜜、柠檬酸、稳定剂等搅拌均匀。

③ 调糖酸度、装瓶：调节糖度和酸度后，用203～304千帕的均质机均质一次，然后加热装瓶，采用沸水杀菌30分钟，分段冷却，擦干瓶，入库贮存一周后检验，贴标签，包装出厂。

特点：制品透明，无沉淀，味酸甜适口，营养丰富，无蒜臭味。

17. 大蒜保健饮料

（1）配料

大蒜，蛋黄，酒精，芝麻粉，蜂蜜。

（2）工艺流程

选料→处理→破碎→烘干→磨粉→浸泡→分离→成品

（3）制作要点

① 选料：选择成熟、干燥、无虫蛀、无霉变、无发芽的大蒜为原料。

② 处理：拣出不合格蒜头，然后分瓣、去蒂、去皮，再用清水将剥皮的蒜肉漂洗干净。

③ 破碎：采用破碎机将蒜肉粒破碎成糊状。

④ 烘干：将鲜蛋黄按比例加入蒜糊中，搅拌均匀，放入烘盘中，送入60℃左右的烘房中烘干。

⑤ 磨粉：用粉碎机或用石磨将烘干物磨成粉，通过 40 目筛孔，然后放入大缸或不锈钢桶中。

⑥ 浸泡：用 30 度或 40 度的食用酒精加入缸或桶中浸泡。同时加入 80 目细的芝麻粉、蜂蜜在室温下浸泡 6 个月。

⑦ 分离：将浸泡物用离心分离机分离即得到浅橘红色、透明、有蒜香味的保健饮料溶液，稀释 5～10 倍，即成大蒜保健饮料。还可以加入白糖、柠檬酸或果汁以调节口感和色、香、味。

18. 大蒜粉

（1）配料

大蒜。

（2）工艺流程

选料→浸泡→粉碎→脱水→烘干→粉碎→包装→成品

（3）制作要点

① 选料：选用个头大，瓣肉洁白，无病虫害、无破损、无霉变的大蒜头。

② 浸泡：洗净大蒜，剥开蒜瓣，在冷水中浸泡约一小时，捞出搓去皮衣，沥干水，要求蒜瓣一色，无带斑的杂瓣。

③ 粉碎：取蒜瓣加入 1/3 重量的净水，放入打浆机中打浆，然后过滤，除去残存皮衣等杂物。

④ 脱水：用 1200 转/分的离心机除去水。

⑤ 烘干：将脱水后的纯蒜粉，立即摊平在竹筛或烘盘上，放入 50℃烘房中烘 5 小时，干至能用手将蒜粉碾成粉面为止。

⑥ 粉碎：为了保证制品成均匀粉状，必须趁热用粉碎机配上细萝进行磨研粉碎，也可用小型磨面机进行磨细成粉，过筛即为成品。

⑦ 包装：将大蒜粉装入印有商标、名称的食用塑料袋或防潮牛皮纸袋中密封。

19. 大蒜蜜饯

（1）配料

大蒜，硫黄，食盐，醋酸，糖液，桂花，小茴香，陈皮，味精。

（2）工艺流程

选料→分瓣→漂洗→硫处理→盐渍→脱臭→糖煮→调味→烘干→回潮→包装

（3）制作要点

① 选料：挑选成熟、干燥，无虫蛀、无霉变，并带有完整蒜皮的大蒜作为原料。

② 分瓣：将挑选的蒜头加工分瓣，剔除皮及蒜柱。

③ 漂洗：将蒜瓣倒入大缸中，用清水进行漂洗，用时 6～8 小时，每隔 2 小时换水一次，以达到漂去蒜肉黄水的目的。将漂洗后的蒜瓣剥去内衣膜，入缸再漂洗 8 小时。

④ 硫处理：将漂洗后的蒜瓣捞出，沥净水，按 1000 千克蒜肉用 3～5 千克硫黄在熏硫室中熏 10～15 小时。

⑤ 盐渍：100 千克蒜肉混入 5 千克食盐，入缸压实 24 小时，期间倒缸一次。盐渍完毕后，将蒜肉切成两半，用水漂洗 10 小时，期间每 2 小时换水一次，至口尝略带咸味为止。

⑥ 脱臭：在 1.5%～2.0% 的醋酸溶液中倒入蒜片，煮沸 15～20 分钟，捞出，用清水漂洗至溶液显中性。

⑦ 糖煮：配 30% 糖液，放入蒜片，用小火煮至蒜片透明，糖液浓度达 50% 时捞出，迅速用 95℃ 热水洗去表面糖液。

⑧ 调味：将桂花、小茴香、陈皮、水以 3∶3∶2∶1.5 的比例混合后，用小火煮沸 1 小时过滤，调整总量至 10 千克，再将 1.5 千克味精和 2 千克食盐溶解后加入此溶液中，再倒入 100 千克蒜片搅拌均匀。

⑨ 烘干：调好味的蒜片均匀地摊放在烘盘中，放在烘架上，送入烘房，以 60～70℃ 烘 8～10 小时，至含水量降至 18%～20% 时，即可出烘房。

⑩ 回潮：干燥后的大蒜蜜饯，放入密闭容器中回潮 36～48 小时，使其水分平衡。

⑪ 包装：取出回潮后的大蒜蜜饯，进行质量检验，剔除煮烂、

干瘪等不合格品，包装即成为产品可上市。

20. 咸蒜苗

（1）配料

鲜蒜苗 10 千克，食盐 1.5 千克，16～18 波美度盐水 0.5 千克。

（2）工艺流程

选料→处理→腌制→装坛→贮存

（3）制作要点

① 选料：蒜苗要求幼嫩时及早采收，一般在立夏至小满期间采收为好。

② 处理：鲜蒜苗采收后，应及时处理，防止后热。先摘去蒜苗顶端花球及老根，选用幼嫩部分，剪切成长约 4 厘米的短苗备用。

③ 腌制：剪切蒜苗称重后放入缸内，每 10 千克放入 16～18 波美度盐卤 0.5 千克，食盐 1.5 千克，加盐要少量均匀。每放一层蒜苗，撒一层盐，撒盐时要求底少上层多，盐渍后每天倒缸两次，并进行翻倒揉搓，促使盐粒溶化，盐分渗透均匀。腌渍一周后，改为每天翻拌一次。腌渍 10 天后即为半成品，以备装坛贮存。

④ 装坛、贮存：将腌渍成的咸蒜苗装入陶质坛子内密封。一般装坛一个月即可食用。因蒜苗含糖量较高，开坛后，应连续食用，不宜久贮。长期敞口贮存会发黏变质，从而影响产品质量。

贮存用空坛应洗净干燥，装坛前，坛底预加少量食盐，然后逐层用木棒捺紧，装满后，坛口再加少量封口盐塞紧，2～3 天后将坛口倒置贮存。

特点：制品色泽翠绿，细嫩清脆，鲜香爽口。

21. 腌蒜薹

（1）配料

鲜蒜薹 10 千克，食盐 1.5 千克，姜 0.1 千克，胡椒粉 10 克。

（2）工艺流程

原料处理→入缸加卤汁→腌制→成品

（3）制作要点

① 原料处理：将选择的鲜嫩蒜薹除去蒜薹籽和根，用清水冲洗干净，沥干水分，切成小段待用。

② 入缸加卤汁：将沥去水的蒜薹段放入缸中，加入食盐水、姜、胡椒粉等配成的卤水汁。

③ 腌制：缸中装入蒜薹和卤汁后，压上石块，于第二天、第三天翻倒一次，大约经 30 天即为成品。

特点：制品脆嫩可口，色泽翠绿，具有香辣味。

22. 酱蒜薹

（1）配料

鲜蒜薹 10 千克，食盐 1.0 千克，面酱 5.0 千克。

（2）工艺流程

原料处理→腌制→脱盐→装袋酱制→成品

（3）制作要点

① 原料处理：将选择的鲜蒜薹的老根和籽部去掉，清洗干净待用。

② 腌制：将清洗干净的鲜蒜薹放入盆中，用食盐腌渍一天，第二天捞出切成 3～4 厘米长的段。

③ 脱盐：把切成的蒜薹小段放入清水中浸泡 2～3 小时，中间换水 2～3 次，以减少蒜薹的咸味和辣味，然后捞出控去水分，阴干。

④ 装袋酱制：将阴干的蒜薹段，装入布袋中，放入面酱中浸泡，每天搅动两次，15 天后即为成品。

特点：制品色绿味鲜、脆嫩，酱味浓郁。

23. 糖醋蒜薹

（1）配料

鲜蒜薹 10 千克，食盐 1.5 千克，白糖 2.5 千克，陈醋 0.5 千克。

（2）工艺流程

选料→切段→腌制→糖醋渍→成品

（3）制作要点

① 选料：选用鲜、嫩、脆、粗细均匀的蒜薹为原料。

② 切段：鲜蒜薹除去根和籽，清洗干净，切成 3 厘米长的段，规格要整齐一致。

③ 腌制：一层蒜薹段一层食盐地入缸腌制。第二天开始倒缸，连续倒三天，直至食盐全部溶化。捞出蒜薹段，沥去盐水，重新入缸。

④ 糖醋渍：按配料，先将白糖水烧开溶化，晾凉后再加入陈醋制成卤液，加入缸中与蒜薹段拌和均匀，每天搅拌一次，约 20 天即为成品。

特点：制品黄褐色，质地嫩脆，甜酸适口。

24. 泡蒜薹

（1）配料

蒜薹 10 千克，食盐 1.0 千克，生姜 0.2 千克，鲜辣椒 0.2 千克，白酒 0.1 千克。

（2）工艺流程

原料处理→装坛→发酵→成品

（3）制作要点

① 原料处理：将鲜蒜薹去掉根和尖端，用清水洗干净，切段，放入开水锅中烫漂一下，捞出控干水分待用。

② 装坛：将控干水分的蒜薹段放入坛中，加入生姜、辣椒、食盐、白酒，盖好坛盖，注满坛沿水，密封。

③ 发酵：装好坛后，放入通风、干燥、洁净的地方发酵，腌泡 30 天即可成熟成为成品。

特点：制品绿色，质地清脆，咸辣清香可口。

25. 速冻蒜薹

（1）配料

新鲜蒜薹。

（2）工艺流程

原料收购→剪苗切段→烫漂→冷却→速冻→包装→冷藏

（3）制作要点

① 原料收购：过短蒜薹不宜收购。原料收购后立即调运，不宜久存，若需贮存应冷藏。

② 剪苗切段：蒜薹根部切去 0.5～1.0 厘米，切齐后从根部至腰先切 25～28 厘米或 20～23 厘米的长条、中条，然后再切成 4～5 厘米的蒜薹段（稍部花蕾弯曲部约 5 厘米不宜采用）。切分时要注意不同规格不能混淆，切段时要注意擦去刀面上的锈液，以防止对蒜薹切口的污染。

③ 烫漂、冷却：将切段蒜薹入沸水中烫漂，至色泽鲜绿色略见花斑，食之无辛辣味，随即入冷水中冷却。

④ 速冻：将冷却的蒜薹段送入冷冻机速冻。控制温度 -40～-35℃，冻结 30 分钟即可。

⑤ 包装：将冻好的蒜薹段用食品袋分装。要求袋中蒜薹段整齐，条形正直，粗细均匀，断条不超过 15%。

特点：制品色泽鲜绿色，均匀一致，长短粗细一致，具有蒜薹的滋味和气味，无异味，组织鲜嫩，食之无粗纤维感。

26. 冬虫夏草蒜薹脯

（1）配料

蒜薹 40 千克，糖 65 千克，水 25 千克，冬虫夏草 1.0 千克，茶叶 500 克。

（2）工艺流程

原料选择→清洗→切分→烫漂→硬化与护色→除蒜臭→制糖液→糖渍→沥糖→烘烤→检验→包装

（3）制作要点

① 原料选择：选择色泽鲜绿，粗细均匀，品质脆嫩的蒜薹。选取褐色、无污染、无机械损伤的冬虫夏草。

② 清洗：蒜薹先用水冲洗 2～3 次后，再用 0.05% 的高锰酸钾溶液洗去残留农药，最后再用清水冲洗 2～3 次。冬虫夏草用 30℃左右的温水冲洗 2～3 次。

③ 切分：用不锈钢刀将蒜薹切成 3～4 厘米小段，去除尖头部

分。将冬虫夏草切成小碎块，以利于糖煮时溶出有效成分。

④ 烫漂：将切好的蒜薹段放入沸水中 1 分钟，使其中的酶失去活性，并驱除组织中的空气，使颜色更鲜绿，迅速捞出，放入冷水中冷却。

⑤ 硬化与护色：蒜薹段投入先配制好的 0.5% 氯化钙溶液中硬化后，再加入 200 微克/克葡萄糖酸锌护色剂，完成钙镁离子交换，以使蒜薹保持绿色。浸泡 14 小时，然后捞出，用清水洗去表面盐分，沥干。

⑥ 除蒜臭：将 500 克茶叶放入 10 升水中煮制 5 分钟，浸泡 10 分钟，过滤。将沥干后的蒜薹放入滤液中浸泡 4~5 小时，捞出，用清水冲洗，沥干，可有效防止在贮存中产生蒜臭味。

⑦ 制糖液：将 1.0 克冬虫夏草浸入 25 千克冷水中 12 小时，然后煮制 1 小时，用纱布过滤后，加入糖，配制成 45% 的糖液，备用。

⑧ 糖渍：将冬虫夏草糖液放入容器中，加入处理好的蒜薹段，抽真空至 86.6~93.3 千帕（绝对真空度 2.7~9.4 千帕），直到糖液浓度为 60%，再加入 200 微克/克葡萄糖酸锌为护色剂，浸泡 8~12 小时，捞出沥干糖液。

⑨ 烘烤：50~60℃，烘烤 20~25 小时，使水分含量达 20% 左右，检验，包装即得成品。

特点：制品新鲜绿色、半透明，均匀一致，柔软有弹性，香甜可口，带有蒜薹的清香和特有的风味，无其他异味。

七、韭菜、韭黄和韭薹

（一）概述

韭菜又名为山韭、起阳草、扁菜、翠发、懒人菜、壮阳菜、长生韭等。原产于我国，是由野生韭菜驯化而来。韭菜可谓蔬菜中的佼佼者，也是我国特有蔬菜之一，四季长春，终年可供食用。它一生中被反复割剪，生而不衰。韭黄（又名黄韭）是在温室里盖席或塑料地膜培育出的品种，叶色淡黄色，香辣、鲜美，吃起来别有一番风味，深受人们的青睐。韭菜长成后抽出的花茎叫韭薹，顶稍长有花包育籽，秆呈扁圆、椭圆或圆形，中间空心，色绿，质地脆嫩，味鲜，多汁，与韭菜同味。

韭菜味道鲜美，营养丰富。每百克可食部分中含有蛋白质 2.1 克、脂肪 0.6 克、碳水化合物 3.2 克、粗纤维 1.1 克、灰分 1.0 克，还含有矿物质钙、磷、铁，以及胡萝卜素、维生素 B_1、维生素 B_2、尼克酸、维生素 C、维生素 E，并含有挥发性油、核酸、苷类、硫化物、苦味质等，有特殊的香气味。

（二）制品加工技术

韭菜既可调味，又可腌、炒、拌、做馅、烧汤，还可做各种荤素菜的配料。韭菜花还可以腌制，是吃涮羊肉的佐料佳品。

1. 腌韭菜

（1）配料

新鲜韭菜 10 千克，食盐 2.0 千克。

（2）工艺流程

原料处理→装坛腌制→成品

（3）制作要点

① 原料处理：将选择好的鲜韭菜用清水清洗干净，稍晒，切碎待用。

② 装坛腌制：将切碎的韭菜加入食盐，搅拌均匀，装入坛中，加坛盖后，腌制 3～5 天，出现水汁后，即为成品食用。

特点：制品色泽青绿，味咸香，微带辣。

2. 凉拌韭菜

（1）配料

鲜韭菜 0.5 千克，食盐、味精、辣椒油各适量。

（2）工艺流程

选料处理→腌制→静置→调制→成品

（3）制作要点

① 选料处理：将选取的韭菜除去杂质，用清水洗涤干净，切成2～3厘米长的段，待用。

② 腌制：将切成的韭菜段放入盆中，撒入适量食盐，搅拌均匀，腌至韭菜出水，然后用手挤出水分。

③ 静置：挤出水分的韭菜段应放置两小时，使生韭菜味散发排出。

④ 调制：将散发生韭菜味后的韭菜段，放入盆中倒入少许辣椒油和味精，拌和均匀，即为成品。

特点：成品辛香爽口，具有温肾壮阳、治疗腰膝酸疼作用。

3. 韭菜炒核桃虾仁

（1）配料

鲜韭菜0.5千克，核桃仁0.1千克，植物油30克，虾仁20克，芝麻油、食盐、味精各适量。

（2）工艺流程

原料处理→炒制→调味→成品

（3）制作要点

① 原料处理：将韭菜清理除去杂物，用清水冲洗干净，切成3厘米长的段备用。虾仁用温开水浸泡30分钟后洗净备用。核桃去壳取仁洗干净备用。

② 炒制：将炒锅用旺火加热，放入植物油，烧至八成热后投入核桃仁、虾仁，改用中火炒至熟后，再加入韭菜段翻炒片刻。

③ 调味：在韭菜段翻炒片刻后，加入食盐、味精、芝麻油拌匀即为成品。

特点：制品鲜嫩味美，清爽可口。

4. 炸韭菜春卷

（1）配料

鲜韭菜0.5千克，猪肉末0.3千克，鸡蛋0.2千克，面粉0.6

千克，酱油、水淀粉各 10 克，植物油 0.4 千克，食盐 30 克。

（2）工艺流程

原料处理→制馅料→制面皮→制春卷生坯→油炸生坯→成品

（3）制作要点

① 原料处理：将韭菜择洗干净，切成 3 毫米小段。

② 馅料制作：猪肉末用食盐少许和水淀粉上浆，用温油滑散，捞出控净油，再放入锅内，加入酱油、食盐、韭菜段稍炒一下，制成春卷馅料。

③ 面皮制作：将鸡蛋磕入碗内，加入面粉、水，搅拌成稀糊，用炒勺摊制成 4 张皮子。

④ 制春卷生坯：将制好的面皮放在菜板上，放入馅料摊平，卷起，在封口处抹上面糊封口，逐个制成 4 个春卷生坯。

⑤ 油炸生坯：将锅放置于旺火上，倒入植物油，烧至七八成热时，投入春卷生坯，炸成外皮酥脆，呈金黄色时即可捞出，即为成品。

特点：制品外皮酥脆，肉嫩鲜香。

5. 韭姜牛奶汁

（1）配料

鲜韭菜 1.0 千克，生姜 100 克，牛奶 2.0 千克。

（2）工艺流程

原料处理→取汁→兑牛奶→成品

（3）制作要点

① 原料处理：将鲜韭菜去除杂物，用清水冲洗干净，切碎。生姜洗净除去外皱皮，清除斑点，洗净切成小粒。

② 取汁：将洗净的韭菜、姜粒用钵棒捣烂成泥，用洁净的纱布绞出汁，待用。

③ 兑牛奶：将纯牛奶投入锅中加热煮沸，再兑入韭姜汁和匀，即为成品，趁热食用。

特点：该饮品有微辛辣味，能温中下气、和胃止咳。可用于治疗胃寒呕吐。

6. 糖醋韭黄

（1）配料

鲜韭黄 0.5 千克，白砂糖 50 克，米醋 25 克，香油 15 克，食盐、姜末各 6 克，味精 2 克。

（2）工艺流程

原料处理→焯烫→调制→成品

（3）制作要点

① 原料处理：将韭黄择洗干净，切成 3～4 厘米长的段备用。

② 焯烫：锅置于火上，加入清水烧沸，放入韭黄段，焯烫一下，迅速捞出，沥去水分。

③ 调制：将沥干水分的韭黄段放入盆中，加入白糖、味精、食盐、姜末、米醋，淋入香油，拌和均匀即为成品。

特点：制品色泽乳黄，味甜酸脆嫩，具有润肺生津、益脾和胃的作用。

7. 腌韭菜花

（1）配料

韭菜花 10 千克，食盐 2.0 千克，花椒 10 克。

（2）工艺流程

原料处理→腌制→倒缸揉搓→静置→成品

（3）制作要点

① 原料处理：选择半花半朵的韭菜花，择洗干净备用。花椒碾成粉末。

② 腌制：将择洗干净的韭菜花下入缸中，每层韭菜花洒一层盐水（盐水是在 10 千克开水中溶入 0.8 千克食盐溶化配成），再撒入一层干食盐，直至装满缸。

③ 倒缸揉搓：装满缸后，当天倒缸，第二天开始揉搓，连续两遍。第三天再揉搓两遍。

④ 静置：待缸中起泡有白点，韭菜花颜色发黄时，拌入花椒粉，放置一周后即为成品。

特点：制品有咸香、鲜辣麻的味道。

8. 韭薹炒干贝

（1）配料

韭薹 0.5 千克，干贝 100 克，鸡汤 0.2 千克，鸡油、料酒、水淀粉、花椒油各 20 克，味精、胡椒粉各 2 克，食盐适量。

（2）工艺流程

原料处理→煸炒调味→勾芡→成品

（3）制作要点

① 原料处理：将选取的韭薹除杂物，用清水冲洗干净，切成 3 厘米长的段备用。将干贝清洗干净放入碗内，加入料酒、鸡汤 50 克，上笼屉蒸 5 分钟取出待用。

② 煸炒调味：炒锅中放入鸡油烧热，投入韭薹段煸炒，加入食盐、味精、胡椒粉及蒸好的干贝，炒至入味。

③ 勾芡：炒至入味物料，用水淀粉勾芡，淋入花椒油，拌匀，即为成品。

特点：制品色泽美观，鲜咸香浓。

9. 韭薹口蘑

（1）配料

韭薹 0.5 千克，口蘑 0.1 千克，鸡油 40 克，鲜汤 90 克，花椒油、水淀粉各 20 克，料酒、姜末、食盐各 8 克，味精 3 克。

（2）工艺流程

原料处理→煸炒→调味→勾芡→成品

（3）制作要点

① 原料处理：将韭薹择洗干净，切成 3 厘米长的段。口蘑清洗干净，切成与韭薹同粗的丝备用。

② 煸炒调味：炒锅中放入鸡油烧热，投入姜末煸香，烹入料酒、鲜汤，放入韭薹段、口蘑丝，加入食盐、味精拌匀。

③ 勾芡：拌匀物料，用水淀粉勾芡，淋入花椒油即为成品。

特点：制品清鲜脆嫩、咸鲜可口。

八、芦 笋

（一）概述

芦笋又名龙须菜、石刁柏、野天门冬、露笋等。原产于地中海东岸及小亚细亚，已有二千年的栽培历史，19 世纪末 20 世纪初从欧洲传入我国，至今有 100 余年。

芦笋植株分地上茎叶、地下茎和贮藏根三部分组成。地下茎的鳞芽生长的嫩茎、地上茎的嫩茎都可作蔬菜。但一般食用部分是未出土或刚出土的嫩茎，并非芦笋的嫩芽，而是因其形状如春笋而得名。

芦笋是一种低热量蔬菜，风味独特，口味鲜美，营养丰富，是一种有较高药用价值的营养保健食品。每百克芦笋嫩茎含蛋白质 1.4 克、脂肪 0.1 克、碳水化合物 15.3 克、粗纤维 2.0 克、热量为 10.92 千焦耳，还含有维生素 A、维生素 B_1、维生素 B_2、维生素 B_6、烟酸、泛酸、叶酸、维生素 C、生物素，以及矿物质钾、钠、钙、镁、铁、铜、磷，还含有谷氨酸、天冬酰胺、天冬氨酸等 17 种氨基酸及其其他甾体，皂苷和甘露聚糖、芦丁等。所含维生素不仅种类多，而且数量也多，故被推崇为高级蔬菜。

（二）制品加工技术

芦笋既可作主料单用，又可和其他原料配用，适宜用于凉拌、炒、熘、扒、烩、烧、煮、做汤、制馅，广泛用于荤菜垫底和菜肴围边，也可速冻制作罐头等。

1. 速冻芦笋

（1）配料

芦笋。

（2）工艺流程

选料→冲洗→分级→切削→烫漂→冷却→冻结→包装→冷藏

（3）制作要点

① 选料、冲洗：选取组织鲜嫩，花蕊不开，横径在 0.6 厘米以上，无病虫、机械损伤，无霉烂，长度在 12～18 厘米的绿芦笋为原料，洗净备用。

② 分级：要按成品规格对原料进行分级。同一级别芦笋应粗细均匀，条长 11～14 厘米，按根部横径分别为 0.6～1.0 厘米，1.0～1.7 厘米和 1.7 厘米以上标准，将芦笋分为三级。

③ 切削：从距花蕊顶端 14 厘米处切削，要求切削平整良好。

④ 烫漂、冷却：用沸水将芦笋原料浸烫 1 分钟，然后入冷水冲漂洗和冷却。

⑤ 冻结：将漂洗冷却的芦笋入冷冻机冷冻，控制温度 −40～−38℃，冻结时间为 30 分钟。

⑥ 包装：将冻好的芦笋用食品袋分装，冷藏或外销。

特点：制品色泽呈鲜绿色，允许头部、根部有少量异色，具有本品应有的滋味，无异味，组织鲜嫩，食之无粗纤维感。株体及花蕊完整，无断裂损伤。

2. 凉拌芦笋

（1）配料

芦笋 0.5 千克，大葱 20 克，香油 30 克，白糖 60 克，米醋 30克，辣椒油 10 克，味精 3 克。

（2）工艺流程

原料处理→葱油制备→调味汁制备→拌和→成品

（3）制作要点

① 原料处理：将选择的芦笋削去外皮，斜切成薄片，放入沸水中焯一下，捞出控净水。大葱洗净切成丝状，放入碗内待用。

② 葱油制备：炒锅置于火上，放入香油烧至九成热时，出锅倒在盛有葱丝的碗里制成葱油。

③ 调味汁制备：将白糖、米醋、味精和辣椒油放在碗里调

成汁。

④ 拌和：将芦笋片和葱油放入盆中拌匀，淋上调好的调味汁拌和均匀即为成品。

特点：制品酸甜鲜辣，具有开胃生津作用。

3. 炸芦笋

（1）配料

鲜芦笋 0.5 千克，面粉 0.3 千克，花生油 0.75 千克（实耗100 克），食盐 5 克，味精 2 克，发酵粉少许，椒盐一碟。

（2）工艺流程

原料处理→面糊调制→油炸→成品

（3）制作要点

① 原料处理：将鲜芦笋去根去老皮，用清水洗净后切成 6 厘米长的段，蘸上少许面粉备用。

② 面糊调制：将剩下的面粉放在碗里，加入食盐、味精和少量水调成糊，再放入发酵粉调拌均匀。

③ 油炸：锅置于火上，投入花生油，烧至五成热时，把芦笋段挂上均匀的面糊，放入油锅内炸至浅黄色捞出，待锅内油温升至八成热时，再投入芦笋段炸成金黄色，捞出控净油，即为成品。食用时配上椒盐。

特点：制品色泽金黄，香酥脆嫩。

4. 糖醋芦笋片

（1）配料

鲜芦笋 0.5 千克，白糖 0.1 千克，米醋 50 克，香油 10 克，食盐 8 克，味精 3 克。

（2）工艺流程

原料处理→煮烫→制调味汁→拌和→成品

（3）制作要点

① 原料处理：将芦笋的茎部老段去皮，切成斜刀片待用。

② 煮烫：锅置于火上，加入清水煮开，投入芦笋片略煮烫后，

捞出控净水，晾凉。

③ 制调味汁：将白糖、米醋、食盐、味精、香油放入碗中，拌和均匀后即为调味汁。

④ 拌和：将晾凉的芦笋片放入盆中，倒入调味汁拌和均匀即为成品。

特点：制品酸甜爽口，香味浓郁，具有开胃、养肝暖胃、消食的作用。

5. 芦笋蜜饯

（1）配料

芦笋 210 千克，柠檬酸适量，石灰 7.0 千克，白糖 62 千克，白糖粉适量。

（2）工艺流程

选料→去皮→切料→预煮→灰漂→漂洗→糖浸→糖煮→拌糖粉→包装→成品

（3）制作要点

① 选料：可利用加工芦笋罐头时剩下的等外料，也可采用合格鲜芦笋，剔除烂芦笋、老笋和杂质，按其直径大小分为两类，直径 6～10 毫米和 3～6 毫米，以利于分别加工。

② 去皮：用清水将芦笋冲洗干净，应注意勿将芦笋条折断，然后用刨刀刨净皮及粗纤维层。笋尖可保留 3～5 厘米长，不去皮。中后期采收的芦笋较老，老皮部分可适当多刨一些。去皮后按不同规格分别堆放。

③ 切料：将去皮后的芦笋切成 7～10 厘米长或 3～7 厘米长的笋段，作为坯料待用。

④ 预煮：先在预煮水中加入 0.05％的柠檬酸作为护色剂，煮沸，下入芦笋坯料，煮制 1～2 分钟，捞起，立即放入冷水中冷却。

⑤ 灰漂：将预煮后冷却的笋坯料放入 2％的石灰乳中浸漂 12 小时，以进行硬化处理。灰漂时，应防止时间过长，既要使坯料达到硬化，又不至于变黄，它关系到成品质量的好坏，应加以重视。

⑥ 漂洗：灰漂后的坯料，放在清水中漂洗 4 小时，以除去石

灰味，然后捞起沥净水分备用。

⑦ 糖浸：将沥净水分的坯料倒入蜜缸中，加入浓度为 50％ 的冷糖液，浸渍 24 小时，而后将坯料与糖液分开。糖液入锅加热，并加入适量白砂糖，使其浓度达 65％，再将液倒入蜜缸，将坯料浸渍 24 小时，然后将糖液滤出，再次加热浓缩，使其浓度达 68％～70％，再将坯料加入煮沸 10～15 分钟，再一同倒入蜜缸中浸渍 48 小时。

⑧ 糖煮：将蜜缸中的糖液倒入锅中，加适量白糖，使其浓度达 70％，加热到 112℃，然后把笋坯料倒入锅中，煮制 50 分钟，使其坯条呈透明状，当糖液浓度达 72％～75％，温度达 116℃ 时，停止煮制。出锅，趁热滤去糖液。在煮制过程中，火候要先大、后中、再小，最后采用文火煎制，以保持糖液微沸为度，以防焦锅。

⑨ 拌糖粉：将起锅的芦笋条冷却至 50～60℃ 时，拌入糖粉，然后筛去多余糖粉，即为成品。

⑩ 包装：待芦笋蜜饯冷却后，用食品塑料袋按一定规格包装密封，最后用防潮纸箱包装入库或外销。

特点：制品透明柔软带有韧性，甜味适口，无异味，含水量不超过 15％，含糖量不低于 70％。

6. 芦笋罐头

芦笋因种植方式不同而有白色、绿色种。芦笋耐贮性差，因此，大多加工成罐头投放市场。

（1）配料

芦笋，白砂糖，食盐，味精。

（2）工艺流程

原料处理→预煮软化→冷却装罐→加汤封盖→灭菌冷却

（3）制作要点

① 原料处理：选择新鲜幼嫩的芦笋，切口浸泡在水中，并不断喷淋冷水，以减少干耗和老化，否则，会引起鲜芦笋老化而使组织变得粗糙，有的甚至产生苦味，失去食用价值。

② 预煮软化：芦笋预煮的目的是除去芦笋表面的黏液和苦味，

同时也使组织软化，便于装罐时有轻微的弯曲而不折断。煮时，将笋尖向上装入竹篮中，笋尖留 1/3 部分，让 2/3 笋身置于 90℃左右的热水中浸泡 2～3 分钟，然后全芦笋浸没在水中约 1 分钟即可出锅。预煮后浸水时，以芦笋能缓慢沉下或弯曲 90 度而不折断为适当。若下沉速度过快，说明预煮过度；若浮而不沉，则为预煮不足。

③ 冷却装罐：预煮后的芦笋应迅速喷水冷却，约 1 分钟后移入冷水槽中浸泡，时间不得超过 20 分钟。冷却后迅速剥去变色鳞片，除去带有泥沙部分。根据笋径粗细分类，笋尖向上松紧适度地装入玻璃罐头瓶或马口软罐中。

④ 加汤封盖：汤汁一般用 2%～2.5%的盐水加入 1%的白砂糖和 0.15%的味精。装罐后迅速注入 90℃的汤汁，以浸没笋尖为度。经上述装罐注汤汁后，控温 90～95℃，排气几分钟急速封盖。

⑤ 灭菌冷却：封盖后的罐头用高压锅灭菌，温度 115～116℃，时间按装量分别掌握在 16～23 分钟。灭菌后应及时冷却，防止膨裂，避免罐内耐热菌作用，造成产品劣变，同时能保持产品色泽和风味。

7. 调味芦笋罐头

（1）配料

白色芦笋，白砂糖，食盐，柠檬酸等。

（2）工艺流程

原料选择→漂洗→切条切段→去皮→预煮→冷却→分级装罐→排气→密封→杀菌→冷却→检验→成品

（3）制作要点

① 原料选择：芦笋有白芦笋和绿芦笋之分。选择原料时，按一定的标准分成二级。

一级品：鲜嫩，整条带笋尖，呈白色，切口平整，笋头紧密，形态完整良好。允许少量笋尖有不超过 0.5 厘米的淡青色或紫色，不带泥沙，不得有硬化纤维组织、无空心、开裂、畸形、病虫害和锈斑等，长度在 12～17 厘米，基部平均直径为 1～3.2 厘米。

二级品：有下列情况之一者视为二级品。

a. 笋尖带有绿色、淡绿色或淡紫色，但长度不超过 4 厘米。

b. 整条带尖芦笋的长度小于 12 厘米，但在 5 厘米以上。

c. 有轻微弯曲、裂纹和小空心（空心直径 2 毫米以下）。

d. 离尖端 4 厘米以下有轻度机械损伤。其他要求与一级品相同。

② 漂洗：将选择的芦笋放在清水中漂洗 5～10 分钟，洗净泥沙。

③ 切条切段：加工的芦笋，有整条带尖和切段两种，具体采用哪种可依客户要求和空罐形状而定。

④ 去皮：整条芦笋要求去皮部分不短于整条长度的 1/3。去皮时应将纤维部削去，并使表面尽可能光滑，不形成棱角。

⑤ 预煮、冷却：按粗、细、老、嫩、条、段情况，分开预煮，温度为 95℃左右。粗条煮 3～4 分钟，较细的条、段煮 2～3 分钟，嫩尖煮 1～2 分钟，以笋肉变为乳白色、微透明为准。预煮好的芦笋，应迅速投入冷水中冷却。

⑥ 分级装罐：装罐时，要求粗细分开，嫩尖一律朝上，预留 0.5 厘米左右的顶隙。所加入的汤汁，由 1.0%～2.0%白糖、2%食盐和 0.02%～0.05%柠檬酸配制而成，温度在 85℃以上。汤汁量要加足至距罐顶 0.5 毫米左右。

⑦ 排气与密封：将芦笋罐头放在排气箱中加热排气。实施时，将其加热到 75℃，真空密封，一般真空度为 0.027～0.03 兆帕。

⑧ 杀菌、冷却：将密封好的罐头，放在高压杀菌锅内进行杀菌。罐头堆放时要注意使笋尖朝上，以利于热传导。密封后至杀菌的放置时间不宜太长。采用的杀菌公式视罐型而定。

7113 罐型：净重 430 克，整条装量 265～270 克，采用杀菌公式为：15′—15′/121℃。

8160 罐型：净重 800 克，整条装量 485～495 克，采用杀菌公式为：15′—17′/121℃。

以上两种罐型在杀菌后，都采取反压冷却方式迅速冷却至 37～

40℃左右，即为成品。

特点：制品呈白色、乳白色或淡黄色，并基本上保持芦笋原形，无明显棱角。笋尖较嫩，笋基软硬适度，允许带有部分鳞片，切口整齐，汤汁较清，不允许有杂质存在。

8. 芦笋汁

（1）配料

鲜芦笋，复合酶，柠檬酸。

（2）工艺流程

选料→洗涤→破碎→酶解→榨汁→过滤→酸化→真空浓缩→杀菌→灌装→密封冷却→成品

（3）制作要点

① 选料：选用新鲜芦笋或加工罐头后剩下笋皮及碎块，削除腐烂部分，剔除病虫害及外来杂质。

② 清洗：用流动清水将原料表面泥沙及外来杂质彻底清洗干净，并沥去水分。

③ 破碎：将清洗干净的芦笋用旋风式多刀破碎机碎解成小于3毫米的粒。目的是易于挤压出芦笋汁。

④ 酶解：采用纤维素酶与果胶酶的复合酶来酶解，它具有过滤快、汁透明、营养成分保留好、成本低、效益高等特点。20％的芦笋底物复合酶的添加量为25～36活力单位/毫升。

⑤ 榨汁：利用直接压榨法或螺旋式压榨机榨汁。榨汁率为60％以上。

⑥ 过滤：榨出的汁液用0.1毫米丝绢布过滤或用网孔0.4毫米过滤机过滤，除去纤维。

⑦ 酸化：天然芦笋原汁pH值在5.6～6.0。为便于杀菌，用柠檬酸将原汁pH值调到3.9±0.1。

⑧ 真空浓缩：经酸化处理的原汁用真空机浓缩至可溶性固形物24％。为了便于浓缩，在原汁浓缩过程中可酌量添加消泡剂。

⑨ 杀菌：在真空浓缩机内升温至100℃，杀菌时间3分钟。杀菌时真空关闭。

⑩ 灌装：灌装温度至少在 93℃ 以上。即采用热灌装，可避免杂菌污染。

⑪ 密封冷却：灌装后立即密封，静置 10～15 分钟，然后放入冷却槽，用流动水冷却至成品温度为 40℃ 以下即可。

特点：制品色泽乳白、淡黄色或深黄，但不能有褐变。有浓郁芦笋风味，不能有酸败等异味，不含有杂质。可溶性固形物 24%，pH3.9±0.1。

九、茭 白

（一）概述

茭白又名为茭笋、菰笋、菱瓜、水笋、茭草、茭白子等，因为花茎洁白，故称"茭白"。是由同种植物菰米演变而来，是我国特有的多年生水生蔬菜之一，已有三千多年的栽培历史。

茭白营养丰富，可食部分为 74%，每百克热量 105 千焦耳，含水分 92.2 克、蛋白质 1.5 克、脂肪 0.2 克、碳水化合物 4.6 克、纤维素 1.1 克、灰分 0.6 克，还含有胡萝卜素、维生素 A、维生素 B_1、维生素 B_2、尼克酸、维生素 C、维生素 E、烟酸、叶酸，以及矿物质钾、钠、钙、镁、铁、锰、锌、铜、磷、硒，并含有 17 种氨基酸，其中苏氨酸、甲硫氨酸、苯丙氨酸、赖氨酸等为人体所必需的氨基酸。茭白的有机氮素以氨基酸状态存在，味道鲜美，容易被人体吸收。有增强体质和增加免疫功能，可延年益寿。

茭白性寒、味甘，入肝、脾经。具有清热除烦、止渴解毒、催乳、除目黄、通利大小便及开胃的功效。

（二）制品加工技术

茭白食用方法较多，有腌、酱制品，可焖、烧、炒、拌、炝单独成菜，也可与其他荤素烹饪原料相配。

1. 腌茭白

茭白又名茭笋，是江南各省水生蔬菜，秋季收成，可腌制成许多美味小菜。

（1）配料

茭白100千克，食盐10千克。

（2）工艺流程

原料处理→腌制→出缸沥卤→成品

（3）制作要点

① 原料处理：将采割回的肥大茭茎剥去茭叶，削去头尾，取其肥茎，切成两片待用。

② 腌制：按100千克净茭茎加食盐10千克进行腌制。先将食盐溶解于适量水中，再将茭白片倒入腌缸中，加食盐水，以淹没为度。经过24～30小时的盐水浸渍后捞出。

③ 出缸沥卤：将浸渍捞出的茭白片，沥去卤水晾干，即为成品。

特点：制品鲜咸味美，脆嫩适口。

2. 酱茭白

（1）配料

咸茭白6.0千克，面酱4.5千克。

（2）工艺流程

原料处理→浸泡脱盐→沥水→酱制→成品

（3）制作要点

① 原料处理：将腌制的咸茭白切成椭圆形片。

② 浸泡脱盐、沥水：将茭白圆形片放入清水中浸泡半天，中间换水2～3次，捞出沥水，阴干一天。

③ 酱制：将阴干的茭白圆片装入布袋中，置面酱缸中浸渍，每天早晚打耙各一次，一周后即为成品。

特点：制品呈浅酱红色，质地脆嫩。

3. 酱汁茭白

（1）配料

嫩茭白 0.5 千克，甜面酱 60 克，白砂糖 20 克，香油 10 克，鲜汤 40 克，色拉油 0.75 千克（实耗 70 克），葱段、姜片各 6 克，食盐、味精各 2 克。

（2）工艺流程

原料处理→一次炒→二次炒→收汁→成品

（3）制作要点

① 原料处理：将茭白剥去叶、刮去皮洗涤干净，切成 3 厘米长，1 厘米宽的条待用。

② 一次炒：炒锅置于火上，倒入色拉油，烧至四成热时，投入茭白条，2 分钟后倒入漏勺中沥去油。

③ 二次炒：炒锅复上火，锅内留少许油，放入葱段、姜片略炸，捞出弃去，再放入甜面酱煸炒，放入鲜汤、食盐、味精、白砂糖、茭白条，烧至入味。

④ 收汁：将烧至入味的茭白物料收成稠汁，淋入香油，使稠汁紧裹在茭白条表面，即为成品，可食用。

特点：制品色泽酱红，茭白吃口甘美、鲜嫩适口。

4. 红梅舌片（茭白）

（1）配料

鲜茭白 50 千克，白砂糖 33 千克，食盐 1.2 千克，白糖粉 2.0 千克，食用胭脂红适量。

（2）工艺流程

选料处理→漂浸→染色→糖煮→裹糖衣→包装

（3）制作要点

① 选料处理：选用新鲜、质嫩的茭白，剥去外皮，用刀斜切成薄片。按每 50 千克鲜茭白加入食盐 1.2 千克进行腌制。腌制时，一层茭白一层食盐，层层放入缸中。茭白质地娇嫩，动作要轻，以免破损。腌制 12 小时左右，捞出沥去盐卤。

② 漂洗：将捞出沥去盐卤的茭白放入清水中漂洗，去除咸味后捞出沥干，然后摊放在竹筛上晾一天左右待用。

③ 染色：将适量胭脂红色素溶入开水中，然后倒入茭白片，搅拌，使染色均匀一致。

④ 糖煮：用清水 2.0 千克、砂糖 4.0 千克，放入煮锅内加热至沸，然后再倒进染色的茭白片 6.0 千克，继续加热煮制，并要不断翻动，约煮 2 小时，至糖液温度达到 120℃，茭白片手触坚硬时即可捞出。

⑤ 裹糖衣：预先在竹箩中放入白糖粉，将茭白片捞出后，沥去糖液，放入竹箩中与糖粉混拌均匀，然后再摊开晒干。

⑥ 包装：采用真空包装，杀菌后即为成品。

特点：制品形状俏丽，质地清脆，香甜可口，具有解热毒、除烦止渴、利二便的功能。

5. 干烧茭白

（1）配料

鲜茭白 0.5 千克，水发虾米 30 克，熟花生油 0.5 千克（实耗 50 克），料酒、香油各 10 克，食盐 5 克，味精、白糖各 3 克。

（2）工艺流程

原料处理→一次炒制→二次炒制→成品

（3）制作要点

① 原料处理：将茭白剥去皮，切去老根，用清水洗净，沥干水分，切成 5 厘米长、0.3 厘米粗的条待用。虾米用清水洗净，放入碗内，加入料酒和少许水浸泡 5 分钟，取出剁成茸待用。

② 一次炒制：炒锅置于火上，倒入花生油，烧至五成热时，依次放入茭白条，炸 2 分钟呈现淡黄色时，倒入漏勺沥去油。

③ 二次炒制：炒锅内留底油少许，置于火上烧热后，放入沥油的茭白、虾米茸、食盐、白糖、味精，烧至入味，淋入香油，拌匀，即为成品。

特点：制品色呈米黄，质地脆嫩，口味鲜咸，芳香浓郁，为淮扬风味。

6. 红油茭白

（1）配料

净茭白 0.5 千克，花生油 50 克，番茄沙司 0.1 千克，白糖 50 克，白醋、食盐各 2 克。

（2）工艺流程

原料处理→炒制→淋醋→成品

（3）制作要点

① 原料处理：将茭白剥去皮，切去老根，切成滚刀块，用清水洗净待用。

② 炒制：将炒锅置于火上，倒入花生油 25 克，烧至油温五成热时，投入番茄沙司炒香，泛红时放茭白块、白糖、食盐、清水焖烧两分钟。

③ 淋醋：茭白块焖烧两分钟后，淋入白醋和剩余花生油，颠翻锅数次，即成成品。

特点：成品色泽鲜红，味甜微酸，具有止渴消烦、健胃脾的作用。

7. 油焖茭白

（1）配料

净茭白 0.5 千克，酱油 20 克，香油、白糖各 15 克，花生油 0.5 千克（实耗 60 克），食盐、味精各 2 克。

（2）工艺流程

原料处理→炸制→炒制→成品

（3）制作要点

① 原料处理：将茭白剥去外皮，削去根，刮去一层嫩皮，切成长 4.5 厘米、宽 0.5 厘米的长条块。

② 炸制：锅置于火上，放入花生油，烧至六成热时，投入茭白块炸制 1 分钟，倒入漏勺中控净油。

③ 炒制：炒锅置于火上，放入茭白条，加入酱油、食盐、白糖、味精及少许清水，烧 1～2 分钟，淋上香油即成成品。

特点：制品油润质软，风味别致。具有除烦止渴、催乳降压、通利二便的功效。

8. 咖喱茭白

（1）配料

净茭白 0.5 千克，咖喱 20 克，色拉油 20 克，鸡汤 30 克，食盐 5 克，白糖 10 克，味精 2 克，麻油 10 克等。

（2）工艺流程

原料处理→烧制→炒制→熬卤汁→成品

（3）制作要点

① 原料处理：茭白去皮，削去根，洗净后切成 5 厘米长筷粗的条待用。

② 烧制：锅置于火上，投入色拉油，烧至四成热时，倒入茭白条烧至断生，捞出沥油待用。

③ 炒制：原炒锅留油适量，放入咖喱炒一下，再投入断生茭白条，烧至杏黄色时，加入鸡汤、食盐、白糖，调拌均匀。

④ 熬卤汁：调拌后的物料，用小火烧至卤汁将尽时，加入味精，淋麻油，翻炒均匀即成成品。

特点：制品呈杏黄色，质地脆嫩，咖喱味浓郁。

十、竹 笋

（一）概述

竹笋又名笋、竹肉、竹芽、毛笋、玉版等。古时称"竹胎""竹萌"，原产于我国及东南亚，是一种野生蔬菜，主要盛产于我国热带、亚热带和温带地区的珠江和长江流域。

竹笋色泽洁白，质地细嫩，口味清爽，鲜甜，含有多种营养成分。

每百克鲜竹笋含干物质 9.29 克、蛋白质 3.28 克、脂肪 0.13 克、碳水化合物 4.47 克、粗纤维 0.9 克，还含矿物质钙、磷、铁，并含有维生素 B_1、维生素 B_2、维生素 C 及胡萝卜素等多种维生素。

竹笋除新鲜食用外，还可晒干，加工成笋干，俗称"笋虾"。也可直接加工成玉兰片。

（二）制品加工技术

竹笋食用方法很多，有腌、酱、泡，又有拌、炒、炝、熘、煸等单独成菜，也可作各种荤素菜肴的配料制成各种风味的佳肴，还可加工制成玉兰片、笋干、笋脯、笋丝及罐头等，是名贵的"素斋"佳品之一。

1. 腌竹笋

（1）配料

竹笋 100 千克，食盐 40～50 千克。

（2）工艺流程

选料→煮笋→冷却→剥皮→盐渍→管理→检验→包装→成品

（3）制作要点

① 选料：选取新鲜质嫩、肉质肥厚、无病虫害、无严重损伤的竹笋为原料。

② 煮笋：将选好的竹笋连皮放入沸水锅中煮至六七成熟，竹笋芯温度达到 100℃时，即可捞出。竹笋切不可直接放入冷水或温水中煮制，否则竹笋入水时间过长，不利质脆。在沸水中煮的时间也不宜过长，煮好及时捞起。

③ 冷却：将煮好的竹笋立即浸入含有 0.1% 漂白粉的清洁冷水中，使其冷却杀菌 15～30 分钟。

④ 剥皮：将冷却后的竹笋，剥去外皮，留下嫩尖及嫩衣，再用清水淘洗干净，切除不能食用的根部。

⑤ 盐渍：按 100 千克鲜竹笋加食盐 40～50 千克比例倒入缸进行盐渍。入缸前，先在缸底铺一层厚为 7 厘米的竹笋，再撒一层食盐。撒盐时，下层少些，上层多些，逐层增加盐的比例。一层一层

地铺放竹笋，一层一层撒盐，接近装满缸面时，立即盖上竹帘，并均匀地压上石头等重物，让其盐渍。

⑥ 管理：盐渍时要加强管理，若盐渍 5 小时后，缸内的卤水未淹没竹帘，应立即灌入饱和盐水，直至淹没竹帘为止；如缸内的盐水溢出缸面，应及时取出多余的盐水。为了使缸内的鲜笋吸收盐分和酸碱度均匀一致，最好设法将缸内的盐水能够循环，每天 1~2 次，经 12~15 天即可完成盐渍。

⑦ 检验：主要是检验盐度是否为 40%，pH 值应在 3.5 以下。

⑧ 包装：将盐渍好的竹笋用食品塑料袋或用塑料桶包装，加满盐水，密封入箱，以防变质。

特点：制品色泽新鲜，脆嫩爽口，鲜味独特，笋尖完整，无破损、无虫眼、无腐烂及老根。

2. 酱竹笋

（1）配料

鲜竹笋 5.0 千克，酱油 0.5 千克，甜面酱 1.0 千克。

（2）工艺流程

选料处理→蒸煮→浸泡→酱渍→成品

（3）制作要点

① 选料处理：挑选无病虫害健康的竹笋，剥去外皮，去尖部缨子，冲洗干净待用。

② 蒸煮：将清洗干净的竹笋，放入锅内蒸煮 15 分钟，待熟后捞出，沥干水分。

③ 浸泡：将缸清洗干净，放入酱油，投入沥干水分的竹笋，浸泡一天，取出。

④ 酱渍：将浸泡取出的竹笋放在盆内，加甜面酱拌匀，酱渍 3~5 天即为成品，可食用。

特点：产品质地脆嫩、咸淡适口，有浓郁的酱香味。

3. 酱冬笋

（1）配料

新鲜冬笋 5.0 千克，食盐、甜酱、黄酱各 1.5 千克。

（2）工艺流程

选料处理→盐渍→脱盐→酱制→成品

（3）制作要点

① 选料处理：将选取的冬笋削去外皮和质地老化部分，用清水冲洗净后浸泡，预处理两天后捞起，晾干附着的水分待用。

② 盐渍：将冬笋大的可一切两半放入缸中，一层冬笋一层盐，每层少洒些水，使食盐液化快些。每天倒缸两次，冬笋倒入缸后，应把卤汁搅几下，待盐溶化后，隔天倒缸一次，以后可数天倒一次缸，10 天后即可腌渍成。

③ 脱盐：将腌好的冬笋捞出，放入清水中脱去盐分，一般要脱两次盐。

④ 酱制：脱盐后的冬笋放入干净缸中，加入甜酱、黄酱，每天搅拌 2～3 次。夏季一周，冬季两周后即为成品可食。

特点：制品酱红色，鲜脆咸香、微甜适口。

4. 泡冬笋

（1）配料

冬笋 10 千克，食盐 1.0 千克，老盐水 10 千克，红糖 0.2 千克，白酒 100 毫升，干红辣椒 0.2 千克。

（2）工艺流程

选料→处理→腌制→装坛→发酵→成品

（3）制作要点

① 选料：选取颜色白净、质地细嫩、清脆新鲜的嫩冬笋为原料。

② 处理：将选择的冬笋削去笋尖、外皮和质地老化部分，用清水漂洗干净。注意不要伤及笋肉。

③ 腌制：将处理后的冬笋，加入相当于笋重 10% 的食盐腌制 4 天后捞出，晾干表面水分待用。

④ 装坛：选用无砂眼、无裂纹、釉色好的泡菜坛，刷洗干净，控干水分。把老盐水倒入坛内，加入红糖、白酒和干红辣椒，搅拌均匀，再装入冬笋，直至八成满，使冬笋淹没于盐水中。用竹片卡

紧，盖好坛盖，注满坛沿水，密封坛口。

⑤ 发酵：装好坛后，将泡菜坛放置于通风、干燥、洁净、阴凉处发酵。泡制一个月左右即成熟为成品。

特点：制品橙黄色，鲜艳，质地嫩脆，味咸辣微酸，清香可口。

5. 凉拌竹笋

（1）配料

竹笋 0.75 千克，鲜辣椒 4 个，香菜 25 克，酱油、鲜姜各 15克，食盐、大蒜瓣适量，花椒粉、味精各 2 克。

（2）工艺流程

原料处理→兑汁→煮烫→浇汁→成品

（3）制作要点

① 原料处理：将竹笋剥去外壳，取鲜嫩部分洗净，横切成薄片，泡冷水中。鲜辣椒去籽、去蒂，洗净后切成小粒。香菜去根去黄叶，切成小段。鲜姜去皮切成末。大蒜去皮后放碗中，加少许水捣成泥状。

② 兑汁：将辣椒粒、香菜段、鲜姜末、蒜泥、酱油、花椒粉和味精放入盆中兑成汁。

③ 煮烫：将竹笋片放入沸水锅中煮 10 分钟，捞出放清水中漂洗干净，控干水分。

④ 浇汁：将控干水分的竹笋放入盆中，浇上兑好的汁拌匀，即为成品可食。

特点：成品色泽美观，鲜香脆嫩，麻辣适口。

6. 干烧冬笋

（1）配料

冬笋 0.5 千克，肉末 50 克，花生油 0.1 千克，白糖 0.1 千克，食盐、米醋各 10 克，干红辣椒 15 克，味精 2 克，汤、香油少许。

（2）工艺流程

原料处理→炒制→收汁→成品

（3）制作要点

① 原料处理：将冬笋切成劈柴块状，下入热油锅中，炸至外表呈金黄色，待水分炸出时捞出。干辣椒剁成碎末待用。

② 炒制：炒锅置于旺火上，加入花生油 50 克，烧热后炸红辣椒末，放入肉末炒散，添加汤，放入油炸冬笋、白糖、食盐、米醋、味精，烧开后改慢火煨一会儿。

③ 收汁：用慢火煨时，收净汤汁，加香油即为成品，可供食用。

特点：成品甜咸、辣香，味鲜美。

7. 油焖春笋

（1）配料

春笋 0.8 千克，色拉油 0.5 千克（实耗 40 克），酱油 20 克，香油 8 克，白糖 7 克，食盐 2 克，味精 1 克。

（2）工艺流程

原料处理→油炸→炒制→收汁→成品

（3）制作要点

① 原料处理：将春笋剥去外皮，切去老根，洗净后对半切开，用刀柏松，再切成 5 厘米长的段待用。

② 油炸：将炒锅置于火上，放入色拉油，烧至五成热时，投入春笋段，用中火焐油 3 分钟，至色呈淡黄色时，倒入漏勺中沥去油。

③ 炒制：炒锅复上火，倒入油炸笋段，加入酱油、白糖、食盐、味精适量清水，用小火焖透。

④ 收汁：用小火将汤汁熬稠浓时，再加味精，淋入香油拌匀，即为成品。

特点：成品色泽红亮，鲜嫩爽口，甜咸适中。

8. 辣味笋条

（1）配料

鲜冬笋 10 千克，食盐 0.6 千克，辣椒末 0.1 千克，葱末 0.2

千克，白糖 20 克，味精 10 克，白酒适量。

（2）工艺流程

原料处理→焯漂→腌制→切条拌料→成品

（3）制作要点

① 原料处理：将鲜冬笋除去皮，切除根部，用清水洗净待用。

② 焯漂：将洗净的冬笋放入沸水中，焯透捞出，晾至八成干。

③ 腌制：将晾干的冬笋、食盐分层装入已消毒的缸中压紧，两周后即成。

④ 切条拌料：把腌制好的冬笋用刀切成条，再将辣椒末、味精、白酒、葱末投入拌匀即可食用。

特点：制品脆中带辣，开胃，可增加食欲。

9. 油泼笋丝

（1）配料

新鲜竹笋，植物油、味精、甜面酱、大料各适量。

（2）工艺流程

选料腌制→切丝→油泼→包装

（3）制作要点

① 选料腌制：选用八成熟的新鲜竹笋，削皮后立即下缸加入甜面酱、味精、大料腌制，以保持青笋的鲜嫩酥脆。

② 切丝：将笋丝要切得粗细均匀，泼油时每批不超过 20 千克，以保证油泼后笋丝均匀，使其具有甜脆嫩的特有风味。

③ 油泼：锅置于火上，加入植物油烧至八成热时，下入笋丝，不断翻动，至棕红成熟，捞出沥去油冷却。

④ 包装：将油泼冷却后的笋丝分装于食品袋中，每袋 50 克或 100 克，热合封口，即可销售。

特点：制品色泽棕红透亮，滋味芳香，油而不腻，甜咸适宜。具有香、甜、脆、嫩四大特点，诱人入口。

10. 香油笋片

（1）配料

新鲜竹笋 10 千克，调味汤汁（生抽 300 克，白砂糖 300 克，鸡精 350 克，食盐 400 克，淀粉 120 克，姜 300 克，蒜 300 克，加水至 10 千克）10 千克，麻油、精炼豆油或花生油各按需要准备。

（2）工艺流程

选料→预处理→调味→装瓶→密封→杀菌→冷却→成品

（3）制作要点

① 选料：选用形状完整，肉质细嫩，节间短，质量好的鲜笋为原料。

② 预处理：用刀切去笋根基部粗老部分后，再刀纵向破开笋壳，剥去壳，保留笋尖和嫩衣。按笋尖大小分为 100 毫米以上，80～100 毫米，80 毫米以下三个级别，然后切成 6 厘米×1.5 厘米×（0.2～0.5）厘米的小片。将姜、蒜清洗干净后混合打浆，然后煮 30 分钟，过滤。

③ 调味：按原料、汤汁配料并取各调料，放入姜、蒜汁中，再加水至 10 千克煮沸。

④ 装瓶：将罐头玻璃瓶刷洗干净，再经 90℃ 热水消毒，沥干水。按下列配料进行装瓶。

物料、汤汁等净含量为 198 克，笋片 130 克，麻油 5 克，精炼豆油或花生油 10 克，调味汤 53 克。

⑤ 密封：将瓶口盖紧，瓶中心温度为 80℃ 以上。

⑥ 杀菌、冷却：在高压锅中杀菌，最大气压杀菌 45 分钟后，进行停火冷却至室温即可。

特点：制品脆嫩、芳香。

11. 广东酸笋

（1）配料

竹笋 100 千克，食盐 20 千克。

（2）工艺流程

选料→切根→剥壳→切块→腌制→发酵→并缸→包装→成品

（3）制作要点

① 选料：选取老嫩适中的新鲜毛竹笋作原料。不要用粗老、过大或过小的竹笋，以免影响产品质量。

②切根：将选好的竹笋平放在木板上，用刀切去笋的老根部位。注意，应刚好切去光滑的笋节。

③剥壳：切根后用刀削去笋尖端，并从笋的纵向划一条缝，划至笋肉部位，然后剥去笋壳。

④切块：将笋纵向切成 3～4 块，每块重约 0.25 千克，然后投入清水中浸泡，以防笋肉老化变色。

⑤腌制：按 100 千克笋块用水 70～80 千克、食盐 7～8 千克的比例配置好盐水。

其配制方法是：在缸内盛好清水，加入食盐进行搅拌，使食盐迅速溶化，经过 1 小时，待盐全部溶化，杂质下沉后，捞出浮在水面上的污物即可使用。

将笋块平铺在另一缸内，灌上澄清盐水，笋块与盐水装至距缸口 5 厘米处，盖上竹篾盖，上用四根竹片交叉成井字形，上面再压上重物，使笋块全部淹没在盐水中。

⑥发酵：将腌笋缸置于阴凉处，不要照射阳光，让其自然发酵，经 4～5 天，发酵即可结束。

⑦并缸：发酵后笋块体积变小，可将两缸笋并到一缸中，还起到倒缸的作用，以利于腌制均匀。

并缸时，先将浮在盐水上面的污物捞掉，再将缸中笋块捞入另一缸中，两缸盐水合在一起，每 100 千克盐水再加食盐 10 千克，搅拌溶化，待杂质沉淀后，取澄清盐水灌入并缸的笋块缸中。每 100 千克酸笋灌入此盐水 60 千克，以漫过笋块为度，其上仍然盖上竹篾盖和竹片及压上重物，依然存于阴凉处，可较长时间贮存。

⑧包装：若需外销，可将酸笋装入坛内，灌进腌笋盐水，以淹没笋面为度，笋上盖一层腌制过的笋壳，封好口即可装运。也可在缸中盖上竹篾盖，用竹片叉卡紧缸口，再盖木盖封住缸口，外加竹制缸套，连缸起运。

特点：笋块呈乳白色，笋头呈赤褐色，口感酸咸适宜，清脆爽口，形态棱角分明，贮藏期达 6 个月以上。具有广东风味，很受东南亚地区消费者青睐。

12. 笋干(玉兰片)

(1) 配料

新鲜未老化的春笋。

(2) 工艺流程

选料→预处理→切片→煮制→压榨→干制→包装

(3) 制作要点

① 选料:选用毛竹的冬笋或清明前采收的春笋为原料。一般要求笋身长 20～30 厘米,无虫蛀、伤疤等。

② 预处理:去除笋壳,削去笋的基部老硬部分,整理,洗净,按老嫩分开。

③ 切片:用刀切成 1.0 厘米×3.0 厘米×10 厘米的长片。

④ 煮制:将笋片放入沸水锅中,用旺火煮 1～2 小时,使笋肉呈半透明状态,并发出香味为止。不能煮得过度,否则将变软,不能进一步加工。

⑤ 压榨:将煮好的笋片用流动水漂洗,除去笋肉上的笋衣,修整基部。因煮后的笋片含水量很大,需经过压榨脱去一部分水分,才有益于干制。

⑥ 干制:用人工干制或自然晒干均可。在正常天气下,自然晒制,一般需要 8～10 天,而人工干制,温度控制在 75℃ 左右,经烘 48 小时即可达到干制目的。每 100 千克笋肉可晒成笋干 5～6 千克。

⑦ 包装:将干制的笋片(玉兰片)用塑料薄膜袋装好,即为成品。

特点:制品色泽淡黄,光滑油润,无杂色斑点,口味鲜香、脆嫩,无异味。

13. 竹笋脯

(1) 配料

干笋 100 千克,白砂糖 45 千克,柠檬酸、0.2%～0.3% 亚硫酸氢钠各适量。

（2）工艺流程

原料处理→漂浸→糖煮→烘干

（3）制作要点

① 原料处理：先将干笋放入容器内，将沸水倒入，其水量要淹没笋片，盖上盖，浸润 10 小时再煮沸，改用小火煮 10 分钟，取出放入水中浸泡 10 小时，然后检查是否发透（可取出一片用刀横切断开，内无"白茬"即为发透，如有白茬，则还要继续浸泡）。将泡发的笋切成长 5 厘米、宽 0.5 厘米的笋条待用。

② 漂浸：将笋条倒入浓度为 0.2%～0.3% 的亚硫酸氢钠溶液中浸泡 6～8 小时，使笋肉转为洁白色，捞出用清水洗净。

③ 糖煮：将浓度为 30%～35% 的糖液加入柠檬酸，其添加量为糖液与笋量的 3%，投入锅中。将笋条倒入锅中煮沸 20 分钟，然后分两次加白砂糖，每次间隔 10 分钟后，用糖量计测糖液浓度为 45% 时起锅，浸渍 24 小时。然后将糖液煮沸，加白砂糖煮至糖液浓度为 55%，浸渍 24 小时。第三次糖煮按第二次方法进行，使糖液浓度达到 65%，浸煮 24 小时。三次糖煮时间分别为 50 分钟、40 分钟、30 分钟左右。

④ 烘干：经糖煮浸渍的笋条，捞出沥尽糖液，摊放在烤盘上，在 65℃ 下烘烤 25～30 小时，至表面不粘手、有弹性即可。

特点：制品深棕红色，透明、有韧性，酸甜适口，富含纤维素，营养价值高。食后能消除油腻，减少体内脂肪，有延年益寿功效。

14. 辣味笋罐头

（1）配料

笋条肉 100 千克，熟色拉油 5 千克，食盐 2.3 千克，白糖 3 千克，特制酱油 0.6 千克，黄酒 1.0 千克，味精 0.8 千克，红辣椒丝 0.2 千克，凉开水 75 千克。

（2）工艺流程

原料预处理→预煮→取段→切条→漂洗→酸煮→调味→焖煮→装罐→密封→杀菌→成品

（3）制作要点

① 原料预处理：将竹笋剥去笋体外壳，斩去根部老组织，并按大小分级，笋体较大的可先在根部朝笋尖方向切一刀，以缩短预煮时间。

② 预煮：将笋体放入 100℃ 水中，小笋 35～40 分钟，大笋 50～55 分钟，以煮熟为准。

③ 取段：先修去虫斑、伤痕以及不可食的粗老部分，然后由笋尖向根部取长为 4.5 厘米的笋段。

④ 切条：将笋段对半切开，并剔除一部分笋节，肉质薄的笋直接切成 1.2～1.5 厘米宽的条状。肉质厚的笋，将笋段切成四块，然后再切成 1.0～1.2 厘米的条。

⑤ 漂洗：切好并经检查后的笋条，放在流动水中漂洗 12～14 小时。笋条必须浸没在水中，并定时翻动。

⑥ 酸煮：漂洗后的笋条放入含有 0.1% 柠檬酸的水中煮 10～15 分钟，煮好后迅速捞出，用清水冲淋后供调味用。

⑦ 调味、焖煮：在夹层锅中加入配方规定水量，加热煮沸，加入糖、盐、酱油等辅料，充分溶解并搅拌均匀后，倒入笋条，加盖焖煮 20～25 分钟，期间每 10 分钟搅拌一次，再放入熟色拉油、红辣椒丝、黄酒继续焖煮 10 分钟。起锅前 5 分钟加入味精，并充分搅拌。整个焖煮时间 40 分钟左右，出锅时汤量约 30～40 千克。

⑧ 装罐、密封：空罐须经过清洗清毒，装罐时先装熟油、红辣椒丝，再装笋条，最后加调味汤料，采用真空封罐。

⑨ 杀菌：在 120℃ 下经 15 秒钟杀菌。杀菌后迅速擦去罐外水分，分批冷却。

特点：制品汤汁呈淡黄色，辣椒呈红色。具有辣味竹笋罐头的滋味及气味，笋肉嫩脆，食时无渣感，块形大小一致，有少量鲜笋衣和碎屑存在。

15. 多味笋丝罐头

（1）配料

笋丝 100 千克，食盐 4.4 千克，油 11 千克，糖 4.6 千克，咖喱粉 3.3 千克，辣椒粉 1.0 千克，五香料 0.7 千克，味精 0.4 千克。

（2）工艺流程

选料→修整→预煮→冲洗→切丝→漂洗→烘干→调味浸泡→装袋→封口→杀菌→保温检验→成品

（3）制作要点

① 选料：一般采用竹笋罐头厂打下的鲜笋头，无虫蛀、无污染，以不太老、能嚼动为佳。

② 修整：将选出的笋尖头除去笋头中不可食部分。

③ 预煮、冲洗：为了去除笋的涩味物质，防止白色浑浊及沉淀，在预煮水中加入 0.5% 柠檬酸，煮沸半小时后，捞出用冷水冲洗冷却。

④ 切丝、漂洗：一般切成 4 厘米长、0.5 厘米宽厚的丝为佳。切成后漂洗干净。

⑤ 烘干：为了使调味更容易渗入笋丝片中，可用烘干方法先使笋丝中原有的游离水去掉，烘笋丝温度以 60～65℃ 为宜，必须要经常翻动，至含水量约 25% 时止。

⑥ 调味、浸泡：将烘干的笋丝放入调好味的大缸中，浸泡 4 小时，取出甩干再烘至含水量 25% 左右，如此反复两次。

⑦ 装袋、封口：调好味的笋丝按 100 克装袋，采用真空封口，其真空度控制在 0.085 兆帕以上。

⑧ 杀菌：采用高温瞬时杀菌，以 $10'-15'-15'/115℃$ 杀菌。

⑨ 保温检验：在 35℃ 下保温 7 天，检验袋子是否膨胀，合格后出厂。

特点：笋丝大小均匀一致，呈金黄色，无杂质，具有笋丝应有风味，无异味。

十一、莴　笋

（一）概述

莴笋又叫青笋、生笋、莴菜、秋苔子等。因其肉质茎肥嫩如笋，故称为莴笋。

　　莴笋茎叶都有食用价值，而莴笋叶要比茎的营养价值高。在每百克莴笋茎中含蛋白质 0.6 克、脂肪 0.1 克、碳水化合物 2.4 克、粗纤维 0.4 克、灰分 0.6 克，还含有矿物质钙、磷、铁，以及胡萝卜素、维生素 B_1、维生素 B_2、烟酸、维生素 C 等。

　　每百克莴笋叶中含蛋白质 2.0 克、脂肪 0.4 克、碳水化合物 3.3 克、粗纤维 0.6 克、灰分 0.6 克，还含有胡萝卜素、维生素 A、维生素 B_1、维生素 B_2、尼克酸、维生素 C、维生素 E，以及矿物质钙、磷、钾、钠、镁、铁、锌、铜、锰、硒。

（二）制品加工技术

　　莴笋有腌、酱、泡、拌、炒、烩、熘等方法，可作荤素菜的配料，也可用于食雕装饰品。

1. 莴笋净菜

　　（1）配料

　　莴笋，0.05%～0.1%异抗坏血酸钠，0.03%～1.0%脱氢醋酸钠，0.1%乳酸钙。

　　（2）工艺流程

　　原料预冷→清洗杀菌→去皮切分→护色保脆→甩水包装

　　（3）制作要点

　　① 原料预冷：选用无公害莴笋为原料，及时进行真空预冷处理，以抑制原料微生物的繁殖。

　　② 清洗杀菌：将原料用清水洗去污泥和其他附着物，然后送入杀菌设备中，进行臭氧水浸泡杀菌处理，浸泡时间为 30 分钟，再放入 200 毫升/升二氧化氯液中进行浸泡，时间为 15 分钟，除去莴苣中残留的农药，同时起到再次杀菌的作用，再用无菌水漂洗干净。

　　③ 去皮切分：使用消毒好的刀进行去皮处理，并用多功能切菜机切分成片、块等不同的形状。

　　④ 护色保脆：将切好的莴苣片或块放入护色保鲜及保脆液中

进行浸泡处理，浸泡时间为 5～15 分钟。护色浸泡液的成分为 0.05％～0.1％异抗坏血酸钠，0.03％～1.0％脱氢醋酸钠，0.1％乳酸钙。

⑤ 甩水包装：将护色保鲜、保脆后的莴笋装入消毒好的袋子中，置于离心机中进行分离脱水，使净菜表面无水。脱水时间为 3～5 分钟，然后进行包装，真空度为 0.09 兆帕。加工好的净菜产品置于 4℃左右条件下贮藏。

特点：制品具有新鲜、方便、卫生和营养等特点，可达到直接烹食卫生要求。

2. 腌莴笋

（1）配料

莴笋 10 千克，食盐 2.8 千克。

（2）工艺流程

原料处理→装坛（缸）腌制→复腌→成品

（3）制作要点

① 原料处理：将选取的新鲜莴笋削去皮、老根，用清水洗净沥干水分待用。

② 装坛（缸）腌制：取一个小坛（缸），按一层莴笋一层食盐的方法装坛，装满坛后注入 18 波美度盐水与莴笋齐平，上压石块，腌制第二天倒坛一次，至三天捞出莴笋，放入袋内挤出水分。

③ 复腌：将挤水后的莴笋装坛复腌，仍按一层莴笋一层盐方法，加入食盐装实后，上压一净石。隔天后，倒缸一次，以后每隔 2～3 天翻一次，共倒动 5 次，20 天后即为成品。

特点：成品挺实，质地脆嫩，可作为酱菜原料。

3. 酱莴笋

（1）配料

咸莴笋 100 千克，甜面酱 60 千克。

（2）工艺流程

浸泡→一次酱制→二次酱制→包装

（3）制作要点

① 浸泡：将选取的咸莴笋放入清水中浸泡 12 小时，脱去食盐卤，然后捞出控水 5～6 小时待用。

② 一次酱制：控水后的莴笋放入甜面酱缸内酱制，每天打耙两次，3～5 天后捞出。

③ 二次酱制：经一次酱制捞出的莴笋，再放入甜面酱缸内，每天打耙两次，经 15 天后即为成品。

④ 包装：成品用食品袋包装，即可上市销售。

特点：成品酱红色，有光泽，质脆嫩，味香甜，不酸不烂，十分可口。

4. 泡莴笋

（1）配料

鲜莴笋 10 千克，食盐 0.3 千克，白糖 50 克，干红辣椒 0.1 千克，料酒 0.2 千克，醪糟汁 50 克，香料包 1 个，一等老盐水 8.0 千克。

（2）工艺流程

选料→处理→预腌→装坛→发酵→成品

（3）制作要点

① 选料：选用肉质肥厚、细嫩、粗纤维少、无空心的新鲜莴笋为原料。

② 处理：选取的莴笋削去叶丛、外皮和粗筋，用水清洗干净。用刀斜切成 1.5 厘米厚的片，或剖成两片后再切分成 3～4 厘米长的段。

③ 预腌：将切分后的莴笋按 100∶3 的比例加食盐预腌两小时捞出，晾干表面水分。

④ 装坛：将老盐水倒入事先洗刷干净的泡菜坛内，加入白糖、料酒、醪糟汁，搅拌均匀，放入红辣椒，再放入莴笋，装至半坛时，放入香料包，继续装入莴笋，装至九成满时，用竹片卡紧，盖上坛盖，注满坛沿水密封坛口。

⑤ 发酵：装好坛后，放在通风干燥洁净处，泡制 2～4 小时，

即为成品。

特点：成品翠绿色，质地脆嫩，味道咸酸微辣，清香爽口。

5. 糖莴笋

（1）配料

鲜莴笋 12 千克，白砂糖 10 千克，白糖粉 2.0 千克，石灰 0.6 千克。

（2）工艺流程

原料处理→硬化→烫漂→糖渍→糖煮→上糖衣

（3）制作要点

① 原料处理：选用成熟适度的莴笋，过老过嫩均不宜食用。去除笋叶及外皮，切成长 5 厘米、宽 1.5 厘米的长条。

② 硬化：将莴笋条放入浓度为 6% 的石灰水中，浸泡 10 小时左右，再用清水反复漂洗干净，除去多余石灰。

③ 烫漂：将硬化的莴笋条放入沸水锅中，烫漂 10 分钟左右，捞出，再投入凉水中冷却。

④ 糖渍：将冷却透的莴笋坯料与白砂糖一起放入锅中，糖的加入量为总糖的 2/3，煮沸后 20 分钟起锅，倒入缸中糖渍 3 日。

⑤ 糖煮：将莴笋条坯、糖液重新倒入锅中，添加剩余白砂糖，先用旺火，后改用文火煮 1.5 小时，待煮到糖液能拉丝为止。

⑥ 上糖衣：从糖锅中捞出莴笋条，沥去糖液，放入白糖粉中拌匀，然后筛去多余糖粉，即可装入干燥洁净大玻璃瓶中，或用食品塑料袋包装，可随食随取。

特点：制品棕红色，有光泽，质轻脆，微甜香。

6. 糖醋莴笋

（1）配料

莴笋 10 千克，食盐 50 克，白砂糖 0.15 千克，食醋 150 毫升，味精、香油各少许。

（2）工艺流程

原料处理→一次腌制→制调味汁→二次腌制→成品

（3）制作要点

① 原料处理：将莴笋去根去皮用清水洗干净，先将莴笋切成片后，再改刀切成丝待用。

② 一次腌制：将莴笋丝放入盆内，撒上少许食盐腌约半小时，取出挤去水分备用。

③ 调味汁：锅内加少许清水烧开，投入白糖，待溶化后离火晾凉，再加少量食盐及醋、味精、香油等调料，拌均匀即成。

④ 二次腌制：将挤去水分的莴笋丝和调味汁一起拌匀，腌制1小时后即为成品。

特点：制品色泽洁白，脆嫩爽口。

7. 莴笋糖片

（1）配料

鲜莴笋 50 千克，蔗糖 50 千克，柠檬酸 0.1 千克，植物油适量。

（2）工艺流程

选料→清洗→去皮→切分→蒸制→糖渍→烘制→包装

（3）制作要点

① 选料、清洗：选取发育良好、个体较大，含纤维少，肉质翠绿的莴笋为原料，用流动水浸泡、洗净。

② 去皮、切分：将选好的莴笋去皮，削皮时要注意将纤维层全部削去，并切去根部较老部分和上部过嫩部分，再沿横向切成0.5～0.6 厘米厚的圆片。

③ 蒸制、糖渍：将莴笋片放入蒸屉中加热蒸制 30 分钟，然后取出晾凉。

糖渍时，先配制糖渍液。取 50 千克蔗糖和 50 千克清水，加热溶化后，再用文火熬煮至糖液浓度达 80％时为止，静置放凉。熬煮时要不断搅拌，避免糖液发生焦化。然后将柠檬酸加入冷糖液中，搅拌混匀，再加入适量植物油，搅拌均匀，即为糖渍液。然后进行糖渍。

糖渍，是将莴笋片倒入糖液中浸渍 48 小时。糖渍液应将莴笋片完全浸没，期间每隔 2 小时轻搅动一次，捞出笋片，将糖液移至锅中，加热熬煮到糖液浓度达到 75％ 为止，把糖液、笋片倒入缸中，继续浸渍莴笋 48 小时，每隔 2 小时搅拌一次，然后捞出莴笋片，沥干糖液。

④ 烘制、包装：将沥干糖液的莴笋片送入烘房，在 55～60℃ 下烘制 6～8 小时，随后即可用塑料袋进行定量密封包装。

特点：制品呈褐红色，质地嫩脆、透明，甜香可口。

8. 莴笋脯

（1）配料

鲜莴笋 50 千克，蔗糖 35 千克，柠檬酸 0.15 千克，生石灰 1.5 千克，亚硫酸氢钠适量。

（2）工艺流程

选料→清洗→去皮→切条→硬化→漂洗→漂烫→浸硫→糖渍→烘制→回潮→包装

（3）制作要点

① 选料、清洗：选择个大、含纤维少，肉质嫩脆、肥厚的莴笋为原料，用自来水浸泡，清洗干净。

② 去皮、切分：将选取的莴笋削皮除去纤维层，并切去根部较老部分和上部过嫩部分，再切成长 4 厘米、宽 2 厘米、厚 1 厘米的长条或 1 厘米厚的圆片。

③ 硬化、漂洗：将 1.5 千克生石灰加入 30 千克清水中，搅拌均匀后取其上清液，将莴笋条（片）倒入其中浸泡 12～14 小时后，捞出放入清水中充分漂洗 6～8 小时，中间换水 2～3 次，然后捞出待用。

④ 漂烫、浸硫：将漂洗的莴笋条（片）放入煮沸的清水中沸煮 5～8 分钟，捞出放入冷水中漂洗冷却。然后立即放入 0.2％ 的亚硫酸氢钠溶液中浸泡护色，浸泡时间为 3～4 小时，然后捞出，沥干水分。

⑤ 糖渍：先取 15 千克蔗糖配制成 50％ 的糖液并煮沸，加入 0.1％～0.2％ 的柠檬酸，然后倒入放有莴笋条（片）的缸中，浸泡

两天后捞出，添加蔗糖调整糖液浓度至 50％开始煮沸，倒入莴笋条（片）煮沸 3～5 分钟之后，继续添加蔗糖使糖液浓度达到 60％以上，再次加热煮沸 15～25 分钟，当莴笋条（片）呈透明时即可出锅，将糖液和莴笋条（片）一起移入缸中浸泡 24 小时。

⑥ 烘制：将糖渍的莴笋条（片）捞出，沥尽糖液后均匀地摊摆在烘盘上，送入烘房，在 65～70℃下烘烤 12～16 小时，至不粘手、水分含量在 18％以下时即停止。

⑦ 回潮、包装：将烘制好的莴笋条（片），在室温下密闭存放 24 小时，使其回潮，然后剔除不合格品、碎渣等，随后即可进行包装。

特点：制品呈透明状，鲜嫩香甜。

9. 莴笋蜜饯

（1）配料

鲜莴笋 30 千克，白砂糖 25 千克，糖粉 5.0 千克，石灰 1.2 千克，山梨酸钾 20 克。

（2）工艺流程

选料 → 处理 → 硬化 → 热烫 → 糖煮 → 糖渍 → 煮制 → 防腐 → 上糖衣 → 包装

（3）制作要点

① 选料、处理：选用不老不嫩的新鲜莴笋，削去外皮，修平整，切成长 4 厘米、宽 2 厘米的长形条。

② 硬化、热烫：将莴笋条放入 5％的清石灰液中浸泡 12 小时，捞出放入清水中冲洗几遍，冲掉残留的石灰，然后投入热水锅中，煮沸 15 分钟后捞出，放入冷水中冷却。

③ 糖煮、糖渍：将冷透的莴笋条和 70％的白砂糖一同入锅，待糖溶化，煮沸，然后煨糖 20 分钟起锅一同倒入缸中，浸渍三天，使莴笋条充分吸收糖液。

④ 煮制、防腐：将莴笋条和糖液重新放入锅中，并加入剩余的 30％白砂糖，先用大火，再用中火煮制，约煮 90 分钟，煮到莴笋内外糖透明为止，然后添加山梨酸钾防腐。

⑤ 上糖衣、包装：沥去莴笋条上的糖液，放到糖粉中拌匀，筛去多余糖粉，放案板上晾凉，装入食品袋中，杀菌后即为成品。

特点：制品呈棕红色，质地清脆，香甜可口，有笋清香。

10. 酱油甜莴笋

（1）配料

莴笋 5.0 千克，食盐 0.75 千克，面酱 2.5 千克，酱油和白糖各 0.5 千克，味精 10 克，香油 0.1 千克，浓度为 20% 的盐水适量。

（2）工艺流程

选料→择洗→盐渍→浸泡→脱盐→切丝→酱渍→调味→成品

（3）制作要点

① 选料、择洗、盐渍：同腌莴笋，10 天后可腌透。

② 浸泡、脱盐：将鲜莴笋放入清水中浸泡脱盐，泡至微咸时，捞出沥干。

③ 切丝、酱渍：将沥干水分的莴笋切成 0.2 厘米宽的细丝。先将面酱和酱油混合成酱液，倒入干净菜坛中，再加入莴笋丝于酱液坛中，进行酱渍。每天上午、下午各翻动一次，2 天即成。

④ 调味：捞出莴笋丝，将酱液洗干净，放入盆中，撒入白糖、味精，淋入香油拌和均匀即为成品。

特点：成品色泽美观，脆嫩可口，鲜香可口。

11. 莴笋罐头

（1）配料

鲜嫩莴笋，酱油、白砂糖、甘草、食盐。

（2）工艺流程

选料→处理→盐渍→洗涤→切片→漂水压榨→配制调味液→浸渍装罐→封罐→杀菌→冷却擦罐→入库→成品

（3）制作要点

① 选料、处理：选用新鲜、幼嫩，每条尾径不小于 15 毫米，无空心、黑心、硬心及病虫害的优质莴笋做原料，并去叶除皮及削

去粗纤维层,用水洗净待用。

② 盐渍:先用5%的低盐盐渍,一层莴笋坯一层食盐装入腌缸中,进行腌制。装满缸后,上面用竹篾盖上,上压石块重物,在20~25℃下,经7~15天发酵,使莴笋坯里表青绿色全部褪尽,组织柔软能弯曲,呈现较多淡黄色或黄白色时捞出,放掉卤水,然后按第一次腌制的莴笋坯质量加入18%~20%食盐,再一层菜坯一层盐入缸腌,盖竹篾,压石块,在20%~22%的高盐浓度下盐渍40天,使莴笋坯肉质柔软脆嫩,色呈淡黄色或淡黄白色,气味清香,无生菜味即可捞起。

③ 洗涤、切片:将莴笋坯置于水池中用流动水彻底清洗干净,去除杂质,并拣除不合格菜坯,然后切片。先逐条去除头尾,并将菜坯残存的粗纤维削尽,然后切成1~3毫米厚的片。在切片过程中应注意剔除硬心、黑心、空心及过薄、过厚不合格片,直径小于20毫米的尾部应斜切。

④ 漂水压榨:切片后倒入干净水池或缸中,用流水漂洗,莴笋片与水的比例为1:1.5,漂洗过程中要经常翻动,以提高漂水效果。漂洗水温度在30℃以下,时间为4~6小时,漂洗至莴笋片无咸味为止。漂水后捞出沥干水分,装入布袋中,每袋装7~10千克,用压榨机压榨,回收率掌握在50%~60%。压榨后按规定称量,定量分装于不锈钢槽或木缸里,以便进行下道工序。

⑤ 配制调味液:按酱油68%~71%、白砂糖24%~25%、甘草水4%~5%、食盐适量的比例配置。先将酱油放在夹层锅中加热到90℃,以杀灭杂菌,再加入白砂糖、食盐和甘草(甘草捣烂后加25倍的水,微沸后熬至3.5~4波美度备用,其渣可连续使用两次),搅拌至糖、盐充分溶解后用绢布过滤出锅,冷却到45℃以下使用。

⑥ 浸渍:按莴笋片、调味液3:2的比例浸渍,充分拌匀,每隔30分钟搅拌一次,每次搅拌后把莴笋片压平,以使笋片均浸在调味液中,并用布盖住缸口,以防杂物掉入。浸渍时间2~2.5小时,使笋片与浸液的含盐量趋于平衡。测得浸液的盐度为6.4%~

6.8％时，即可捞出笋片，沥干，并将沥出的浸液倒入夹层锅中加热至80℃以上，经测定并调整盐度至7％～7.5％，用绢布过滤后供灌汤用。

⑦ 装罐：采用754号罐装时，每罐装笋片125～130克，然后用定量筒灌注汤汁，使每罐质量为198～203克。汤汁温度不低于70℃，严防过量而发生物理性胀罐。

⑧ 封罐：装罐后立即用真空度39.99千帕以上的真空封口机封口。若用排气机排气，则罐中心温度应达70～75℃时立即封口。

⑨ 杀菌、冷却：封罐后逐罐检查封口情况，剔除废次品后，用清水洗净罐外残余汤汁。罐盖向下装入杀菌篮，在沸水中保持5～8分钟即达到杀菌目的。然后放在温水中分段冷却至38～40℃。

⑩ 擦罐、入库：杀菌后用干布擦净罐身，送入37℃左右的保温室中存放7天，经检验合格者，即为成品，入库贮存或外销。

特点：制品色泽淡黄或黄白。质地脆嫩爽口。净重不少于200克，可溶性固形物不少于125克。

十二、百 合

（一）概述

百合又名百合蒜、菜百合、蒜脑薯、百花百合、野百合、番韭等，原产于亚洲东部温带地区。在我国、朝鲜、日本野百合分布较为广泛，后传至欧洲，至今欧美各国均有栽培。

百合质地肥厚，色泽洁白，醇甜清香，甘美爽口，营养价值较高。每百克鳞茎含水56.7克、蛋白质3.2克、脂肪0.1克、碳水化合物37.1克、粗纤维1.7克、灰分1.2克，还含有维生素B_1、维生素B_2、尼克酸、维生素C，以及矿物质钾、钠、钙、铁、锰、锌、铜、磷、硒和秋水仙碱、多种生物碱、氨基酸、糖类等营养成分，具有很高的营养价值和经济价值，被列为上等营养滋补佳品。

百合性寒，味甘微苦。具有补中益气、润肺止咳、清心安神之功效。

（二）制品加工技术

百合是一种富有营养的滋补佳品，可蒸可煮，也可干制、制粉、制罐头、做风味小吃和糖果食品。主要用于烹调各种菜肴，凉拌、烧、炒、炖、焖、制作甜食等。

1. 百合干

（1）配料

鲜百合 100 千克，硫黄 700～800 克。

（2）工艺流程

选料→剥片→煮制→冷却→熏硫→干制→分级→包装

（3）制作要点

① 选料：选择立秋前采收的新鲜良好、鳞茎肥厚、无病虫害、无机械损伤、无腐烂、品质优良的百合做原料。

② 剥片：将选好的百合鳞茎用剪刀剪去须根，从外向内逐层剥下鳞片，每个鳞茎的鳞片以剥至芯子重 25 克左右为宜。将剥下的鳞片分外、中、内三层及黄、白、斑点三色分别倒入清水中，并轻轻搅动，防止鳞片破损，清洗后捞出沥干水分，分别堆放待用。

③ 煮制：在洗净的不锈钢锅中，倒入占锅容量 2/3 的清水，加热煮沸，然后投入 5～10 千克百合鳞片，用锅勺搅拌 1～2 圈，加锅盖煮制。外层鳞片用猛火煮 6～7 分钟，内层鳞片煮 2～3 分钟。煮时经常揭开锅盖观察鳞片的变化，鳞片由白色变成米黄色，再由米黄色转为白色，或见鳞片稍呈碎纹时，应立即捞出锅。也可用嘴品尝，以片不生脆或用手指刮片时，百合起粉状即可。

出锅迟早是保证百合干品质的关键。出锅太早，鳞片过生，干片易变黑发硬，成为次品；出锅太迟，鳞片过熟，常出现燥花、缺边、碎片过多，甚至变成粉渣，失去香味，降低产量和品质。

煮制百合的水，只能连续使用 2～3 次，使用次数过多，水易浑浊，影响加工品质量。

④ 冷却、熏硫：出锅后的百合鳞片，立即置于清水中让其浸泡迅速冷却，除去黏液。需要保存较长时间的百合干，还需进行熏硫处理，其方法是：出锅晒至半干后，按 100 千克百合用硫黄 700～800 克，在熏硫室放置炭火，关闭门窗熏 10 小时即可。

⑤ 干制：将熏制后的百合，摊于晒席上置烈日下暴晒 3～4 天，用手一折即断时即为成品。也可采用烘烤法烘干，以防霉变。

⑥ 分级、包装：干制后的百合片，按照市场或客商要求进行分级包装。一般采用食品塑膜袋分别包装。每袋 500 克或 1000 克，封装后再放入纸箱，置通风干燥处贮存。

特点：制品洁白如玉，可蒸可煮，香甜可口，风味别致。

2. 干蒸百合

（1）配料

鲜百合 0.5 千克，猪油 15 克，蜂蜜 0.1 千克，白糖 75 克，青红丝少许。

（2）工艺流程

原料处理→蒸制→调汁→浇制→成品

（3）制作要点

① 原料处理：将鲜百合球茎去尖去根，掰成片，冲洗干净后，大片切成两半待用。

② 蒸制：将猪油抹在碗中，整齐码入百合片，碎料垫底，上笼屉用旺火蒸至熟烂，取出倒入盘中。

③ 调汁：炒锅置于火上，放入少许清水、蜂蜜、白糖，用小火将糖液熬至浓稠时，撒上青红丝即成。

④ 浇制：将制好的汁出锅，立即浇在蒸好的百合片上，即成为成品食用。

特点：成品色泽明亮，软糯香甜。

3. 蜜汁百合

（1）配料

鲜百合 0.5 千克，蜂蜜 0.1 千克，白糖 50 克，熟芝麻 15 克，熟猪油 0.75 千克（实耗 60 克）。

（2）工艺流程

原料处理→炸制→颠炒→成品

（3）制作要点

① 原料处理：将鲜百合削去根、尖，剥成瓣，放清水中反复漂洗干净，捞出控净水分待用。

② 炸制：炒锅置于火上，放入熟猪油，烧至七成热时，放入百合片，炸至呈浅黄色时，捞出沥净油，备用。

③ 颠炒：原炒锅留少许底油，复置火上烧热，放入蜂蜜熬化，捞出杂质，加入白糖和清水，用小火熬成浓汁，再放入炸好的百合瓣，颠炒均匀，撒上熟芝麻，即成为成品。

特点：制品色泽美观，香甜软嫩。

4. 八宝百合

（1）配料

百合 0.5 千克，猪板油 50 克，果脯、红枣、核桃仁各 40 克，白糖 0.15 千克，水淀粉 30 克。

（2）工艺流程

原料处理→蒸制→调汁→浇制→成品

（3）制作要点

① 原料处理：将鲜百合削去尖和根，掰成瓣，用清水漂洗干净。猪板油切成长 5 厘米、宽 1 厘米的长条。红枣去核清洗干净，切成小丁。果脯、核桃仁也切成小丁待用。

② 蒸制：大碗内侧抹上熟猪油，放入猪板油条铺成八卦图案，再分别填上红枣丁、果脯丁、核桃仁和百合瓣，上笼屉，用旺火蒸至熟烂，取出倒扣在盘中备用。

③ 调汁：炒锅置于火上，放入清水 0.15 千克，加入白糖烧沸，撇去浮沫，用水淀粉勾芡，出锅。

④ 浇制：将调汁勾芡后出锅浇注在百合上，即成为成品食用。

特点：制品色泽典雅，香甜适口。

5. 糖水百合

（1）配料

鲜百合 0.5 千克，白糖 0.2 千克，桂花 10 克，色拉油 0.5 千克（实耗 100 克）。

（2）工艺流程

原料处理→炸制→拌炒→成品

（3）制作要点

① 原料处理：将百合切去根，撕去皮膜掰成片，用清水洗净黏液，捞出沥干水分备用。

② 炸制：炒锅置于火上，放入色拉油，烧至七成热时，放入百合片炸至金黄色，捞出沥去油。

③ 拌炒：炒锅复上火，放入清水 50 克，加入白糖，熬至糖水起泡，由大泡变为小泡时，色呈金黄，投入百合片，加入挂花拌炒均匀，即为成品食用。

特点：制品色泽金黄，清甜微苦，有润肺生津作用。

6. 甜百合露

（1）配料

干百合 0.15 千克，白糖 0.4 千克，牛奶 100 克。

（2）工艺流程

原料预处理→蒸制→调配→成品

（3）制作要点

① 原料预处理蒸制：将百合干用清水浸泡软后，再清洗干净放在海碗里，加入清水 150 克和白糖 100 克，上笼屉用旺火蒸 10 分钟，取出放在另一碗中备用。

② 调配：净锅置于火上，放入清水 0.75 千克，加入白糖 0.3 千克，烧沸溶化，淋入牛奶，出锅倒入百合汤碗中，即成为成品可饮用。

特点：此制品百合软糯，香甜可口。

十三、洋 葱

（一）概述

洋葱又叫葱头、玉葱、圆葱、葫葱等。原产于西南亚，作为蔬菜已有五千年的历史，在 20 世纪初由国外引入我国，故称为"洋葱"。洋葱具有较高的营养价值。新鲜洋葱每百克含水分 88 克、蛋白质 1.8 克、脂肪 0.2 克、碳水化合物 8.0 克、粗纤维 1.1 克、灰分 0.8 克，还含有胡萝卜素、维生素 B_1、维生素 B_2、尼克酸、维生素 C、维生素 E，以及矿物质钾、钠、钙、铁、磷，还含有二烯丙基二硫化物、硫氨基酸、抗氧化剂硒和较多的半胱氨酸、挥发油——葱蒜素以及前列腺 A 等物质。

（二） 制品加工技术

洋葱可以生食，也可炒、煎、烧、爆、炸等制成菜肴，在西餐中用以调味和配料，也可氽熟后用于凉拌。

1. 洋葱净菜

（1） 配料

洋葱。

（2） 工艺流程

选料→预冷→清洗→杀菌→漂洗→切分→保鲜→甩水→包装→贮藏

（3） 制作要点

① 选料：选择无公害，含水量较低，不易发生变色的黄皮洋葱待用。

② 预冷：选用的原料及时送入真空预冷，以抑制微生物的繁殖。

③ 清洗、杀菌：将预冷后的原料，用清水洗去污泥和其他黏着物，送入杀菌设备中，进行臭氧水浸泡杀菌处理。浸泡时间为 30 分钟，再放入 200 毫克/升二氧化氯液中进行浸泡，浸泡时间 15 分钟，除去洋葱中残留的农药，同时起到再次杀菌的作用，然后用无菌水漂洗干净。

④ 漂洗、切分：用无菌水漂洗好的洋葱，用刀将鳞片切成一平方厘米大小方块。

⑤ 保鲜、甩水：将切好大小的鳞块，放入每千克含次氯酸钠

100 毫克的冷水溶液中，浸渍 30 秒钟，捞出后用离心机脱水。

⑥ 包装、贮藏：采用灭菌处理后的包装袋包装，真空度为 0.08 兆帕，然后放入 4℃左右条件下进行贮藏。

特点：产品保持原有气味，具有新鲜、方便、卫生和营养的特点。

2. 洋葱酱

（1）配料

洋葱，柠檬酸，酶。

（2）工艺流程

选料→去皮根→冲洗→切片→破碎→胶磨→调酸加热→酶解→打浆→胶磨→浓缩→预热→装罐→封口→杀菌→检验→成品

（3）制作要点

① 选料：采用辛辣味足的鲜红洋葱，要求可溶性固形物含量达 8%以上，无杂色、无霉变。

② 去皮根、冲洗：用摩擦法脱皮，用蔬菜多功能加工机切除根盘，应无纤维化老皮及根须残留物。用清水冲洗干净。

③ 切片：切成厚度为 0.3～0.5 厘米的圆片或丝。

④ 破碎：采用破碎机破碎，筛网孔径为 0.8 厘米。

⑤ 胶磨：用胶体磨胶磨，间隙调整为 30 微米。

⑥ 调酸加热：用 0.25%～0.3%柠檬酸液调制成洋葱浆汁 pH 值至 4.4～4.6，加热至 85～90℃，保温 8～10 分钟。

⑦ 酶解：洋葱浆料可溶性固形物调整至 6%～7%，添加酶量为 0.15%～0.2%，酶解温度 40～45℃，pH 值为 4.0 左右，时间 15～20 分钟，浆料酶解后可溶性固形物含量为 6.5%～7.5%。

⑧ 打浆：采用双道打浆机打浆，头道筛孔为 0.8 毫米，二道筛孔为 0.6 毫米。

⑨ 胶磨：胶磨间隙头道为 10 微米，二道为 0.5 微米。

⑩ 浓缩：采用真空浓缩，浓缩温度为 65～68℃，真空度为 0.077～0.08 兆帕，终点可溶性固形物达 16%～18%。

⑪ 预热：浓缩物预热温度为 90～95℃，时间 6～8 秒。

⑫ 装罐、封口：趁热装罐，罐中心温度不低于 85℃，趁热封罐口。

⑬ 杀菌：杀菌公式为 $5'-25'-5'/85℃$；分段冷却到 38℃ 左右。

⑭ 检验：在 30℃ 保温一周后检验合格后包装为成品。

产品特点：制品色泽浅黄，酱体均匀细腻，无水析出，酸甜适口，无可见纤维杂质，洋葱味浓郁，可溶性固形物 16％～18％，食糖 15％，pH3.8～4.2。

3. 脱水洋葱片

（1）配料

洋葱，柠檬酸。

（2）工艺流程

选料→切梢根→清洗→切片→漂洗→沥水→摊筛网→烘干→包装

（3）制作要点

① 选料：选择充分成熟的洋葱，其茎叶开始变干，鳞茎外层已经老熟，水分低，干物质含量高，葱头大小横径在 6.0 厘米以上，葱肉呈白色或淡黄白色；红洋葱为红白色，肉质辛辣，无霉烂、出芽、虫蛀和机械损伤。

② 切梢根、清洗：用小刀切除葱梢，削去根须，剥去外衣、老皮，直至露出鲜嫩白色或淡黄色或红白色肉层为止，用清水洗净。

③ 切片：采用切片机，将洗净的洋葱按大小、横径切成宽度为 4～4.5 毫米的洋葱条。片条大小要均匀，切面要平滑整齐。在切片过程中，边切边加水冲洗，同时把重叠的圆片抖开。

④ 漂洗：洋葱切片后，流出的胶质和糖液黏附在葱片表面，在烘干时，葱片内部水不易蒸发，所黏附的糖液也易焦化造成褐色。因此，切片后必须进行漂洗。在漂洗过程中要经常更换新水。漂洗后为保持洋葱外观良好，可将葱片浸入 0.2％柠檬酸液中 2 分钟进行护色。

⑤ 沥水：葱片经过漂洗、浸泡后，带有水分较多，必须放入离心机中把水甩干。一般采用1500转/分转速离心机，30秒即可。

⑥ 摊筛网：采用尼龙或不锈钢制成的网筛，其孔径一般为3毫米或5毫米较好，将葱片摊筛时，操作要快，铺放要均匀，不可过厚过薄。

⑦ 烘干：将摊有葱片的烘筛装入烘架上送入干燥机，未进料前，干燥机先要预热。预热升温到60℃左右，烘干温度控制在58～60℃,时间6～7小时，当葱片含水量降至5%以下时即可出机。大约13～15吨原料，可制1吨干品。

⑧ 包装：烘干的洋葱片，保留在烘车上，自然冷却数分钟，同时拣去未干片、黏结片和变色后，装入塑料袋或其他容器中密封保存。

制品特点：产品片状完整，色泽纯正，含水量低，易于贮存，是一种好的出口产品。

4. 糖醋洋葱

（1）配料

鲜洋葱10千克，白糖1.2千克，食盐0.5千克，食醋3.0千克，味精、麻油各适量，生姜1.0千克。

（2）工艺流程

选料→处理→切分→盐腌→脱盐→糖醋渍

（3）制作要点

① 选料：选用鳞片较薄，个大、质地细嫩的黄皮洋葱作原料，剔除生芽、腐烂的葱头。

② 处理：将选好的原料，剥去洋葱头表面干燥鳞膜片，削去须根和顶端干缩叶茎，然后用清水洗净泥土和杂物。

③ 切分：将处理的洋葱，纵向切分为0.5厘米宽的细丝。把鲜姜洗净去皮，切成0.1～1.5厘米的丝。

④ 盐腌：将切分的洋葱与食盐按配比在容器中搅拌均匀，盐腌4小时，中间搅拌1～2次，当洋葱丝盐腌入味后，取出沥干盐卤后置于阴凉处晾半天。

⑤ 制糖醋液：按原料配比，将白糖和醋放在锅内加热煮沸，使糖溶化，加入味精，拌均匀后，晾凉即成糖醋液。

⑥ 糖醋渍：将盐腌的洋葱丝与姜丝混合一起，装入干净坛内，倒入糖醋液，翻拌均匀后，进行糖醋液浸渍，每天翻拌 1~2 次，3~6 天后，淋入麻油即可为成品。

特点：制品口味甜酸，辛香味美。

5. 凉拌洋葱

（1）配料

洋葱 0.3 千克，醋 20 克，白糖 15 克，香油 10 克，食盐 5 克，味精适量。

（2）工艺流程

原料处理→盐腌→调制→成品

（3）制作要点

① 原料处理：洋葱削去根须，去外皮洗净，切成片或丝。

② 盐腌：将切成片或丝的洋葱放在盆中，加入食盐轻揉，见出水时再放入白糖、醋拌和均匀。

③ 调制：加白糖、醋拌和均匀的葱丝，放置 3 小时后，再加入味精，淋上香油，即为成品。

特点：制品清脆酸甜，辛辣利口，可开胃增加食欲。

6. 洋葱油提取

洋葱油是食品行业的调味剂，又是许多药品、功能型食品的原料。提取方法有减压蒸馏和超临界 CO_2 萃取法，质量较好。

减压蒸馏法：称取 500 克洋葱，去皮粉碎成匀浆，按 1∶1 加水混匀，在 30℃室温放置 3 小时后，用乙酸乙酯溶剂萃取 3 次，在 5~6 兆帕真空度下，以 -5℃冰盐水冷却，蒸馏 3 小时，收集蒸馏液。分别再用 80 毫升、40 毫升、30 毫升有机溶剂萃取 3 次，混合萃取液，脱水，回收有机溶剂液获得洋葱油。

超临界 CO_2 萃取法：

（1）工艺流程

洋葱粉→装料→萃取→分离→接收→洋葱油

（2）制作要点

以含水率为 6%，粒度直径为 0.45～0.90 毫米冻干洋葱粉为原料，加入 0.15 升/千克的无水乙醇夹带剂，萃取压力 28 兆帕，萃取温度 42℃，萃取时间 217 分钟，洋葱油得率可达 0.483%，且风味良好。

特点：成品为琥珀黄色液体，具有强烈刺激和持久的洋葱辛辣气味。主要用于汤料、肉类、沙司、配料等。也用于药品，极微量用于紫罗兰、玫瑰等日用品香精中。

第三篇

根 菜 类

根菜类是以变态直根或球根而形成膨大的肉质块根作为食用对象的蔬菜。

根菜有萝卜、胡萝卜、莲藕、荸荠、生姜、慈姑、何首乌、牛蒡、芥菜等，为两年生植物，少数为一年生或多年生植物。此类蔬菜贮藏时间长，为冬春季节主要食用蔬菜。类型品种较多，有的能作为主食和蔬菜两用，有的具有特殊的药用价值。

根菜还有一个共同的特点，就是含有丰富的粗纤维素，而且适应性较广，各地均可种植，生长快，产量高，生产成本低，栽培管理较简单。所以在我国各地城乡栽培比较普遍，为人们喜食，是生活中不可缺少的蔬菜之一。现将几种根菜的营养保健功能和制品加工技术分别介绍于后。

一、萝卜

（一）概述

萝卜又称莱菔、萝贝、萝白、土酥、土瓜、荞根等，是从莱菔属植物的野生萝卜进化而来，主要以肉质根作蔬菜食用。萝卜是我国广大群众爱吃的蔬菜之一，它营养丰富，每百克萝卜中含水分91.7克，蛋白质0.8克，脂肪0.2克，碳水化合物4.5克，粗纤维0.4克，灰分0.7克，还含有胡萝卜素、维生素A、纤维素B_1、维生素B_2、维生素C、维生素E、尼克酸，以及矿物质钾、钠、钙、铁、锌、磷、硒，还有胆碱、氧化酶、淀粉酶、芥子油、木质素等营养物质。

萝卜性凉，味甘辛，具有消食除胀、止咳化痰、醒酒、除燥生津、治喘、解毒散瘀、利尿、止渴、顺气补虚等功效。

（二）制品加工技术

萝卜的食用方法因地区和品种不同而异。鲜萝卜可红烧、烩、炒、拌、煮，制汤、做馅、腌制、酱制、干制，亦可生食，也可作食雕的材料。

1. 脱水萝卜丝

（1）配料

白萝卜 50 千克。

（2）工艺流程

选料→处理→脱水干制→包装→成品

（3）制作要点

① 选料：选择肉质细嫩、致密，含糖量较高的萝卜品种。

② 处理：将选取的萝卜，除去叶，削去须根，用清水冲洗去泥沙和杂物，然后用刀切成宽 5～7 毫米、厚 5 毫米左右，细长均匀的萝卜丝。长度随萝卜大小而异，一般长 10～15 厘米。

③ 脱水干制：目前主要采用自然干制法。是将萝卜丝铺摊于迎风的苇席上。摊放时要铺薄铺匀，进行晾晒。晾晒时间视天气情况稍加翻动，天气晴朗，风较大时，3～5 天即可干至水分含量在 5％以下，即为成品。

④ 包装：将制干的成品采用聚乙烯袋和复合薄膜袋内包装，外包要用清洁、牢固、坚实的纸箱，内衬防潮纸包装。

特点：成品萝卜丝柔软富有弹性，用手握成一团，松手后即可自动散开，色泽黄白。

2. 萝卜片膨化干制

萝卜片膨化干制工艺属于食品干燥保藏深加工技术。用此技术加工成的蔬菜营养成分损失少，色香味俱佳。膨化技术具有无毒、对环境和食品无污染的特点。适合高寒地区、边疆、军队、轮船等缺乏蔬菜的地方大量生产。

制作要点：将萝卜切成片，用水洗净，置于干燥箱中 10～30 分钟除去自由水，使其含水量在 20％～30％为宜。然后放入膨化脱水反应釜中，抽真空至压力 0.08 兆帕，注入二氧化碳气体，使其反应釜的压力达 1.5～7 兆帕，经过 2～30 分钟后，迅速（2～4

分钟）降压至常压，使萝卜片脱水。将萝卜片取出放入干燥箱中，除去表面水分，取出进行真空包装。真空压力为 0.05～0.1 兆帕。

特点：此成品复水性好，复水后颜色比原料更鲜艳亮丽，萝卜风味更浓，营养成分保持较好。

3. 腌萝卜

（1）配料

白萝卜5.0千克，食盐0.9千克，花椒50克。

（2）工艺流程

选料→处理→腌制→装缸→加食盐水→封缸→成品

（3）制作要点

① 选料：选择大小匀称，无虫眼、无伤疤，不黑心、不柴、不空心的萝卜为原料。

② 处理：选好的萝卜切去蒂缨，削去毛根，洗净。

③ 腌制：可整萝卜腌制，也可切成连圆片（不要切断），放在太阳光下晒一两天，待失去一些水分后，再进行腌制。

④ 装缸：将萝卜放入缸内，一层萝卜一层盐和花椒，装满缸后，在顶部压上石块，第二天开始翻缸。连续翻缸五六次，食盐充分溶解。

⑤ 加食盐水：待缸中食盐充分溶解后，加入淡盐水或凉水淹没萝卜。

⑥ 封缸：加盐水后，加盖封缸。冬季放室内，天暖时可置于室外，但不能曝晒，两个月左右即成为成品可食。

特点：制品脆嫩咸香。

4. 酱萝卜

（1）配料

萝卜15千克，食盐1.5千克，甜面酱2.0千克。

（2）工艺流程

原料处理→腌制→酱渍→成品

（3）制作要点

① 原料处理：将选择的白萝卜去叶、去须根，洗干净，用刀

切成长条或块状待用。

② 腌制：将切好的萝卜条或块放入缸中，加食盐腌制。入缸时，一层萝卜一层食盐，装满缸后压上重物，腌制 3～5 天后，将萝卜捞出，沥干盐水，倒掉盐卤。

③ 酱渍：将倒掉盐卤的缸洗净擦干，放入沥干盐水的萝卜条或块，加入甜面酱拌匀，盖好缸盖，酱渍 15 天即成为成品。

特点：制品色鲜味美，可大量贮存。

5. 泡萝卜

（1）配料

白萝卜 10 千克，老盐水 8.0 千克，食盐 0.25 千克，干辣椒 0.2 千克，白酒 120 毫升，红糖 100 克，醪糟汁 40 克，香料 25 克。

（2）工艺流程

选料→预处理→晾晒→出坯→装坛→发酵

（3）制作要点

① 选料：选用肉质细嫩、不空心、无病虫害的新鲜白萝卜为泡制原料。

② 预处理：选用萝卜削除叶丛和根须，用清水洗净泥沙，先横切成长 6～8 厘米的段，再纵切成条。

③ 晾晒：切成的条放在通风向阳的地方晾晒至蔫。

④ 出坯：经过晾晒的萝卜条，加入食盐进行腌制处理 4 天，捞出晾干表面附着的水分。

⑤ 装坛：选用质量好的泡菜坛，洗刷干净，并控干水分。将老盐水倒入坛内，将萝卜条、白糖、白酒、醪糟汁、干红辣椒等混合，翻拌均匀，装入盛有老盐水的坛中。装至半坛时加入香料，再加入萝卜条至满坛，盖好坛盖，注满坛沿清水，密封坛口。

⑥ 发酵：将装好的菜坛置于通风、干燥、洁净处发酵，一般泡制 5～7 天即可成熟。

特点：制品黄白色，质地脆嫩，咸辣微酸，清香爽口。

6. 糖醋萝卜条

（1）配料

鲜萝卜 100 千克，食盐 5.0 千克，白砂糖 30 千克，醋 20 千克，水 10 千克。

（2）工艺流程

原料处理→腌制→浸泡→包装→成品

（3）制作要点

① 原料处理：将萝卜用清水冲洗干净，切成 8 厘米×2 厘米×1 厘米的长条待用。

② 腌制：将切好的萝卜条入缸腌制，摆一层萝卜条撒一层食盐，装满缸后，封口，腌制 12 小时，捞出沥去水，晾晒 2～3 天。

③ 浸泡：将白砂糖、醋、水拌和一起，加热至沸，然后冷却至室温，倒入缸中，再放入晾晒的萝卜条，浸泡。第二天翻一次缸，经 10 天后即为成品。

④ 包装：将成品采用食品袋分装后，即可上市销售。

特点：成品棕红色，具有甜、酸、脆、嫩风味，十分爽口。

7. 五香萝卜干

（1）配料

长萝卜 100 千克，食盐 10～12 千克，五香调料 0.3 千克。

（2）工艺流程

原料处理→干燥→腌制→日晒→配料→调味→包装→成品

（3）制作要点

① 原料处理：将选择的新鲜萝卜放入清水中浸泡 1～2 小时，洗去污泥，捞出沥干，削去根须和缨子，置放在席上，太阳下曝晒至表皮微皱时，切成 10 厘米左右的长条。

② 干燥：选择向阳通风处搭铺芦帘，将萝卜条平摊在上面，每天上下翻动 1～2 次，待萝卜条卷曲，手捏感觉软性即可。

③ 腌制：将晒干的萝卜条每 100 千克加食盐 10 千克入缸腌制。一层萝卜条一层盐并压结实，每条萝卜条上均匀撒盐，以保证

产品的脆性。缸满后铺以竹帘并压大石块腌制。次日天晴即可日晒，如遇阴雨天则须翻入另一空缸内待晒。

日晒和倒缸所余下的卤汁煮沸杀菌并浓缩至 12 波美度左右，待卤汁冷却和泥脚沉底，取上面的清卤汁淋洒于萝卜条上面，以增加咸鲜味，即成萝卜咸坯。

④ 日晒：咸坯取出平摊在帘上日晒，每隔 2～4 小时翻动一次，日落前收入缸内并压紧，以增加香气。隔 4～5 天再晒一次，日落前收入缸内，压紧封口，经过一周后即可开封，进行调味。

⑤ 调味、包装：每 100 千克上述萝卜干加五香调料 1.0 千克。调料配方：五香粉 5.0 千克，八角茴香 1.0 千克，甘草粉 150～200 克，糖精 100 克，食盐 27.5 千克。添加方法是：一层萝卜干撒一层调味料，拌匀入坛，面层加塑料薄膜封口并压结实，也可在表层撒细食盐 3～6 厘米隔绝空气封存。封坛一周后取出，即为成品。用食品袋包装上市销售。

特点：制品色黄香脆，咸度适口，食用方便。可长期保存，随食随取，是南方农家常见的腌菜之一，颇受市场欢迎。一般每年霜降后制作为宜。

8. 糖蜜萝卜丝

（1）配料

萝卜 50 千克，10％的食盐水 50 千克，明矾 200 克，甜宝 200 克，绵白糖 15 千克，柠檬酸 100 克，甜蜜素 1.0 千克，增香剂 1.5 克，滑石粉适量。

（2）工艺流程

原料处理→盐浸→糖煮→烘干→浸渍→拌粉→包装

（3）制作要点

① 原料处理：将萝卜用清水冲洗干净去皮后，切成 2.0 毫米×2.0 毫米×80 毫米的细长丝待用。

② 盐浸：配制浓度 0.4％的明矾溶液，然后加入食盐，使盐浓度达 10％左右，将萝卜丝加入，使盐溶液浸没萝卜丝。白萝卜腌制 3 天，红萝卜腌 4～5 天，心里美萝卜腌 1～1.5 天。然后捞出沥水。

③ 糖浸：将沥干水的萝卜丝再用糖腌。红萝卜用 30％ 左右的糖液腌制 3 天左右，心里美萝卜和白萝卜以原料重的 30％ 的糖直接与萝卜丝拌匀，糖腌三天，沥干糖液，送入烘房。

④ 烘干：将萝卜丝在 65℃ 左右温度下烘 7～8 成干，即为半成品。

⑤ 浸渍：在 200 千克水中加入配料中各种调味料稍加溶解，然后放入萝卜丝半成品，待溶液全部被萝卜丝吸收后，放入烘房，温度为 55℃ 左右，烘至七成干。

⑥ 拌粉：将萝卜丝从烘房取出，放进绵白糖裹上外衣，风干后即成为成品。

⑦ 包装：用食用塑料薄膜作袋包装后即可上市。

特点：制品外形近似青红丝，酸甜适口，好似话梅，有一定的韧性。

注意：为了矫正萝卜味，可加入一些甘草、丁香等香料制成的调味液，以代替部分水使用。

9. 怪味萝卜

（1）配料

萝卜 10 千克，香菜、大葱各 0.5 千克，食盐 0.6 千克，大蒜 0.25 千克，干红辣椒 0.1 千克，鲜姜 0.2 千克，甘草粉、五香粉各 50 克。

（2）工艺流程

原料处理→腌浸→加配料→腌制→成品

（3）制作要点

① 原料处理：将萝卜清洗干净，削去头尾，切成长 10 厘米、宽 1.5 厘米的长条。大葱切成葱花。鲜姜、大蒜去皮洗干净，捣成泥。干红辣椒炒干碾碎。香菜去根，除黄叶清洗干净，切碎。

② 腌浸：将萝卜条放入缸中，加入食盐 0.2 千克，腌浸 24 小时后，将盐水倒掉。

③ 加配料：在萝卜条中，加入食盐、大葱、姜、蒜、辣椒、香菜、甘草粉、五香粉搅拌均匀。

④ 腌制：将拌均匀的物料，装入坛中，加盖密封，腌一周后，

即成为成品食用。

特点：制品具有甘、咸、麻、辣、酸五味，鲜脆可口，风味独特。

10. 油酥萝卜

（1）配料

萝卜0.5千克，青蒜25克，面粉40克，酱油30克，水淀粉15克，米醋2.5克，食盐、白糖各5克，葱、姜各3克，味精1克，植物油0.5千克（实耗65克）。

（2）工艺流程

原料处理→油炸→炝锅→炒制→成品

（3）制作要点

① 原料处理：将萝卜洗净，切成象眼块或滚刀块，用开水煮透，捞出控干水分。青蒜择洗干净，切成2.5厘米的段。葱、姜切成末。

② 油炸：将控干水的萝卜块，加入面粉拌匀，用热油炸成金黄色，捞出沥去油。

③ 炝锅：炒锅置于火上，加入植物油30克，烧热，放入葱、姜末炝锅出香味。

④ 炒制：在炝锅中加入酱油、白糖、米醋、食盐、味精、清水250克，烧开后，用水淀粉勾芡，再投入炸黄的萝卜块、青蒜段颠翻锅拌匀，即为成品。

特点：制品色泽金黄，味浓、汁香，萝卜酥烂。

11. 干贝萝卜球奶汤

（1）配料

萝卜150克，干贝50克，熟猪油500克（实耗50克），奶汤1.0千克，鸡油15克，食盐、味精、料酒各5克，葱姜末各3克。

（2）制作要点

① 将萝卜去皮洗净，先切成2厘米见方的块，再削成圆球状。干贝去老筋，洗净后放入碗里，加入少量清水，上笼屉蒸20分钟

取出。

②炒锅置于火上，放入熟猪油，烧至四成热，放入萝卜球炸1分钟，捞出放清水中洗去油。

③净锅置于火上，放入葱姜末、奶汤、食盐、料酒、味精、萝卜球和干贝。用中火炖约30分钟，淋上鸡油，出锅盛在汤碗里，即可食用。

特点：制品色泽乳白、汤浓不腻、滋味鲜美。

12. 萝卜蜜汁饮料

（1）配料

萝卜，高锰酸钾，蜂蜜，柠檬酸，山梨酸钾。

（2）工艺流程

选料→清洗→整理→热处理→榨汁→粗滤→调配→精滤→装罐→杀菌→冷却→成品

（3）制作要点

①选料：选用新鲜萝卜为原料，剔除虫斑、烂斑及机械损伤的萝卜。红萝卜中以外皮光滑近似球形、中等大小、粉红皮最好。

②清洗。采用滤筒式清洗机进行清洗，采用0.1％高锰酸钾溶液浸泡5分钟进行表面消毒。

③整理：手工去皮，削根切头部，用破碎机破碎。

④热处理：采用95℃热水加2.5％柠檬酸调pH值为4，烫漂2分钟捞出，立即用冷水冷却。

⑤榨汁、粗滤：利用压榨机榨汁，然后进行真空粗滤。

⑥调配：粗滤的萝卜汁，按60％萝卜汁、20％蜂蜜、0.2％柠檬酸、0.05％山梨酸钾的比例进行调配，其余用纯净水。

⑦精滤：调配好的果汁，用高速离心机进行离心分离，虹吸上层清液。

⑧装罐、杀菌、冷却：装罐密封后采用95℃热水杀菌10分钟，然后采用分段冷却至38℃

制品特点：该制品澄清透明，口感甘爽、绵长。

13. 萝卜汽水

（1）配料

萝卜、果胶酶，糖，柠檬酸、山梨酸钾。

（2）工艺流程

选料→去根梢清洗→切碎榨汁→精滤→配料→灌装

（3）制作要点

① 选料：选用新鲜、无糠心、内外色泽鲜艳、个头圆整的心里美萝卜。

② 去根梢清洗：萝卜去根去梢后，用清水冲洗干净，再放沸水中预煮2分钟。

③ 切碎榨汁：预煮后的萝卜切碎，用榨汁机榨汁，汁中加入0.1％果胶酶静置10小时。

④ 精滤：采用二次过滤，得萝卜汁清液。

⑤ 配料：加入20％萝卜汁、10％糖、0.05％柠檬酸、0.2％山梨酸钾，混合均匀。

⑥ 灌装：高温瞬时杀菌后，加1∶1的二氧化碳水灌装。

制品特点：该产品粉红色、清亮透明、酸甜爽口。

14. 萝卜脯

（1）配料

萝卜，食盐，明矾，糖，柠檬酸。

（2）工艺流程

选料→切片→预煮→糖煮→烘烤→检验→包装

（3）制作要点

① 选料：选用成熟度好，个大色白、光洁、无病斑、无糠心的萝卜为原料，要求含水量小。

② 切片：萝卜用清水洗净，切去头和根部，再削去外皮，用切片机或手工切成方形或条形，厚度以0.4～0.5厘米为最好。

③ 预煮：切成的萝卜放入2％～3％的食盐水中，浸泡8～10小时后换清水再浸泡4～6小时，然后加水，加入0.2％明矾煮沸。

将萝卜倒入水中煮 10～15 分钟，捞出用清水冷却。

④ 糖煮：先配制 35％～40％糖液，煮沸后加入萝卜条煮沸 10 分钟左右再加糖，一般分 3～4 次加入，加入量为原料重的 45％，在加入砂糖同时，加入定量转化糖及 0.5％～1％柠檬酸。当糖液浓度 65％时，移入缸中浸泡 48 小时。

⑤ 烘烤：将浸泡糖渍好的萝卜条捞出，沥净糖液，均匀放在烘盘内，送入烘房烘烤，烘房温度为 65～70℃时，烘 12 小时，当用手摸不粘手，水分含量在 16％～18％时出烘房。

⑥ 检验、包装：将烘烤好的产品放入室内回潮 24 小时，然后检验包装。

制品特点：该产品色白透明，口味纯正。

15. 萝卜粉

（1）配料

萝卜，高锰酸钾。

（2）工艺流程

选料→清洗消毒→整理→预煮→打浆→均质→真空浓缩→喷雾干燥→包装→成品

（3）制作要点

① 选料：选用新鲜的萝卜，剔除有虫斑、烂斑及机械损伤的萝卜。萝卜以外皮光滑、近似球型、中等大小、粉红皮较好。

② 清洗消毒：用滤筒式清洗机清洗，用 0.1％高锰酸钾溶液浸泡 5 分钟消毒。

③ 整理：手工去皮，削头切根，用破碎机破碎。

④ 预煮：破碎物投入沸水锅煮 3 分钟，以软化组织、钝化酶，防止褐变。

⑤ 打浆：采用单道打浆机，以 600 转/分的速度打浆。萝卜与水比例为 1∶3，筛孔直径为 1 毫米。

⑥ 均质：采用高压均质机进行二次均质。头道压力为 18 兆帕，二道压力为 15 兆帕。

⑦ 真空浓缩：采用真空浓缩，以降低蒸发温度，最大限度保

持营养物质。

⑧ 喷雾干燥：利用喷雾干燥机干燥，水分含量应小于2%。

⑨ 包装：干燥后的成品及时包装以防吸潮结块。

制品特点：该产品为白色粉状，颗粒均匀，易溶于水，具有萝卜天然气味。

二、胡萝卜

（一）概述

胡萝卜又名丁香萝卜、沙萝卜、葫芦菔、金笋、甘笋、黄根等。因它的形状跟人参相似，营养丰富，并有独特的芳香和清甜的适口味道，人们称它为"小人参""土人参"。

胡萝卜最大的特点是含有极其丰富的胡萝卜素，含糖量也高于一般蔬菜。每百克胡萝卜含蛋白质0.6克，脂肪0.3克，碳水化合物7.6克，粗纤维0.7克，灰分0.7克，胡萝卜素3.6毫克，还含有维生素A、维生素B_1、维生素B_2、尼克酸、叶酸、维生素C、维生素E，以及矿物质钾、钠、钙、磷、镁、铁、锌、铜、锰、硒及果胶等。

（二）制品加工技术

胡萝卜生吃甜脆可口，熟吃味道鲜美，既可当作水果吃，还可以作酱菜的原料。食法有炒、炖、烧、炸、凉拌及制馅，又可蒸煮、拔丝，也可用来制作泡菜、蜜饯、食雕等。

1. 脱水胡萝卜

（1）配料
胡萝卜100千克。

（2）工艺流程
原料选择→清洗切块→预煮处理→控温烘干→分级包装

（3）制作要点

① 原料选择：选择肉质新鲜肥厚，形似短圆锥，色呈橙红或鲜红，表面光滑，组织紧密，无糠心、无抽薹、无病斑及机械损伤，横径较粗，肉根较长，味甜品质优良的胡萝卜为原料。

② 清洗切块：用清水将选取的原料表面洗净沥干，削去表皮，切除蒂部及有青色的尾稍，然后用利刀将原料切成长、宽、高均为 1 厘米的方块。

③ 预煮处理：将胡萝卜块投入沸水中煮 3 分钟捞出，立即用冷水冲淋或浸泡冷却，并洗涤表面的浆质、辛辣黏物。将此半成品摊在竹架上，以每平方米摊放 4.0 千克为宜，厚薄要均匀，沥干水分，并剔除不合格胡萝卜粒及杂质等。

④ 控温烘干：烘干是胡萝卜脱水加工的关键技术，前烘房温度控制在 85℃，后烘房温度控制在 80℃，烘烤脱水 5.5 小时，即可得到含水率为 8％的成品。

⑤ 分级包装：剔除成品中的杂质、焦粒、变色和潮湿粒，按大小、色泽、形状分级包装。包装时，要保证产品质量和清洁卫生，并且迅速包装，以免吸湿回潮。

制品特点：成品块形完整，大小一致，色呈橙红，含水量不超过 8％，符合卫生标准。

2. 腌胡萝卜

（1）配料

胡萝卜 5.0 千克，食盐 0.8 千克，花椒 25 克。

（2）工艺流程

原料处理→晾晒→腌制→成品

（3）制作要点

① 原料处理：选用无虫眼、无伤疤、均匀一致的胡萝卜，削去毛须和蒂缨，用清水洗净，捞出控干水。

② 晾晒：整腌或一切两半。腌前，应把胡萝卜放在阳光下晾晒 1～2 天，使其稍降水分。

③ 腌制：用一层胡萝卜一层食盐和花椒入缸腌制后，第二天

开始倒缸，一连倒缸五六天，每天倒1～2次，待食盐充分溶化，即放入淡盐水或凉水淹没胡萝卜，加盖封缸，存放于阴凉干燥处，两个月左右即成为成品。

特点：制品色泽浅红，硬实嫩脆，便于贮存，可随吃随取。

3. 酱胡萝卜

（1）配料

胡萝卜10千克，食盐1.0千克，甜面酱7.0千克。

（2）工艺流程

选料→处理→腌渍→酱制→成品

（3）制作要点

① 选料：应选取品质优良，成熟适度，组织鲜嫩，呈橙红色，味甜，无霉烂、无发芽、无损伤的新鲜胡萝卜。

② 处理：将选取的胡萝卜去根须，用水洗净，用刀切成厚0.2厘米的片。

③ 盐渍：将胡萝卜片用食盐腌渍1～2天后取出，放入清水中浸泡半天，中间换水3次，使胡萝卜片有淡淡的咸味，捞出控干水分，置阴凉处阴干一天。

④ 酱制：将阴干的胡萝卜片装入布袋，放入甜面酱缸中酱制，每天打耙一次，4～5天通风一次，15天左右即成为成品。

特点：成品红褐色，质地脆嫩，酱味浓厚，香甜适口。

4. 泡胡萝卜

（1）配料

胡萝卜10千克，干红辣椒0.2千克，一等盐水8.0千克，食盐0.25千克，白酒120毫升，红糖60克，醪糟汁40克，花椒、八角各10克。

（2）工艺流程

原料处理→出坯→装坛→发酵→成品

（3）制作要点

① 原料处理：选用肉质细腻、脆嫩，表面光滑，无空心、无

病虫害的新鲜胡萝卜为原料。将胡萝卜削顶，去根须，用水洗净泥沙和污物，沥干表面水分，纵切成两半，再切分为3～4厘米长的段，置于通风向阳处晾晒至蔫为止。

②出坯、装坛：将一等盐水、红糖、食盐、白酒、干红辣椒等调料放入刷洗干净的泡菜坛内，搅拌均匀，将晾晒好的胡萝卜段装入盛有盐水的坛中，装到一半时放入花椒、八角，继续装入胡萝卜段，直至满坛，盖好坛盖，注满坛沿水，密封坛口。

③发酵：把装好的泡菜坛放在通风、干燥、洁净的地方发酵，一般泡制5～7天即可成熟为成品。

特点：成品呈橘红色，鲜艳，质地嫩脆，味咸带辣微酸，甜香可口。

5. 胡萝卜脆片

（1）配料

胡萝卜100%，食盐、食用油适量。

（2）工艺流程

选料→清洗→去皮→切片→预煮→脱水→真空油炸→脱油→冷却→包装

（3）制作要点

①选料、清洗：选择橙红色、新鲜，表面光滑，纹理细致，不萎缩的胡萝卜，并剔除霉烂、受病虫害的残次品。用清水洗净胡萝卜皮上的泥沙及夹带菜叶等杂质。

②去皮：采用化学法去皮为主，以机械去皮为辅的工艺。用10%的氢氧化钠碱液，在95℃的温度中浸泡13分钟后，立即用流动清水冲洗2～3次，以洗掉被碱液腐蚀的表皮组织残留的碱液。因大多数胡萝卜表皮生有环状沟痕，经碱液去皮处理后，沟痕处往往会出现去皮不良现象，因此还需要用去皮机进行处理。

③切片：将去皮后的胡萝卜放入切片机，切成2～4毫米的薄圆片。

④预煮：在夹层锅中用1%～2.5%的食盐水煮沸5～10分钟，捞出沥干。

⑤ 脱水：将预煮沥干水的胡萝卜片摆在烘盘上，送到烘箱中，在 65～70℃烘至含水量达 5％～10％为止。如采用真空冷冻干燥，效果更佳。

⑥ 真空油炸：将脱水胡萝卜片放入真空油炸机进行油炸。真空度可控制在 0.08 兆帕，油温在 80～85℃，油炸时间可依胡萝卜品种、质地、油炸温度、真空度而定。具体通过油炸机的观察孔看到胡萝卜片上的泡沫全部消失时油炸结束。此时含油量在35％～40％。

⑦ 脱油：采用离心机除去胡萝卜片中多余油分。如采用真空离心脱油，则会使胡萝卜片含油达 20％以下。这样更容易为消费者所接受，而且可延长货架期。

⑧ 冷却、包装：油炸后的胡萝卜脆片可用冷风机冷却。清除碎片，按大小、色泽分级，称重。然后采用真空或充氮气包装即为产品。

特点：制品色艳光亮，油润不腻，质地酥脆。

6. 胡萝卜脯

（1）配料

胡萝卜 50 千克，白砂糖 30 千克，0.6％的石灰水 50 升。

（2）工艺流程

选料→预处理→硬化→煮制→糖渍→浓缩→烘干→包装

（3）制作要点

① 选料：选用胡萝卜素含量高，皮薄肉厚，纤维少，组织紧密而脆嫩，皮光滑，无明显沟痕，无糠心和萌芽抽薹，无病虫害、损伤，表皮和根肉呈鲜红色品种。

② 预处理：用清水洗净胡萝卜表面的泥沙及夹带的菜叶等杂质。然后用不锈钢刀刮去胡萝卜的薄皮，用清水漂洗后，切成长4～5厘米、宽 1.0 厘米、厚 0.5 厘米的长条。

③ 硬化：将切好的胡萝卜条放进 0.6％的石灰水中浸泡 8～12 小时后捞出，反复用清水漂洗 3～4 次，每次 1～2 小时，除尽石灰为止。

④ 煮制：将漂洗后的胡萝卜条倒入预煮沸的清水中烫煮 20 分钟，然后捞出用清水漂洗 4 小时，至冷却。

⑤ 糖渍：将煮制冷却的胡萝卜条放入缸中，加入浓度 40% 的糖液，浸渍 48 小时后，将胡萝卜条和糖液倒入锅煮沸 20 分钟后，起锅继续再糖渍 48 小时。

⑥ 浓缩：糖渍一天后，将料坯连同糖液一起下锅，煮沸浓缩 20 分钟，待糖温度达 108℃ 时，起锅糖渍 12～24 小时，即为半成品。将半成品连同糖液一起下锅，再煮沸 30～35 分钟，待糖液温度达到 112℃ 时起锅，晾至 60℃ 时捞出胡萝卜条，沥去糖液。

⑦ 烘干：将沥去糖液的胡萝卜条，置于烘盘上送进烘房，在 65～70℃ 下烘至胡萝卜条不粘手，稍有弹性时停止，取出晾干。

⑧ 包装：烘制后的胡萝卜条修整后即可进行包装。包装多采用无毒玻璃纸，放入垫有油纸的包装箱中封存，置于阴凉干燥仓库中贮藏。

特点：成品呈艳红色、半透明，有光泽，均匀一致，质地脆嫩，不粘手，香甜可口。

7. 胡萝卜蜜饯

（1）配料

胡萝卜 100 千克，45% 糖液 90 千克，糖粉、柠檬酸适量。

（2）工艺流程

原料处理→预煮→糖渍→糖煮→再糖煮→上糖衣→包装

（3）制作要点

① 原料处理：选取根头整齐，组织紧，红嫩心小，直径在 2.5 厘米以上的胡萝卜。用刀刮去外皮或用蒸汽加热再去皮，大规模生产时，多用浸碱去皮。去皮后用刀将胡萝卜切成厚为 0.1～0.8 厘米的圆片待用。

② 预煮：切好后的坯料倒入沸水锅中，煮沸 15 分钟左右，使其稍微变软，捞出沥干。

③ 糖渍：将沥干的胡萝卜坯 100 千克放入缸内，加入浓度 45% 的糖液 90 千克，糖渍 2 天。

④ 糖煮：胡萝卜坯与糖液一起倒入夹层锅内，再加柠檬酸500克，熬煮30分钟后，待温度达到108℃时起锅，成为半成品。

⑤ 再糖煮：将半成品连同糖液一起下锅，熬煮30分钟后，待糖液达到112℃时，糖液浓度达75％以上时，就可捞出坯料，沥去糖液。

⑥ 上糖衣：将胡萝卜坯捞出沥去糖液凉至60℃时，拌上糖粉，即为成品。

⑦ 包装：用塑料薄膜食品袋包装，封好口后再装入纸箱。

特点：成品红白相间，糖衣色白如雪，吃起来香甜可口，甜而不腻。

8. 胡萝卜果丹皮

（1）配料

胡萝卜100千克，白砂糖60～65千克，柠檬酸适量，水40～50千克。

（2）工艺流程

选料→清洗→软化→破碎→过筛→浓缩→刮片→烘烤→揭片→包装

（3）制作要点

① 选料：选取橙红色鲜艳，表面光滑，纹理细致，不萎缩的，纤维少的胡萝卜为原料。

② 清洗：将原料用清水洗净后，切成薄片。

③ 软化：将切成片的原料放入蒸锅，加水蒸煮30分钟左右，以胡萝卜柔软、可打浆为宜。

④ 破碎、过筛：用打浆机将蒸煮软化后的胡萝卜打成泥浆，越细越好，要求用筛孔直径为0.6毫米的筛过滤。

⑤ 浓缩：将过滤后的浆液中加入白砂糖熬煮，同时加入少量柠檬酸，熬煮一段时间，当浆液成稠糊状时，用铲子铲起往下落成薄片即可，pH值在3左右时即可。如酸度不够，可补加适量柠檬酸溶液。

⑥ 刮片：将浓缩好的糊状物倒在玻璃板上，用木板条刮成0.5

厘米厚的薄片,不宜太薄或太厚。太薄制品发硬,太厚则起片时易碎。

⑦ 烘烤、揭片:将刮片的料浆放入烘房,在55～65℃温度下烘烤12～16小时,至料浆变成有韧性的果皮时揭片。

⑧ 包装:用塑料薄膜食品袋包装。

9. 胡萝卜软糖

(1) 配料

胡萝卜25%～30%,砂糖25%～30%,柠檬酸0.04%～0.05%,淀粉糖浆40%,琼脂1.5%。

(2) 工艺流程

胡萝卜浆液制备 ┐
　　　　　　　├→ 熬煮 → 调配 → 成型 → 干燥 → 成品
琼脂制备 ┘

(3) 制作要点

① 胡萝卜浆液制备:采用成熟、鲜脆嫩,色泽鲜红,表皮光滑,无腐烂,无机械损伤,味甜的肉质根胡萝卜。用刀去掉根须和根基青绿部分,用流动水清洗除去泥沙、杂质及残留农药。采用蒸汽法或用碱液去皮法去皮。将去皮后的胡萝卜送入破碎机破碎成2～3厘米的碎块,再用打浆机打成胡萝卜浆液。

② 琼脂制备:采用高锰酸钾脱色法对琼脂脱色。

脱色液的配制:0.5千克琼脂需要高锰酸钾100克,溶于70千克水中,浓硫酸40毫升、草酸100～130克溶于20千克水中。然后将高锰酸钾液中加入浓硫酸液,搅拌均匀待用。

将带色琼脂放入清水中浸泡2～4小时后,捞出,沥干水分。

将浸泡的琼脂放入上述配好的脱色液中,浸泡1～2小时,当高锰酸钾溶液由紫红色转变为棕红色后,用清水漂洗琼脂,再放入草酸溶液中浸泡,当高锰酸钾红色全部褪尽时,取出琼脂再用清水漂洗,直至草酸洗净为止,即成为清澈透明的琼脂。

③ 熬煮、调配:将淀粉糖浆、白砂糖、水、胡萝卜浆液等放在一起熬煮,熬煮时加水5%左右。熬糖时的投料顺序为琼脂、白

砂糖和水一起溶化，再加入淀粉糖浆熬制，然后过滤，加入胡萝卜浆液继续熬煮，糖液熬制温度以 105～106℃ 为好。也可以用手指蘸取少许糖液，当手指张合时能捏成糖丝即为熬糖终点。熬煮好的糖液要冷却到 40℃ 左右再加入柠檬酸，否则琼脂和砂糖易分解。

④ 成型、干燥：将经过冷却的糖液倒入擦过少量植物油的清洁冷却盘上，保持一定厚度，撇去表面气泡层后，等糖液冷却凝固成冻状时，用滚刀切成条、块。然后将形态完整的软糖块逐一用糯米纸包好，放在铁丝盘或木盘上，送入烘房干燥。干燥温度控制在 15～50℃，干燥时间为 36～38 小时即可。

10. 胡萝卜夹心糖

（1）配料

胡萝卜，白砂糖，琼脂，柠檬酸，山梨酸钾。

（2）工艺流程

原料处理→凝胶剂处理→投料→倒盆→切分→干燥→包装

（3）制作要点

① 原料处理：选取橙红色的胡萝卜洗净，去皮，切片，预煮5分钟左右，送入打浆机打成浆，过滤取汁可做胡萝卜汁待用。剩下的渣就是本制品所需。再把胡萝卜浆加热浓缩，并加入 1∶1 白砂糖使其固形物达 45%～50% 后备用。

② 凝胶剂处理：取 2.0%～2.5% 琼脂，用 20 倍水浸泡加热成均匀胶体，白糖总用量中有 15%～20% 是用淀粉糖浆代替。

③ 投料：所用的糖及淀粉糖浆与凝胶剂混合均匀共热，不断加热浓缩，最后加入 0.2%～0.3% 食用柠檬酸和 0.05% 山梨酸钾，浓缩到固形物达 70% 时停止加热。

④ 倒盆：在浅盘中倒入糖浆，厚度 0.3～0.4 厘米，待糖浆将要结冻时涂上一层胡萝卜酱，厚度 0.1～0.2 厘米，再在胡萝卜酱上面加上层糖浆，厚度 0.3～0.4 厘米。

⑤ 切分：冷却凝冻成型。用机械或人工切成 1.5 厘米×1.5 厘米的正方形或 1.0 厘米宽、2 厘米长的长方形条块。

⑥ 干燥：在 50℃ 以下进行干燥需 40～50 小时，使水分含量达

15%～16%为止。

⑦ 包装：用玻璃纸或枕式单粒包装。

11. 胡萝卜汁

（1）配料

胡萝卜，柠檬酸，果胶酶，纤维素分解酶，半纤维素酶。

（2）工艺流程

选料→清洗→去皮→修整→切丝→预煮→酸处理→酶处理→破碎→打浆→过滤→均质→脱气→杀菌→灌装→杀菌→成品

（3）制作要点

① 选料：选用胡萝卜素含量高，成熟适度，表皮及肉质根肉呈鲜艳红色的品种，肉质根新鲜肥大，皮薄肉厚，纤维少，组织紧密而脆嫩，无糠心和萌芽抽薹、冻伤、病虫害以及机械损伤。

② 清洗、去皮：用清水洗净胡萝卜表皮的泥沙及夹带的菜叶等杂质。采用化学法去皮。使用93℃的40%氢氧化钠溶液处理73秒。碱处理后立即用流动清水进行2～3次冲洗，以洗掉被碱液腐蚀的表皮组织及残留的碱液，并起到对物料冷却作用。

③ 修整、切丝：胡萝卜的苦味物质主要存在于胡萝卜的头尾及表皮，用手工除去个别胡萝卜残存的厚生表皮、黑斑、根须等，再切除胡萝卜顶端及根尾。将处理后的胡萝卜送入切丝机上切丝或用人工切丝。

④ 预煮、酸处理：将胡萝卜丝放入95℃、0.5%柠檬酸溶液中，预煮5分钟，迅速捞出，放入冷水中，使料温迅速下降，直至冷却为止。这样可克服原料直接制汁产生的凝聚现象，产品体态均一，风味较好，色泽明亮，并有能防止褐变和除胡萝卜臭味的作用。

⑤ 酶处理：采用果胶酶、纤维素解酶、半纤维素酶复合酶处理，能提高出汁率。

⑥ 破碎、打浆：将预煮后的胡萝卜破碎成直径为1～2毫米的小块后，用螺旋式蒸汽机热烫，然后在胡萝卜碎块中加入适量水，用柠檬酸调pH值为4.5，冷却至45～50℃，添加0.1%用于胡萝

卜液化的合适的酶制剂，混合均匀，大约 2 小时后，绝大部分胡萝卜植物组织分解成单个植物细胞，然后打浆，采用刚玉盘磨机，对中间产品进行湿磨。

⑦ 过滤、均质：将磨出的胡萝卜浆用离心机过滤和高压均质。均质压力为 15 兆帕。

⑧ 脱气、杀菌：均质后采用喷雾式真空脱气机进行脱气。用高温进行瞬时灭菌，在 121℃下杀菌 10 秒钟。

⑨ 灌装、杀菌：胡萝卜原汁加热到 85～90℃进行热灌注，封口后加热到 115℃，25 分钟灭菌即可。

特点：成品呈橙红色，有光泽。均匀，浑浊，微有沉淀，摇动瓶子胡萝卜呈花纹状流动，无杂质，酸甜适口，具有浓郁的胡萝卜风味。

12. 麻香酥胡萝卜

（1）配料

胡萝卜 250 克，面粉 150 克，淀粉、辣酱油各 50 克，植物油 750 克（实耗 75 克），芝麻 75 克，鸡蛋 2 个，发酵粉、食盐各 5 克。

（2）制作要点

① 将胡萝卜洗净，削去外皮，改刀切成长 4 厘米、厚 1 厘米的条状，加食盐腌 15 分钟，用清水洗净，轻轻挤去水分。芝麻放锅内用小火炒香。

② 将鸡蛋磕在碗里，加入面粉、发酵粉和植物油 15 克，调和均匀成蛋酥糊。

③ 将胡萝卜条撒拍上淀粉，再挂上蛋酥糊，最后裹上芝麻待用。

④ 锅置于火上，放入植物油，烧至六成热，加入挂上糊裹芝麻的胡萝卜条，炸至金黄色时，捞出码在盘中，带辣酱油一起上桌蘸食用。

特点：制品外酥脆，里糯软，香脆可口。

13. 胡萝卜饮料

（1）配料

胡萝卜汁 30％，白砂糖 10％，柠檬酸 0.3％，维生素 C 0.2％，羧甲基纤维素钠 0.1％，黄原胶 0.1％，香精适量。

（2）工艺流程

选料→清洗→切分→预煮→打浆→研磨→调配→均质→脱气→灌装密封→杀菌→冷却→成品

（3）制作要点

① 选料：选择充分成熟，未木质化，无病虫害，无机械损伤的新鲜胡萝卜。

② 清洗：用流动清水冲洗干净表面泥沙及污物。

③ 切分：用不锈钢刀将胡萝卜切成厚 0.3～0.5 厘米的小块。

④ 预煮：加入原料 1.5 倍的水煮 2～3 分钟，温度为95～100℃

⑤ 打浆：将预煮过的原料块与预煮水一起倒入捣碎机内捣成泥，再用孔直径 0.4～0.6 毫米筛子过滤，弃渣取汁。

⑥ 研磨：用胶体磨将胡萝卜汁细磨一次，使汁液的颗粒细化。

⑦ 调配：将研磨好的胡萝卜汁送到配料缸中，在不断搅拌下，按配料比要求添加处理好的辅料，混合均匀。

⑧ 均质：调配好的料液采用高压均质机均质，其均质压力为 20～25 兆帕。

⑨ 脱气：均质后的料液，在真空度不低于 0.075 兆帕的脱气机中脱除空气，脱气温度为 40～50℃。

⑩ 灌装密封：用灌装机装入 250 毫升/罐中，采用真空封口。

⑪ 杀菌、冷却：密封后的饮料罐置于杀菌锅中杀菌，其温度 115～120℃，时间为 5～10 秒钟，然后采用分段冷却即为成品。

特点：色泽橙红色，具有胡萝卜应有风味，无异味，组织细腻均匀，长期放置允许有少许果肉沉淀产生。可溶性固形物大于 28％，酸度（以柠檬酸计）不小于 0.18％。

14. 胡萝卜山楂复合饮料

（1）配料

果浆料 30％，蔗糖 90％，蛋白糖 0.2％，有机酸 0.1％，琼脂 0.1％，羧甲基纤维钠 0.1％～0.15％，色素、蜂蜜各适量，水 60％。

（2）工艺流程

选料→洗涤→热烫（或软化）→打浆→调配→均质→预热→灌装→脱气→密封→杀菌→冷却→包装→成品

（3）制作要点

① 选料：山楂选择无病虫害、成熟度适中的鲜果。胡萝卜选择成熟度适中，表面及根肉呈鲜艳的橙红色或红色的品种，肉质鲜、皮薄、组织紧密而脆嫩，无病虫害及机械损伤的胡萝卜。

② 清洗：洗净表面泥沙和污物。

③ 热烫（或软化）：山楂洗净去核，然后放入 90℃左右的热水中进行热烫 20～30 分钟，手感发软即可。胡萝卜洗净后切成 3～5 厘米的片，均匀一致，放热水中煮沸 10 分钟进行软化，以利于打浆。

④ 打浆：采用筛孔直径为 0.5～1.0 毫米的打浆机打浆。山楂、胡萝卜分别打浆。打浆时添加 1∶1 的水，在胡萝卜打浆时加 0.1％柠檬酸，防止胡萝卜浆产生凝聚。

⑤ 调配、均质：山楂、胡萝卜浆各占 50％。按配料比准确称量配入，溶解后加入山楂、胡萝卜浆搅拌均匀，用压力大于 1.9 兆帕的均质机进行均质。

⑥ 预热、灌装、脱气：均质好的调配液加热至 80℃，采用机械或人工灌装，灌装后加热排气，使瓶中心温度不低于 80℃。

⑦ 密封、杀菌：趁热封盖，采用沸水杀菌 20 分钟。

⑧ 冷却、包装：采用分段冷却至 38℃，在常温下放置一周，检验合格包装出厂。

特点：色泽红艳，具有山楂、胡萝卜混合风味，组织细腻均匀，酸甜适口，无异味。

15. 胡萝卜冰淇淋

（1）配料

胡萝卜8%～10%、蔗糖14%、奶粉6%、棕榈油8%、糯米粉、麦精粉各1%、羧甲基纤维素钠0.5%，明胶0.2%，蛋白糖、柠檬酸、香精各适量。

（2）工艺流程

胡萝卜修整→清洗→预煮→打浆→护色→混合→杀菌→均质→冷却→陈化→凝冻→硬化→包装

（3）制作要点

① 胡萝卜修整、清洗：将胡萝卜洗净，除去根、蒂和腐烂部分。用清水洗净。

② 预煮：胡萝卜于0.1%柠檬酸的微酸性溶液中煮沸20～30分钟，软化组织以利打浆机中打浆。

③ 打浆：加水，料水比以1：2或2：5比例在打浆机中打浆。

④ 护色：因胡萝卜素易氧化分解，可加入一定量抗坏血酸可起保护作用，其加入量小于1毫克/千克。

⑤ 混合：蔗糖先用水溶解，然后加入奶粉、棕榈油等。其中糯米粉先用冷水溶解，至料液温度升至60℃左右时再加入。复合稳定剂则先与部分蔗糖混合，温水浸泡，加热溶解后再加入搅拌均匀。

⑥ 杀菌：于75～77℃保温20～30分钟杀菌。

⑦ 均质：趁热均质，采用二级均质，第一次压力为1.0～1.2兆帕；第二次压力为0.8～1.0兆帕。

⑧ 冷却、陈化：均质后的料液经板式热交换器冷却，进入陈化缸中，于2～4℃下陈化4～6小时。为避免香精在高温及长时间搅拌时挥发，柠檬香精在料液陈化后加入。

⑨ 凝冻：陈化后的料液送进凝冻机进行凝冻膨化，温度-5～-2℃不断搅拌，防止物料形成大冰晶，使空气均匀进入物料，能形成细腻蓬松的软质冰淇淋。

⑩ 硬化：采用速冻隧道式速冻库硬化。

特点：外形完整，色泽橙红均匀，有胡萝卜天然色泽。产品无变形、软塌、收缩现象，口感细腻润滑，清淡怡人。有清香味，无凝粒及明显的粗糙冰晶，无空洞。

16. 胡萝卜酸奶

（1）配料

胡萝卜，牛奶，增稠剂，白砂糖，柠檬酸。

（2）工艺流程

酸奶制备胡萝卜汁制备→调制→均质→杀菌→冷却→接种→装罐→封口→发酵→成品→冷藏

（3）制作要点

① 胡萝卜汁制备：新鲜胡萝卜清洗干净后，切成丝，然后倒入夹层锅中蒸煮，按照原料与水 1∶3 比例，在 90℃ 条件下蒸煮 20 分钟后，送入打浆机打成浆。然后经过胶体磨细磨后得到比较纯正质细的胡萝卜汁。

② 酸奶制备：牛乳酸度为 18°T 以下，杂菌数不高于 50 万个/毫升。总干物质含量不低于 11%，具有新鲜牛奶的滋味和气味，不得有杂味。

③ 调制：将过滤后的牛乳按配方比例添加胡萝卜汁、增稠剂（果胶＋海藻酸钠）、白砂糖（甜味制），并用柠檬酸调整糖酸比，搅拌后均质。

④ 均质：采用高压均质机均质。均质压力为 1.0～1.2 兆帕。

⑤ 杀菌、冷却：将均质后的物料在夹层锅中加热至 90～95℃ 保持时间为 5 分钟，然后迅速冷却到 45℃。

⑥ 接种、装罐、封口：将冷却后的物料用泵送到保温缓冲罐中，同时将发酵剂按比倒加入罐中，充分发酵后灌装，封口。

⑦ 发酵：将灌装后的物料移入发酵室，控制发酵温度 42～45℃，时间 2～3 小时。在发酵过程中，对发酵乳要认真检查。当 pH 值达到 4.5～4.7 时，即可终止发酵，迅速冷藏。正常冷藏速度为在 10～15 小时内将温度降至 10～15℃ 以内。

特点：制品色泽呈橘红色，分布均匀，表面光滑，无乳清析出，具有浓郁的酸奶特有香味。酸中带甜，余味较浓，无异味。凝块均匀细腻，无气泡。其中脂肪为 30％，含乳固形物 11.5％，酸度 10～11°T。

17. 盐水胡萝卜罐头

（1）配料

胡萝卜，食盐，柠檬酸。

（2）工艺流程

选料→清洗→去皮→修理→预煮→分段→装罐→排气→密封→杀菌→冷却→包装

（3）制作要点

①选料：选用红心红肉品种，色泽为红色或橙红色，不允许有黑心及木质化现象，外径 2～2.5 厘米，长度不超过 10 厘米。

②清洗：切除胡萝卜蒂、根须，用手动或机械清洗干净。

③去皮：用刀削去皮，也可用蒸汽去皮或碱液去皮。碱液浓度为 1％～2％，温度 90～95℃，时间 1～2 分钟。以去皮干净而损伤少为宜。去皮后置于冷水中搅动冲洗去皮，再用清水洗去残留碱液。

④修整：逐个检查胡萝卜，修去根须、伤疤、残皮，剔除畸形者。

⑤预煮：将修理好的胡萝卜，用 0.2％的柠檬酸水预煮 5 分钟，放入流动清水中冷却。

⑥分段：按色泽、大小分段，对不宜装条的胡萝卜可切成 1 厘米左右见方的丁或 3 厘米的薄片。

⑦装罐：先洗净罐并消毒，配 1.5％食盐水。固形物按净重 35％计量加入，用盐水注满。

⑧排气、密封：放入排气箱中，经 10 分钟左右，使罐中心温度达 80～85℃时，趁热封罐。也可用真空封罐，其真空度 0.04～0.05 兆帕。

⑨杀菌：采用 10′—30′—5′/115℃公式杀菌。

⑩冷却：铁罐可迅速冷却，玻璃瓶分段冷却到 40℃左右，擦

干瓶入库，贮存一周，检验合格包装、出厂。

特点：制品呈橙红色、块形完整，咸甜脆嫩，具有胡萝卜天然香气味。

三、莲 藕

（一） 概述

莲藕的根为藕，果实为莲。藕又称为莲菜、藕丝菜、莲藕、荷心、莲根等。

鲜藕生食脆嫩香甜，熟食香糯，营养丰富，每百克鲜藕中含水分 77.9 克，蛋白质 1.0 克，脂肪 0.1 克，碳水化合物 19.8 克，粗纤维 0.5 克，灰分 0.6 克，还含有胡萝卜素、维生素 A、维生素 B_1、维生素 B_2、尼克酸、维生素 C、维生素 E，以及矿物质钾、钠、钙、镁、铁、锌、铜、锰、磷、硒、碘，还有天门冬素、棉子糖、水苏糖、果糖、蔗糖、鞣酸及多酚化合物、淀粉等均为人体所需之物，能养身壮体，延年益寿。

藕粉含糖量 82.6% ~ 87.5%，热量为 1402～1498 千焦，芳香甜醇，滑润可口，有生津开胃、清热补肺、滋阴养血之功，是老年人、病后者的优良食品。

莲藕性平、味甘、涩。生食性寒，可清热凉血，解酒解渴，消散淤血；熟食性温，有滋阴养胃、止血固精等功效。

（二） 制品加工技术

莲藕尖部较嫩，可拌食，中段可炒、炸、炖食，也可作粥汤、榨汁做配料、藕粉、蜜饯风味小吃等。

1. 脱水藕片

（1）配料

莲藕，保险粉（食用级焦亚硫酸钠）、盐酸各适量，柠檬酸。

（2）工艺流程

选料→清洗→去皮→切片→护色→漂洗→干燥→冷却→包装

（3）制作要点

① 选料：以白色鲜藕为宜，不用紫色藕，孔中无锈斑，藕节完整，并按藕径大小适当分级。

② 清洗：采用流动水冲洗，洗净附着在藕上的污泥杂质。

③ 去皮：用不锈钢刀削去藕节，用竹片刮去表皮，将损伤斑点等除尽。去皮时要注意薄厚均匀，表面光滑。用清水冲洗干净后，立即浸入1.5％柠檬酸溶液中保存，以防止变色。

④ 切片：用不锈钢刀将藕切成1.5厘米厚的薄片，要均匀一致，注意形态完整。

⑤ 护色：用浓度0.4％的保险粉溶液，用盐酸调节pH值为1～2，在25℃下，将藕片浸泡3小时，或在45℃时浸泡1.5小时。

⑥ 漂洗：漂洗至藕片的酸性除尽为止。以流动水漂洗，一般需3～6小时。

⑦ 干燥：将藕片摊成单层，在50～55℃下鼓风干燥，时间一般8小时以内，干燥至藕片含水10％以下。

注意：藕片在整个加工过程中，不得与有铁锈、铜锈的器具接触，以防藕片褐变。

特点：制品色泽乳白，略有淡淡的黄色，无杂质，呈椭圆或圆形片状，具有莲藕的特殊风味，无异味。

2. 速冻莲藕

（1）配料

莲藕、柠檬酸、焦亚硫酸钠、食盐、钾明矾。

（2）工艺流程

原料处理→护色保脆→切片分级→热烫冷却→控温速冻→挂冰衣→包装冻藏

（3）制作要点

① 原料处理：选取莲藕，除去茎须，洗去污泥后，用不锈钢刀从藕节处切成段，用小刨刀刨去外层表皮。去皮要干净，削皮薄

厚要均匀，表面要光滑，防止去皮过厚，增加原料损耗。

②护色保脆：去皮后的莲藕用清水漂洗干净，放入1.5%柠檬酸溶液中保存，以防止变色。护色液用焦亚硫酸钠40毫克/千克、柠檬酸1.5%、氯化钠1.0%混合配成。若在护色液中加入0.03%的钾明矾，则保脆和硬化效果更好。

③切片分级：用不锈钢刀将莲藕段横切成8～10毫米厚的圆形薄藕片，要求切面整齐，薄厚均匀，片形完好。切好的藕片尽快进行烫漂，若一时不能烫漂，应将藕片浸泡在1.5%的盐水溶液中暂时保色。藕片分级通常按照横径大小分为大级、中级、小级三个级别。大级圆片横径为7.5厘米以上，中级横径6～7厘米，小级横径5～6厘米。

④热烫冷却：热烫的作用主要是杀酶，通常采用沸水热烫。热烫时通入蒸汽加热，水沸后投料。为了确保藕片色泽洁白，不变色，在热烫中加入0.1%柠檬酸调节水pH值，有利于护色。按藕片大小分级热烫，其温度控制在98～100℃，保持2分钟左右。热烫煮液用过后及时更换，以保持煮液的pH值和水质清洁卫生。原料热烫后及时冷却，否则会使藕片继续软化，色泽变劣。控制好冷却介质温度和冷却速度是保证藕片良好质地的重要措施。在冷却过程中常采用两次降温法。第一次用自来水冷却，第二次采用0℃左右的水冷却，使藕片的中心温度快速降至10℃以下。冷却后的藕片经振动筛床除去表面水分，并进行拣选，剔除不合格次劣片及杂质等。

⑤控温速冻：选用流态式冷冻机，是单体快速冻结的一种理想设备。速冻前，速冻机应该冲洗干净并消毒，然后开机预冷，将冻结间冷却到-25℃以下。将藕片通过传送带送入振动筛床，通过振散呈薄层，再输送到冻结间。冻结温度控制在-35～-30℃，时间为10～12分钟，藕片的中心温度达到-18℃以下。冻结后藕片由冻结间出料，落到传送带上，送入-5℃低温车间，进行挂冰衣工序。

⑥挂冰衣：挂冰衣也称为镀冰衣。即将冷冻藕片表面包裹上

一层透明的薄冰。这是保证藕片质量的重要措施。其方法是：每次取 2～3 千克藕片，置于有孔的塑料篮筐中，连同容器一起浸入 2℃左右的饮用冷水中，迅速摇动篮筐、提起，并沥尽水分，藕片表面很快被一层薄冰裹住。为防止容器内的冷水结冰，在操作过程中需每隔一定时间添加一些清水。

⑦ 包装冻藏：将挂冰衣后的藕片立即装袋，称重装箱，入库冷藏。包装车间必须保持 −5℃的环境，内包装材料必须选用耐低温、透气性差、不透水、无毒性、无异味的 0.06～0.08 毫米聚乙烯薄膜袋，每袋装 500 克。外包装用双瓦楞纸箱，表面涂上防潮油，内衬一层清洁蜡纸。每箱装量净重 10 千克（20 袋×500 克），上下排列整齐，箱外用胶纸封口，贴上标签，进入冷库冷藏。

注意：速冻藕片必须存放在速冻蔬菜专用冷藏库内，其温度、湿度要求恒定，冷藏温度 −25～−20℃，波动范围 1℃以内，相对湿度 95%～100%，波动范围 5%以内。速冻藕片的冷藏保质期为 12～18 个月。

3. 腌咸藕

（1）配料

莲藕 10 千克，食盐 2.0 千克。

（2）工艺流程

原料处理→晾晒→装缸→腌制→翻缸→成品

（3）制作方法

① 原料处理：选取新鲜嫩脆的莲藕，剔去根须，切成 15 厘米长段，用清水洗干净，沥干水分。

② 晾晒：将洗净沥干水分的藕段置阳光下晒干。

③ 装缸：把晒干的藕段，一层藕一层食盐（鲜藕：食盐=1：0.2 比例）装入干净缸内。

④ 腌制：装缸后，上面略多放些食盐，上压石块，进行腌制。

⑤ 翻缸：装缸腌制到第二天翻倒一次，然后每隔一天翻缸一次，约翻倒 3 次，待水超过藕面为止。20 天后即能腌好，捞出，根据需要可切成块、片、丝状，拌入调味料即可食用。

特点：制品呈黄白色，质地脆嫩，鲜咸清香。

4. 酱藕片

（1）配料

咸藕 10 千克，甜面酱 10 千克，食盐 2.5 千克。

（2）工艺流程

腌制→切片→浸泡→酱制→成品

（3）制作方法

① 腌制：选取的莲藕切去藕节，用清水洗干净，然后放入干净缸内，将食盐均匀撒入，上面洒些清水。每天翻缸两次，待盐溶化后，每天翻缸一次。

② 切片、浸泡：经腌 20 天后将藕捞出，切成片，放入清水中浸泡三天，每天换水一次，直至藕片略有咸味，捞出控水，置阴凉处阴干两天。

③ 酱制：捞出晾干表面水分的藕片，装入小袋内，每袋 2～3 千克，扎好口放入甜面酱缸中，每天打耙三次，10 天后即为成品可食用。

特点：制品呈酱红色，酱色浓郁，质地脆嫩。

5. 北京甜酱藕片

（1）配料

新鲜白花藕 10 千克，甜面酱 6.0 千克，白糖 1.2 千克，食盐 2.5 千克。

（2）工艺流程

选料→去皮→烫漂→腌制→漂洗→酱制→浇糖→成品

（3）制作方法

① 选料：选取秋天采收的白花藕为宜。将藕分成两类，藕节粗长的做酱藕原料，次藕留做小料。

② 去皮：将大藕用清水洗去污泥，加工削节。然后用刀刮去外皮，刮皮最好用竹刀，钢刀使藕变黑，切成 1 厘米厚的圆片。

③ 烫漂：将切好的藕片放入开水中焯一下，不要焯软，然后

捞出迅速放入清水洗凉，使藕片回脆。

④ 腌制：将藕片入缸下盐腌制。放一层藕片撒一层盐，然后灌满卤汁，腌制 15 分钟左右，即成半成品，封缸贮存备用。鲜藕每 10 千克获得咸坯 3.5 千克左右。

⑤ 漂洗：将咸坯藕片加水浸泡，除去部分盐分，每隔 2～3 小时换水一次，共换三次。换水时要轻捞轻放，避免碰碎，脱咸后的藕片入布袋控水 5～6 小时。

⑥ 酱制：将藕片布袋与甜面酱装入缸中。藕片：面酱比例为 1∶3，每天打耙 4 次，酱制 15 天即可出缸。

⑦ 浇糖：将砂糖倒入酱藕片的原汁中，上火加热熬至呈黏稠汁状，均匀地浇在藕片上即为成品。

特点：制品颜色紫红，有光泽，酱味浓厚，鲜甜适宜，质地脆嫩。

6. 糖醋藕片

（1）配料

嫩藕 2.0 千克，白糖、镇江香醋各 0.5 千克。

（2）工艺流程

切片→浸泡→腌制→成形→成品

（3）制作方法

① 切片：将嫩藕用清水冲洗干净去皮，一劈两半，用直刀切片，底边相连，成搓板形，放盘内。

② 浸泡：将藕片用沸水连泡两次，使其发软，倒去开水。

③ 腌制：将浸泡后的藕片用镇江香醋、白糖拌和，腌渍 2～3 小时即成。

④ 成形：用刀将相连的部分切开，并用手轻轻斜推，码成不同的图案花形，使其整齐美观。

特点：制品色泽奶黄，造型美观，酸甜爽口。

7. 藕脯

（1）配料

鲜藕 100 千克，白糖 70 千克。

（2）工艺流程

选料→处理→切片→酸漂→糖渍→糖煮→包装

（3）制作方法

① 选料：选取肉质白嫩、根头粗壮的鲜藕。

② 处理：将选取的鲜藕去掉藕蒂，放入清水中清洗干净。

③ 切片：将清洗的藕放入冷水锅中，加热煮沸至藕稍软后，用筷子轻轻刮能掉皮时，起锅，捞入清水中浸泡。冷却后用竹刀刮净藕皮。用刀切成 1 厘米厚的薄片。

④ 酸漂：将切好的藕片放入米汤或淘米水中酸漂 7 天，然后捞出放入清水中水漂 48 小时，每天换水四次。

⑤ 糖渍：装漂洗后的藕片放入糖缸，加入冷糖水糖渍，第二天将糖水取出煮沸至 103℃，复渍用。

⑥ 糖煮：第四天将藕片连同糖水一起下锅，煮沸 30 分钟，温度达到 108℃时，起锅静置成为半成品。

⑦ 包装：半成品经烘干，冷却后包装即为成品。

特点：制品色泽鲜艳，表面透明，有光泽，甜香可口。

8. 蜜饯藕片

（1）配料

藕片 50 千克，白砂糖 35 千克，水 70 千克，糖粉 5.0 千克。

（2）工艺流程

原料处理→酸漂→水漂→糖渍→上糖衣→包装

（3）制作方法

① 原料处理：选择肉质白嫩、根头粗壮的鲜藕为原料，将鲜藕外表沾附着的淤泥清洗干净，切去藕节、烂藕稍。对被淤泥塞满孔洞的藕段，用毛刷通洗干净。然后将干净的藕节放入冷水锅中加热煮沸至藕稍软后，可用筷子轻轻刮掉皮时，立即捞出放入冷水中浸泡。待藕冷却后，用竹刀将藕皮刮净，用刀切成 1 厘米厚的薄片。

② 酸漂：将切好的藕片放入米汤或淘米水中酸漂 6 天左右，利用其酶和微生物，使藕片中的部分淀粉发生转化。浸泡时间根据

气温而定，夏天稍短，冬天稍长。

③ 水漂：藕片酸漂后进行清水漂洗，洗去藕片过多的酸味、异味及脏物。漂洗时间 48 小时，每隔 8 小时换水一次。

④ 糖渍：根据藕的特性，应采取多次变温浸渍较好。先将水漂后的藕片放入糖液缸中浸渍（将白糖和水放入锅中加热至沸，使其糖溶化即可）。第二天将浸渍藕片和糖液单独从缸中转入夹层锅中，加热煮沸至 103℃时，停止加温，立即起锅倒入原来糖渍藕片的缸中，进行第二次糖渍藕片。待第四天时将藕片连同糖水一起倒入夹层锅中加热，待糖液温度达到 108℃时（大约 30 分钟）起锅，放入缸中静置一天。第五天再将藕片同糖水一起倒入夹层锅中加热，待温度达到 112℃时（约 30 分钟）起锅。

⑤ 上糖衣：将糖渍后的藕片捞出沥去糖液后，表面还不够干，可送入烘房干燥，烘房温度不能超过 60℃，干后在糖藕片上裹一层白糖粉，再用筛子筛去过多的糖粉，即为成品。

⑥ 包装：用食品复合袋抽真空包装。

特点：成品色泽洁白，质地清脆而不绵软，用手可以折断。外干里湿，香甜味正。具有健脾、开胃、益血、生肌、止泻的功能。

9. 夹心糖藕

（1）配料

藕片 100%，白糖 20%，干糖粉 20%，可可粉 5.0%。

（2）工艺流程

选料→切片→酸浸→糖煮→上浆→包装

（3）制作方法

① 选料：选用成熟度好，肉色洁白，无腐烂，横径 8.0 厘米左右的新鲜莲藕。

② 切片：莲藕用自来水洗去污泥杂物后，置于沸水内或蒸笼中加热 5～10 分钟，以竹刀或不锈钢刀刮去外皮，切成 0.5 厘米厚的薄片，称重待用。

③ 酸浸：取藕片等重的水，用盐酸调节 pH 值为 2，将藕片倒入盐酸溶液中浸渍 4～6 小时后捞出，在流水中漂洗 2～3 小时，沥

去表面水分。

④ 糖煮：先配置与藕片等重、含糖 40% 的糖液，煮沸后投入藕片，继续加热到 105℃，保持 20 分钟，再加入 1/6 藕片重的白砂糖，加热使糖溶解，不断地搅拌到藕片开始结砂时，停止加热，在余热下搅拌结砂。然后将藕片摊放在烘烤盘上，置于 55℃下烘烤 2～3 小时，至表面干燥时停止加热，自然冷却后称重。

⑤ 上浆：取糖藕片重 10% 的干糖粉和 5% 的可可粉掺和均匀，用蛋清或稀琼脂浆制成糊状可可糖浆。再选大小相似的两片藕糖片，在一块表面上涂上一层可可糖浆，与另一片对正压上，放置在烤盘中，在 60℃下烘烤到夹心干燥，冷却后包装。

10. 莲藕糖浆

（1）配料

鲜藕 100 千克，白糖 35 千克，柠檬酸 0.6 千克。

（2）工艺流程

选料→切片→煮制→打浆→糖煮→装罐→排气→杀菌

（3）制作方法

① 选料、切片：选用无黑斑新鲜莲藕，用清水洗净，除去藕节，刮皮后再清洗一次，切成片状。

② 煮制、打浆：每 100 千克鲜藕片加水 40 千克，加热煮沸、煮软，用打浆机打成藕浆。

③ 糖煮：每 100 千克藕浆加白糖 35 千克，用夹层锅加热煮制浓缩，边煮边搅，直至藕浆液温度达到 105～106℃，浓度 65% 时起锅。起锅后按 100 千克煮制好的藕浆加柠檬酸 0.6 千克，充分搅匀，即得美味藕浆。

④ 装罐、排气、杀菌：将藕浆趁热装入消毒后的玻璃罐头瓶中，放松瓶盖，置于沸水锅中排气，然后盖严，放进蒸笼中加热消毒杀菌。一般当蒸汽上升到笼顶时继续蒸 30 分钟左右，趁热下笼，放在阴凉通风处晾干，即得成品。

特点：制品色泽白亮、甜酸适度、细腻润滑、香气浓郁。具有消食开胃之功效。

11. 鲜藕汁

（1）配料

鲜藕 600 克，蜂蜜适量。

（2）制作方法

① 将鲜藕去皮、洗净、去节，然后切成小碎块。

② 将鲜藕碎块装入纱布袋内，送入榨汁机榨汁，榨出的汁中加入蜂蜜搅匀，即可饮用。

特点：制品甜香适口，有清热止渴、凉血醒酒作用。

12. 莲藕汁饮料

（1）配料

莲藕，明胶，琼脂，羧甲基纤维素钠。

（2）工艺流程

取汁→抑制褐变→脱涩→抑制沉淀→成品

（3）制作要点

① 取汁：藕中的碳水化合物含量高，其成分与水果中的果胶不同，主要为淀粉，若采用直接压榨法出汁率较低，一般只有50%左右。为了提高出汁率，采用破碎机破碎，按藕与水比例为1:2加水磨浆，再利用水的提取作用，将藕中的可溶性成分充分溶解出来，这样出汁率可达 90% 以上。

② 抑制褐变：由于藕中含有大量的鞣质和酚类化合物，当组织遭到破坏时，藕中多酚氧化酶催化内源性的酚类底物及酚类衍生物，发生复杂的化学反应，形成褐色或黑色化合物。莲藕在加工过程中，除了发生酶促褐变外，还有非酶促褐变。一是高温时，糖和氨基酸会发生美拉德反应；二是藕中的维生素含量高，在高热时会自身氧化褐变而影响产品色泽；三是藕中的一些花色素在一定酸度下发生颜色变化，由无色向红色转变；四是金属离子特别是铁离子遇多酚化合物会使产品色泽变褐黑色。因此，藕在加工过程中容易产生褐变是一个难题。为了抑制褐变，要在每个环节采取有效的保护措施。首先藕去皮后全部投入含 0.1% 柠檬酸的水溶液中，既可

抑制酶的活性，又减少与空气的接触；在加热脱气前，用真空脱气机在真空度为80.66千帕下进行脱气，以清除藕中的空气；藕汁在灌装后应立即封罐；所有加工设备和管道都采用不锈钢，使藕汁在生产过程中避免与铁接触，这样才能使藕汁色泽保持不变。

③ 脱涩：鲜藕汁有较明显的涩味，为了使藕汁适合大众口味，需对藕汁进行脱涩处理。一般采用0.05%明胶脱涩效果较好。

④ 抑制沉淀：藕汁在长期放置过程中，其中含有的少量胶体物质常会慢慢形成沉淀，影响外观。经过试验发现使用0.1%优质琼脂和0.15%羧甲基纤维素钠的复合稳定剂防止沉淀效果好。然后在18～20兆帕压力下均质处理。产品贮存一年，经检测，无肉眼可见沉淀产生。

特点：产品白色略带微黄色，均匀一致，半透明状，无沉淀，具有莲藕特有风味和口感，可溶性固形物大于9%，总酸度小于0.5%。

13. 乳酸发酵莲藕片

（1）配料

藕、大蒜、食盐、白糖、白酒、干红辣椒、生姜、氯化钙等，调料包（花椒、丁香、茴香、橘皮等）。

（2）工艺流程

选料→清洗→整理→漂洗→发酵→调味包装→杀菌→冷却→检验→成品

（3）制作要点

① 选料：选择成熟度高、无腐蚀变质、无机械损伤，无病虫害斑点的莲藕，按直径大小适当分级。

② 清洗：用流动清水洗去表面泥沙及污物。

③ 整理：用不锈钢刀去皮，切成0.5厘米厚的片，用清水冲洗干净，加入1.5%柠檬酸溶液中护色。

④ 漂洗：用清水漂洗除去柠檬酸。

⑤ 发酵：在配制好的4%～6%的盐水中加入藕片，接种3%～4%的菌种水，然后加入调料包、砂糖、0.2%氯化钙与藕混

合均匀，最后加入 0.5%白酒，水封，定期检查坛中 pH 值情况。

⑥ 调味包装：当发酵水 pH 值达到 3.5 左右，泡菜成熟，出坛调味。其味道可调成麻辣或甜酸味。麻辣味加适量麻油、辣椒油、味精；甜酸味加适量糖（葡萄糖或甜味剂）、味精、麻油。调味后装成 50～100 克小袋，真空封口。

⑦ 杀菌、冷却、检验：采用巴氏杀菌法，冷却检验合格后出厂。

特点：产品香气柔和、质地脆嫩、酸咸适度。

14. 糖藕片

（1）配料

藕，柠檬酸，砂糖。

（2）工艺流程

选料→清洗→热烫→切片→浸酸→糖煮→烘干→包装

（3）制作要点

① 选料：选用藕节直径在 5 厘米以上，颜色浅淡的新鲜节藕。

② 清洗：用清水冲洗干净表面泥沙及污物。

③ 热烫：洗净的藕放入沸水中热烫 5～10 分钟，立即冷却。

④ 切片：用不锈钢刀或切片机切成 1 厘米厚的片。

⑤ 浸酸：用大量清水加柠檬酸调 pH 值至 2～3 时放入藕片，浸渍 7 小时左右。然后捞出用流动清水缓慢漂洗 4 小时，使藕片 pH＝6，移出沥干。

⑥ 糖煮：每 50 千克藕片中加 40%浓度的砂糖液 45 千克，糖液要淹过藕片，放入锅中，加热煮沸到 105℃，随时可补加水量，维持此沸点 20 分钟，再煮沸到 110℃，加入砂糖 10 千克，迅速搅拌到开始结砂时，停止加热，不断搅拌至结砂。

⑦ 烘干：把糖煮的藕片移入烘盘中，送入烘房，以 55℃烘至表面干燥，含水量不超过 9%时即可移出。然后冷却，包装即成。

特点：产品色泽黄白，片形平整，外形完好，质地柔韧，甜味适口。

15. 速溶藕粉

（1）配料

藕，白砂糖。

（2）工艺流程

原料藕去节清洗→破碎→粉碎→旋液分离→脱水→干燥→筛分→配料→造粒→二次干燥→包装→成品

（3）制作要点

① 原料藕去节、清洗：去除藕节（晒干可做中药），洗净泥沙及污物。

② 破碎、粉碎：用破碎机将藕初步破碎成2厘米×2厘米×2厘米左右小块。再用高速旋转的锤片冲击式粉碎机粉碎为1毫米以下的粗浆液，自动流入集料搅拌缸中。

③ 旋液分离：将集料搅拌缸中的藕浆加水调整浓度，用输浆泵抽到旋液分离机中，利用淀粉、纤维素、蛋白及果液比重不同，加水进行分离。自动分离、洗涤浓缩，最后得到纯白的淀粉乳。

④ 脱水：将纯白淀粉乳用泵抽到三足离心机进行脱水，得到含水 45% 的湿淀粉。

⑤ 干燥：采用气流干燥方法，将淀粉内的水分烘干至14%以下。

⑥ 筛分：筛去少量糊化物。

⑦ 配料：将白砂糖粉碎过 100 目筛，按 1:1 比例与淀粉混合，搅和均匀。

⑧ 造粒：将混合物料通过造粒机造粒。

⑨ 二次干燥：以振动干燥的方式将物料于 45～50℃干燥。

⑩ 包装：干燥后的物料，采用自动包装机按 25 克/袋进行包装。

特点：制品色泽纯白，可用开水冲溶，味道香甜。

四、荸荠

（一）概述

荸荠又称为乌芋、地栗、尾梨、马荠，俗称马蹄。荸荠是以地下球茎供食的蔬菜，按成熟期，可分为早熟荸荠和晚熟荸荠两种；按产地则分为南荸荠和北荸荠。

荸荠营养丰富，每百克荸荠含蛋白质 1.5 克，脂肪 0.1 克，碳水化合物 21.8 克，粗纤维 0.6 克，灰分 1.5 克，还含有胡萝卜素、维生素 B_1、维生素 B_2、尼克酸、维生素 C，以及矿物质钙、磷、铁等，并含有一种称"荸荠英"的抗菌成分，具有抗菌抗病毒功效。

（二）制品加工技术

荸荠既可生食也可熟食，可凉拌、做汤，还可制作淀粉、罐头、糕点、粉丝等。

1. 凉拌荸荠

（1）配料

荸荠 500 克，食盐、味精、香油、白砂糖各适量。

（2）工艺流程

切片→腌渍→调味拌和→成品

（3）制作方法

① 切片：将荸荠去皮，用清水洗干净，用不锈钢刀切成薄片。

② 腌渍：将切成的荸荠片放入盆中，加入食盐腌渍 30 分钟，沥去水分。

③ 调味拌和：将沥干水的荸荠片再放入盆内，加入白砂糖、味精，淋入香油拌和均匀，即为成品可食用。

特点：制品脆嫩爽口、清凉解腻。

2. 红白凉拌

（1）配料

荸荠 250 克，番茄 250 克，白砂糖 50 克，味精、香醋适量。

（2）工艺流程

原料处理→混合→调味→成品

（3）制作方法

① 原料处理：将荸荠洗净，削去皮，切成小方块。番茄剥去

皮和籽，切成同荸荠一样大小的方块。

② 混合：将荸荠块和番茄块，一起放在盆内，搅拌均匀。

③ 调味：将两种混合物中加入白糖，轻轻拌和均匀后，再加入香醋、味精拌匀，即为成品供食。

特点：制品红白相间，色泽俱佳，鲜甜微酸，十分可口。

3. 素双脆

（1）配料

削皮荸荠 0.2 千克，水发木耳 70 克，料酒、酱油各 15 克，白糖、水淀粉各 10 克，熟花生油 300 克（实耗 60 克），香菇汤 50 克，香油 15 克，味精 2 克，姜片一片。

（2）工艺流程

原料处理→油炸→炒制→勾芡→成品

（3）制作方法

① 原料处理：将姜片切成末。荸荠洗净削去皮，切成 0.3 厘米厚的片。木耳用手撕开，分放盘内待用。

② 油炸：炒锅置火上，放入花生油，烧至五成热时，将荸荠片放入，待呈现乳白时，倒入漏勺内沥净油。

③ 炒制、勾芡：炒锅复上火，将姜末、荸荠片、木耳放入炒制，加入料酒、香菇汤、白糖、味精、酱油，推动手勺，晃动炒锅，再加入水淀粉勾芡，颠翻均匀，淋上香油，起锅装盘，即为成品可供食。

特点：制品色彩黑白分明，鲜脆可口，素净味美。

4. 咖喱荸荠

（1）配料

新鲜荸荠 50 千克，蔗糖 30 千克，咖喱粉 1.5 千克，苯甲酸钠 50 克。

（2）工艺流程

选料→清洗→去皮→划缝→漂烫→糖渍→烘制→包装

（3）制作要点

① 选料：选择球茎较大，形状规则，颜色正常，无腐烂、无

病虫害的荸荠为原料。

②　清洗：荸荠是地下球茎，表面沾附泥沙较多，必须用洗涤机反复冲洗干净。

③　去皮：荸荠的外皮务必去净，可采用机械、化学或手工去皮方法。去皮后用清水清洗一次。

④　划缝：为了使荸荠能够充分透糖，可用刀片在荸荠上刻划缝。划缝的深度以达到离荸荠中心约一半的距离为宜，每隔 0.5 厘米划一条缝。

⑤　漂烫：将荸荠放入开水锅中煮沸 6～8 分钟，捞出，沥干水分。

⑥　糖渍：先用 20 千克蔗糖配成 35％的蔗糖溶液，再加入咖喱粉和苯甲酸钠，充分搅拌均匀，然后将糖液加热至沸，再倒入荸荠，煮沸 15～20 分钟。将荸荠和糖液一起移入缸中，浸渍 24 小时，再将糖液入锅，添加 5 千克蔗糖，调节糖液浓度为 45％，加热至沸，倒入荸荠，再次煮沸 15～20 分钟，停止加热，将荸荠和糖液移入缸中，再浸渍 24 小时，捞出荸荠。将糖液入锅，继续添加蔗糖，调整糖液浓度为 55％。加热至沸，倒入荸荠，用文火煮至糖液浓度达到 60％～65％时停止加热，捞出荸荠，沥干糖液备用。

⑦　烘制、包装：将沥干糖液的荸荠摆摊在烘盘上，送入烘房，在 55～60℃下烘烤 10～12 小时，待冷却后即可进行包装。

5. 白糖荸荠

（1）配料

新鲜荸荠 25 千克，白砂糖 15 千克。

（2）工艺流程

选料、洗涤→煮沸→糖煮→冷却→成品

（3）制作要点

①　选料、洗涤：选择质地老、大小均匀、新鲜的大个荸荠为原料。用清水洗净，用刀削去外皮，放入清水中浸泡。

②　煮沸：将浸泡的荸荠倒入沸水中煮沸至熟，然后捞出倒入

清水中浸泡 6 小时，捞出沥干水分。

③ 糖煮：将一半的白砂糖和 15 千克水一起加热溶解后，倒入荸荠浸渍 4 小时，然后煮沸 20 分钟，再浸渍 4 小时。最后将剩余的白砂糖加入荸荠中一起煮沸，至糖液浓缩到滴入水中能结球状时，即可将糖液滤出。

④ 冷却：在锅中不断迅速翻拌荸荠，使温度下降、水分蒸发，冷却至荸荠的外层渐渐结晶，即成为成品。

6. 荸荠爽饮料

（1）配料

荸荠，柠檬酸，山梨酸钾，糖。

（2）工艺流程

选料→清洗→去皮→漂洗→制汁→制粒→调配→离心过滤→加热→装罐→密封→杀菌→冷却→包装

（3）制作要点

① 选料：选用大小均匀，无病虫害、机械损伤、霉烂的新鲜荸荠为原料。

② 清洗：原料在清水中浸泡 30 分钟，再以擦洗机洗去泥沙，并漂洗干净。

③ 去皮、漂洗：用不锈钢刀削去荸荠两端，削净芽眼和根，再削去周边外皮，用清水漂洗干净。也可用碱液化学去皮。

④ 制汁：去皮荸荠和清水按 1∶10 比例入锅煮沸并保温 10 分钟，先用 80 目尼龙布过滤，再经板框压滤机，再经 100 目尼龙布压滤后滤液送到配料缸中。

⑤ 制粒：去皮荸荠置于浓度为 0.3% 柠檬酸水溶液中煮沸 8～10 分钟，用水量以淹没荸荠为限。煮后用流动清水漂洗干净。然后再切成 0.5 厘米见方小粒，筛除过碎的荸荠肉，备用。

⑥ 调配：配料缸中，按配方加入荸荠汁 100 千克，加糖 10%，柠檬酸 0.1%～0.15%，山梨酸钾 0.05%，加热微沸，搅拌均匀，使之溶解。

⑦ 离心过滤：采用 120 目尼龙布离心过滤。

⑧ 加热：滤液经片式热交换器加热到 90℃ 以上立即灌装。

⑨ 装罐、密封：空罐清洗干净，消毒，趁热装罐，每罐中装入荸荠粒 25 克，然后灌入荸荠汁至净重。趁热封口。封口前罐中心温度保持在 75℃ 以上。

⑩ 杀菌、冷却：用公式 10′−25′−10′/116℃ 杀菌。采用喷淋冷却到 40℃ 左右。

⑪ 包装：擦干罐身，入库一周后检验合格包装出厂。

特点：产品汁体为金黄色，具有荸荠应有气味和滋味，无异味，清香可口，颗粒爽脆。

7. 荸荠刺梨复合饮料

（1）配料

荸荠提取汁 50%，刺梨原汁 20%，白砂糖 8%～10%，柠檬酸 0.1%～0.2%，苯甲酸钠 0.1%。

（2）工艺流程

荸荠汁提取 ┐
刺梨汁提取 ┘ → 调配 → 澄清 → 过滤 → 脱气 → 杀菌 → 灌装 →

杀菌 → 冷却 → 检验 → 包装 → 成品

（3）制作要点

① 荸荠汁提取：挑选清洗无霉烂、无病虫害的块基，用清水冲洗干净。用手工去皮或用碱液去皮。碱液去皮，是将荸荠倒入 6% 氢氧化钠液与 0.5% 乳化剂混合液中，加热至 55～60℃，浸泡约 10～15 分钟，捞出，用清水冲去表面碱液，搓洗去皮。然后将去皮荸荠切成薄片，加入 3 倍水浸提，并煮沸 10 分钟。用滤布过滤得到荸荠汁。

② 刺梨汁提取：刺梨的成熟期在 8 月中旬到 9 月下旬，在此期间采摘黄色果实，果实中维生素 C 含量高，甜味浓，苦涩味轻，营养丰富，汁液含量高。挑选橙黄色，无病虫害，七八成熟的果实，除去青绿色未成熟果，及病虫害和腐烂果。采用滚筒式喷水洗果机进行洗涤，除去表面灰尘及污物。清洗后的果实破碎成 3～5

毫米果块，送入不锈钢榨汁机中榨汁。榨汁经过100目滤网过滤，得到梨汁，出汁率达50%。

③ 调配：按配方加入荸荠汁、刺梨汁，搅拌均匀后，加入白砂糖和柠檬酸、苯甲酸钠及水搅拌均匀。

④ 澄清、过滤：采用定量加入食用明矾，使混合汁中的单宁形成明矾单宁酸盐的化合物，随着化合物凝聚并吸附果汁中的其他悬浮颗粒，最后沉淀降到容器底部。配成1%明矾液，慢慢加入产品中，同时加入硅藻土，于15℃条件下静置24小时以上，吸取上清液再用硅藻土过滤机过滤，可得到无涩味、有清凉感、清澈透明的复合汁。

⑤ 脱气：采用真空脱气机脱气，真空度为0.06～0.07兆帕，在25℃以下进行脱气。

⑥ 杀菌、灌装：脱气后的果汁全部送入高温瞬时杀菌机在95～100℃下杀菌30秒钟。并在无菌条件下灌装于经过消毒的玻璃瓶或易拉罐中。

⑦ 杀菌、冷却、检验、包装：趁热封盖，在沸水中杀菌20分钟，采用分段冷却至38℃。擦干瓶（罐）外身，入库一周，检验合格后，贴标包装出厂。

特点：产品色泽橙黄，均匀一致，澄清透明，无悬浮物沉淀，具有浓郁荸荠刺梨果特有的混合香气。酸甜可口，口味纯正、爽口，有清凉感，无异味。

8. 荸荠甘蔗汁复合饮料

（1）配料

荸荠，甘蔗，食用磷酸，柠檬酸，石灰，蛋白糖，山梨酸钾，香精。

（2）工艺流程

荸荠汁制备┐
甘蔗汁制备┘→复合汁制备

（3）制作要点

① 荸荠汁制备：选用新鲜饱满、无病虫害的荸荠为原料，洗净表面，放入0.03%的高锰酸钾溶液中消毒2~3分钟，取出用清水漂洗干净。用破碎机破碎成3~4毫米小块，送入榨汁机压榨取汁，收集汁液用板框压滤机压滤分离淀粉。滤液中加入0.002%~0.05%的羟基氯化铝，充分搅拌混合均匀，静置1~2小时。用汁液重0.05%的硅藻土预涂滤布表面进行压滤，即得澄清透明的荸荠汁。

② 甘蔗汁的制备：选用含糖量高，无霉烂、无病虫害的红皮甘蔗为原料，先用冷水涮洗净表面，再用70~80℃热水冲洗表面30~60秒，破碎成3~5毫米的碎片，送压榨机榨取汁，经粗滤后收集甘蔗汁称重，加入相当于蔗重0.05%~0.08%的食用磷酸和0.02%~0.03%柠檬酸充分搅拌均匀，立即用7~10波美度的石灰调节pH为6.5~6.8，静置1~2小时，再经过硅藻土预涂的板框压滤机压滤，即得澄清甘蔗汁。

③ 复合汁制备：荸荠汁和甘蔗汁以6:4的比例混合，加入果汁约十倍的纯净水、0.1%~0.3%柠檬酸、0.2%~0.3%蛋白糖、0.05%的山梨酸钾和适量香精，搅拌均匀。用管式高温瞬时杀菌器在121℃杀菌60秒，立即冷却至93~96℃，趁热装灌于已经清洗消毒的罐中，封口，倒置5~6分钟杀菌。采用冷水分段冷却至37℃，入库放置一周，检验合格后，包装出厂。

特点：产品色泽白或淡黄色，具有荸荠特有香气和滋味，清凉爽口，甜酸适口，无异味。

9. 荸荠果脯

（1）配料

荸荠，氢氧化钠，盐酸，柠檬酸，亚硫酸钠，糖。

（2）工艺流程

选料→清洗→去皮→修整→漂洗→酸漂→烫漂→糖制→烘干→包装

（3）制作要点

① 选料、清洗：选择皮薄肉厚，组织脆嫩，淀粉含量低，形态扁圆端正，单个重 15 克以上的新鲜荸荠为原料。采用流动清水淘洗干净。

② 去皮：配制 6％浓度的氢氧化钠溶液，加热至沸后投入荸荠处理 4～5 分钟，然后捞出在清水中搓擦，并加入 2％盐酸中和 5 分钟，再用清水淘洗和搓擦，即可去掉荸荠皮。

③ 修整、漂洗：去皮的荸荠在流动清水中漂洗 4～6 分钟，去尽残留碱液，再用不锈钢小刀削去荸荠斑点和残留皮。

④ 酸漂：用淘米水浸泡荸荠 4～6 天。气温高，时间可短，气温低，时间可长些。让淘米水中的淀粉酶水解荸荠的淀粉，以减少荸荠中的淀粉含量，有利于糖制时糖的渗透。

⑤ 烫漂：在水中加入 0.1％柠檬酸和 0.1％亚硫酸钠，加热至沸后投入荸荠，保持 23～30 分钟，烫漂。烫漂结束后迅速冷却，并用清水漂洗干净。

⑥ 糖制：按原料糖液比为 1：0.35 的量配制 40％～45％浓度的糖液。加热糖液煮沸后投入荸荠煮 10 分钟，然后冷却浸糖 10 小时。再加入砂糖调整糖液浓度为 50％～55％，加热煮沸 10 分钟，冷却 10 分钟，如此反复至糖液温度达 103℃，第二次浸糖 8～10 小时。第二次糖制结束时再加热浓缩至 105℃，加入原料量 0.05％的柠檬酸，用微火浓缩至糖液温度达 106～107℃时，即可出锅沥干糖液，放入烤盘。

⑦ 烘干：烤盘送入 50～55℃条件的烘房里，烘烤 30～36 小时，中间翻坯一次，直至不粘手为止。

⑧ 包装：用复合食品袋真空包装，再装入箱内，在 12～15℃贮存。

特点：产品色泽乳白淡黄，透明有光泽，酸甜适口，无异味，柔软不硬，无杂质。

10. 荸荠淀粉

（1）配料

原料处理

（2）工艺流程

选料→原料处理→破碎→精滤→脱水→干燥→粉碎→成品

（3）制作要点

① 选料：要选取成熟度高，淀粉含量高，无腐蚀和病变球茎的荸荠为原料。

② 原料处理：采用人工清洗，可用棒在浸泡池内搅拌搓擦，一般换水 2～3 次可清洗干净。也可用机械清洗。

③ 破碎：可采用盘式或锤片式粉碎机，还可采用磨粉机粉碎。如果荸荠破碎不充分，细胞壁未被破坏完全，淀粉不能充分游离出来，淀粉收率低；如果粉碎过细，造成粉渣混溶，会增加分离难度。所以荸荠的破碎程度应以皮渣内层无白色肉质为宜。

④ 粗滤：先用粗筛过滤，除去较大皮渣，然后再精滤一次。

⑤ 脱水：采用离心机脱水，也可用布袋过滤，悬置于空中，利用自然重力，滤去淀粉中的水分。

⑥ 干燥：脱水后的淀粉仍含有较多水分，还需进一步干燥。可利用烘箱或烘房在 40～60℃ 条件下烘制干燥。干燥初期，温度要低，后期提高温度，干燥到含水量小于 15％止。

⑦ 粉碎：停止干燥，取出淀粉块粒进行粉碎过筛，包装即为成品。

❀❀ 五、生 姜 ❀❀

（一）概述

生姜又名姜、百辣云、因地辛、还魂草等。原产于我国和东南亚热带多雨森林地区。生姜是一种优良的调味佳品，既可当蔬菜食用又可兼药用。

每百克生姜中含水分 94.5 克，蛋白质 0.7 克，脂肪 0.6 克，碳水化合物 3.7 克，粗纤维 0.9 克，灰分 0.5 克，还含有胡萝卜素、维生素 B$_1$、维生素 B$_2$、尼克酸、维生素 C，以及矿物质钾、钠、钙、镁、铁、锌、铜、锰、磷、硒，还有挥发性姜油酮、姜油酚、姜醇、油树脂和辣油素，及人体所需的氨基酸、柠檬酸等。

生姜中含有的特殊辣味和香味，可调味增香，解腥膻味，起到提味添香作用。

（二）制品加工技术

嫩姜可制作菜肴，适宜于炒、拌、泡、酱等。老姜可作调味料，既可除异味，又可使菜肴清香可口。

1. 干制生姜片

（1）配料

生姜。

（2）工艺流程

原料选择→清理去皮→切分漂烫→烘烤脱水→平衡水分→精选压块→成品包装

（3）制作要点

① 原料选择：选择新鲜、肉质肥厚、组织致密、粗纤维和废弃物少、形状大小一致，无腐烂或严重损伤的生姜为原料。

② 清理去皮：将选好的生姜除去皮、根及嫩芽，清除附在表面的泥沙、杂质和微生物污染的组织，使原料基本达到脱水加工的要求。去皮，以利于物料水分蒸发和脱水干燥。去皮方法有手工去皮、机械去皮等。

③ 切分漂烫：将原料清洗去皮后，切成 2～3 毫米厚的薄片。在切片过程中，用水不断冲洗所流出的胶质液，直至漂洗干净为止，以利于脱水干燥，使产品色泽更加美观。漂烫能抑制酶的活性，防止物料氧化褐变，减少微生物污染和组织软化，以利于脱水。一般利用蒸汽和沸水处理，漂烫时间一般为 2～5 分钟。漂烫后应立即漂洗冷却，以防物料软化变形，失去弹性和光泽。

④ 烘烤脱水：将经漂烫处理后的物料平铺于竹筛或无毒烘筛上，烘筛一般为 1 米×1 米×0.48 米长方形，筛孔以 6 毫米×6 毫米见方较为适宜。每只烘筛铺物料 2～5 千克。将铺好物料的烘筛装入载车架上，送入烘房脱水干燥。烘房温度控制在 60℃，以不超过 65℃为宜，经 6～8 小时即可完成。温度过高会导致物料组织中的液体迅速膨胀，造成物料内营养流失、结壳和焦化等现象。

⑤ 平衡水分：由于姜片形状大小存在差异，铺料的薄厚不同，往往使产品的含水量略有差别。所以，待产品稍冷却后，应立即装入有盖、密封的马口铁桶或套有塑料袋的箱中，保持 1～2 昼夜，使干制品的水分互相转移，待达到平衡后，再进行下一步的工作。

⑥ 精选压块：筛出产品中的碎粒、碎片及杂质等，然后倒放在拣台上，精选合格产品。精选操作要迅速，以防产品吸潮和水分回升。精选后的产品还需要进行品质及水分检验，不合格者进行复烘。脱水姜片呈蓬松状，体积大不利于包装运输，所以需要压块。压块条件：一般温度为 60～65℃，适当控制温度，采用 1.96～7.84 兆帕的压力。

⑦ 成品包装：采用瓦楞纸箱包装，箱内套衬防潮铝箔袋或塑料袋，每箱净重为 20 千克或 25 千克。产品包装后需放在 10℃左右的低温库中，贮存需干燥、凉爽、无异味、无虫害。贮藏期间要定期检查产品含水量及虫害情况。

2. 速冻生姜

（1）配料

生姜。

（2）工艺流程

原料验收→清理除杂→挑选去皮→检验消毒→控水速冻→挂冰衣→金属探测→包装入库

（3）制作要点

① 原料验收：原料选取黄色或淡黄色、无虫害、无腐烂、无破损、无机械伤的生姜，要求新鲜、粗壮、肥大。检验比例为 2%～3%，合格率达到 90%以上为一级品，70%以下为不合格品。

② 清理除杂：用清水将姜上的泥沙、异物清洗干净，要求无异物。

③ 挑选去皮：将腐烂变质或质量不足 5 克的姜块挑出，然后去皮。去皮方法有手工去皮、机械去皮两种。人工去皮即用刀或其他工具将生姜皮刮掉。机械脱皮采用脱皮机，利用摩擦原理脱皮。要求去皮干净，无斑点、无黑丝、无任何杂质。

④ 检验消毒：将半成品设法去皮干净。要求无各色斑点、无黑丝、无腐烂、无任何杂质、清洁无污染。单冻前将检验好的半成品放在 100 毫克/千克的次氯酸钠溶液中浸泡 10～12 分钟，进行消毒。

⑤ 控水速冻：将消毒后的半成品用清水冲洗一遍后，控水 5～10 分钟。速冻分机冻和排管冻两种形式。机冻即单冻水冻，优点是不变质、效果好、时间短、速冻快，但造价高。排管冻的优点是不变质、投资少，不足是可能结块。要求速冻后的姜块无脱水、无结霜现象，整体呈黄色。

⑥ 挂冰衣：是使姜块表面上包裹上一层透明的薄冰。其方法是每次取 2～3 千克的冷冻姜块，置于有孔的塑料篮筐内，连同容器一起浸入 2℃左右的饮用冷水中，迅速把筐摇一下提起，并沥尽水分，姜块表面很快被一层薄冰裹住。为防止容器内的冷水结冰，在制品中每隔一定时间添加一些清水。

⑦ 金属探测：将挂冰后的成品全部需经金属探测器进行检验，为防止小型金属物品不小心掉入产品中。

⑧ 包装入库：包装间温度控制在 0～5℃，包装封口要严密，并整齐码放在垫板上，然后放入低温库中贮藏。

3. 腌咸姜

（1）配料

鲜生姜 10 千克，食盐 2.0 千克。

（2）工艺流程

原料处理→装缸→腌制→成品

（3）制作要点

① 原料处理：选用纤维尚未硬化，而且具有辛辣味的生姜。先刮去表面的薄皮，用清水洗涤干净待用。

② 装缸：入缸时一层鲜姜一层盐，最后再用 10 克盐兑入 500 克水制成 18 波美度盐水，泼洒在上面，使姜的各部分浸泡在盐水中，以隔绝空气，防止腐烂，在顶部压上石块。

③ 腌制：装缸后第二、第三天，翻倒缸 1 次，以利于散热，并使姜受盐均匀。20 天后即可腌好。

特点：制品色泽褐红、咸辛嫩脆。

4. 酱生姜

（1）配料

鲜生姜 10 千克，食盐 1.0 千克，甜蜜素 10 克，苯甲酸钠 1 克，味精 4.0 克，优质酱油、稀甜酱各适量。

（2）工艺流程

选料→去皮→盐腌→酱制→成品

（3）制作要点

① 选料：以寒露前收获的生姜为最佳。这种姜皮色细白、质地嫩脆。

② 去皮：将选择的生姜先剔除杂姜、老姜、碎坏姜后，用清水洗涤干净。然后放桶内加水，用棍棒搅捣，脱去姜皮，捞出沥水。沥干水的姜倒入干净、干燥的缸中，加入适量的食盐拌均匀即可。

③ 盐腌：盐腌时，放一层生姜加一层食盐，入缸。腌制 15 天左右，其间翻缸 2~3 次，即成为半成品。

④ 酱制：将腌制的姜用刀切成薄片，入清水中洗净，沥干水分，然后将甜蜜素、苯甲酸钠、味精、酱油等料和腌姜片装入白布袋内，放入稀甜酱中酱制，每周翻动一次，夏天酱制一个月左右，秋天酱制一个半月，冬天酱制两个月，即为成品食用。

特点：酱汁澄清、姜片薄，质地脆嫩，味道鲜、咸、甜、辣，香气协调、浓郁，味道宜人。此产品是江苏等地的著名特产，素以片薄嫩脆、鲜甜咸辣、香味浓郁而深受群众青睐。

5. 泡子姜

（1）配料

新鲜子姜10千克，老卤水10千克，食盐1.0千克，红糖0.1千克，鲜红辣椒0.5千克，白酒200毫升，花椒、八角各16克。

（2）工艺流程

原料处理→装坛→发酵→成品

（3）制作要点

① 原料处理：选用质地细嫩、芽瓣多、无病虫害的新鲜子姜为泡制原料。刮掉子姜的粗皮，削去姜嘴和老茎；用清水漂洗干净。将整理好的子姜，加入食盐腌制2～5天，取出晾干表面的水分。

② 装坛：选用无砂眼、无裂缝纹的泡菜坛，刮洗干净，控干水分。把老卤水倒入坛中，加入白酒和配料中的红糖一半的用量，搅拌均匀，再放入红辣椒。然后装入处理好的子姜，装至半坛时放入余下的红糖、花椒、八角等香料，继续装入子姜达九成满，用竹片卡紧使子姜不致漂浮起来。盖上坛盖，注满坛沿水，密封坛口。

③ 发酵：装好坛后，将坛放置在通风、干燥、清洁的地方发酵。一般泡制一周左右即可成熟。

特点：制品淡黄色，质地鲜嫩，味咸微辣带甜，清香爽口。

6. 糖醋酥姜

（1）配料

嫩姜10千克，食盐1.8千克，白糖7.0千克，食醋6.5千克，无毒花粉5克。

（2）工艺流程

选料→处理→分次盐渍→分次醋渍→糖渍→染色→煮姜→贮存→包装→成品

（3）制作要点

① 选料：选用老嫩适中、块硕大、肉质肥、坚实、无病虫害、

无机械损伤、完整质优的生姜为原料。

②处理：将选好的生姜用刀削去姜芽、老根。若姜块过大，可切成若干段，以利腌制。将生姜用清水洗净，用薄竹片刮去表皮，然后用水洗净，沥去水备用。

③分次盐渍：将去皮沥水的姜入缸腌渍。一层姜一层盐装满后上层再撒一层盐，然后压上石块，腌渍 24 小时后将姜捞出，再按上法重新装缸进行第二次腌渍，再经 24 小时捞出，沥去水。

④分次醋渍：将经盐渍的姜进行醋渍时，缸底放入少量食盐，将盐渍过的姜装入缸中，装到距缸口 15 厘米时灌入食醋，待醋浸过姜面 10 厘米左右，压上石块，浸渍 24 小时取出，把姜切成两半，再斜切成一边薄、一边厚的姜片，放入清水中浸泡 30 分钟，捞出换水再浸泡 12 小时后，重新装入缸中，灌入食醋，以醋液浸过姜面 10 厘米为宜。醋渍 12 小时后捞入竹筐中，沥尽醋液，转入糖渍。

⑤糖渍：将经过盐渍、醋渍的姜片加入白糖搅拌均匀，分层装入缸中。装到距缸口 15 厘米时，摊平，盖上麻布、竹篾和缸罩，浸渍 24 小时，待姜片充分吸收糖液后，捞入竹筐中，沥尽糖液（糖液留作染色用）。

⑥染色：将糖渍姜片装入缸中，拌入无毒花粉（或用胭脂红食用色素），再把糖渍后沥出的糖液倒入铜锅中煮沸，然后倒入染色处理的姜片煮制。

⑦煮姜：将姜片煮到膨胀饱满时，捞出放到竹筐中，摊平散热，即成糖醋酥姜片。

⑧贮存：将成品糖醋酥姜片装入缸中，加入糖液，要淹没过姜面 3 厘米，盖缸盖，置于空气流通的室内贮存一个月。若需长期贮存，必须装入玻璃罐内。

⑨包装：可用食用塑料薄膜袋或玻璃瓶或塑料膜软罐分装。每袋（瓶）500 克。

特点：制品色泽红艳，打开后内外颜色一致，姜块饱满，口味清凉，酸甜辛香。

7. 生姜脯

（1）配料

新鲜姜 50 千克，白砂糖 20 千克，食盐 2.5 千克，明矾适量。

（2）工艺流程

选料→去皮→预煮→糖渍→糖煮→干燥→包装

（3）制作要点

① 选料：选用姜块茎时，以纤维尚未硬化变老，但又具备了生姜辛辣味的较嫩姜为佳，要求新鲜肥大、无腐烂、无虫蛀。

② 去皮：用手工或者其他方法去掉姜的外层薄皮，去掉柄蒂，用清水洗净，并沥干水分。然后用切片机或者刨刀切成 0.5 厘米的姜片，放入 5% 的盐水中，浸泡 8~10 小时，捞出沥水。

③ 预煮：锅中配制 0.2% 的明矾水溶液煮沸，把姜片从盐水中捞出，放入锅中煮至八成熟，取出姜片放入冷水中浸至有透明感时捞出，用冷水冲凉，再放入 0.2% 的有机酸溶液中，浸泡 12~16 小时。

④ 糖渍：每 50 千克原料，取糖 20 千克，分层将姜片糖渍起来，最后撒一层白糖把姜片盖住，糖渍 24 小时。

⑤ 糖煮：分两次进行。第一次将姜片连同糖液一起倒入锅中，加热煮沸后，分三次加入白糖共 15 千克，煮沸 1 小时后，将姜片及糖液转入缸中浸渍 24 小时。第二次将姜片和糖液倾倒入锅中煮沸，再分三次加入白糖共 15 千克，煮至糖液浓度达到 80% 以上，或将糖液可拉成丝状为止。

⑥ 干燥：将姜片捞出，放在瓷盘中，开动冷风机进行挑沙，若不干时可拌入一些糖粉，然后将产品摊晾晒干，或在低温下（50℃）进行烘烤，待水分含量为 18% 左右即为成品。

⑦ 包装：用真空包装，杀菌后即为成品。

特点：制品呈黄白色、半透明，甜而微辣，无异味。

8. 低辣味姜脯

（1）配料

鲜生姜，亚硫酸钠，食盐，柠檬酸，蔗糖。

（2）工艺流程

选料→清洗→去皮→切片→盐水浸泡→浸硫、冲洗→真空浸糖→挂糖衣→烘烤→包装→成品

（3）制作要点

① 选料：要选择寒露前收获的个大、质地白嫩、新鲜姜块作为原料。寒露后收获或经过窖藏的姜块不宜做低辣味姜脯。

② 清洗、去皮、切片：将选好的姜块，用清水洗净，放入桶中，加入水以浸没鲜姜块为限，用棍棒搅捣，使其脱去姜皮，再用水把脱皮的姜块洗净，沥干水分，切成 3～5 毫米厚的姜片。

③ 盐水浸泡：将姜片放入 2％的盐水中浸泡。盐水同姜片的质量比为 2∶1，温度在 15℃左右，浸泡 8 小时；温度在 30℃左右浸泡 5 小时。一次浸泡完后，再换入新的 2％盐水用同样方法复浸一次。通过两次浸泡，姜片的辣味就降低了。

④ 浸硫、冲洗：将盐水浸泡沥干水分的姜片，放入浓度 0.3％～0.4％的亚硫酸钠溶液中浸泡 15～20 分钟，再用清水冲洗，捞起沥干。

⑤ 真空浸糖：首先配制好浓度为 70％的糖液，加热至 85～90℃，再加入 0.2％的柠檬酸，然后降温至 50～60℃，同姜片一起放入真空浸糖锅中，在真空度(8.66～9.33)×10^5 帕的条件下，浸渍 30 分钟，之后连糖液一起倒入缸中，在常温下浸糖 9～16 小时。

⑥ 挂糖衣：将浸泡好的糖液沥出，放入锅中，边加热边加入蔗糖，使糖液浓度达到 80％～85％。再加热加入浸渍好的姜片，加热 5～7 分钟，捞出姜片，沥去多余的糖液。

⑦ 烘烤：将挂好糖衣的姜片均匀摊放在烤盘上，送入烘炉，温度控制在 65～68℃，烘烤 8～9 小时后翻动一次，复烘烤 8 小时左右即可。

⑧ 包装：挑选表面干燥，不粘手、不连片，烘烤合格的姜片称量，用食品盒或塑料薄膜袋密封包装即可。

特点：制品黄白色，半透明，甜而微辣，姜味浓郁，无异味，

不返砂，不流糖。

9. 姜片蜜饯

（1）配料

鲜姜，白糖，糖粉。

（2）工艺流程

原料选择→去皮切片→热烫冷漂→蜜糖浓缩→成品

（3）制作要点

① 原料选择：选取纤维尚未硬化，组织脆嫩，新鲜饱满，淡黄色，不皱缩，无腐烂，且有辛辣与芳香气味的生姜。过老的生姜纤维硬化，过嫩的生姜缺乏辛辣芳香味，不适宜做蜜饯。

② 去皮切片：将生姜表面的薄皮刮去，用刀切成 0.3～0.5 厘米的薄片，用清水洗涤干净。

③ 热烫冷漂：将切好的姜片放入沸水中，煮烫 4～5 分钟，使姜片半熟后，立即投入冷水中漂洗 0.5～1 小时，捞出沥干表面水分。

④ 蜜糖浓缩：将烫漂冷却的姜片放入缸中。每 50 千克姜片用白糖 7.5 千克，分层置放，即一层姜片一层白糖，糖渍 24 小时，然后连同姜片、糖液倒入锅中加白糖 15 千克，熬煮约 1 小时。再将姜片和糖液倒入缸中冷渍 24 小时，再把姜片和糖液倒入锅中，加入白糖 15 千克，熬煮浓缩。当糖液能拉成丝状、浓度达到 80%，温度为 110～113℃时收锅，捞出姜片，沥干糖浆、晾干得成品。

特点：制品糖衣色白如雪，口味细腻滋润，微辣香甜。

10. 子姜蜜饯（川式）

（1）配料

子姜 150 千克，川白糖 90 千克，石灰 4.5 千克。

（2）工艺流程

选料→刨皮→刺孔→灰漂→水漂→煨糖→收锅→上糖衣→包装

（3）制作要点

① 选料：选取体型肥大、质嫩色白的子姜作为坯料。以白露前挖的八成熟姜最好。

② 刨皮、刺孔：将选好的坯料，削去姜芽，刨尽姜皮，用竹签刺孔，孔要刺穿、均匀一致。

③ 灰漂：将刺孔的坯料放入 5％的石灰水中，上压石块防止上浮，使姜坯浸灰均匀，浸泡时间需 12 小时。

④ 水漂：浸灰后用清水浸漂 4 小时，中间换水三次，用手摸坯料带有滑腻感时即可。

⑤ 煨糖：将姜坯料放入蜜缸中，放入少量冷糖浆（浓度 38 波美度）煨糖 12 小时后，将姜坯料和糖浆（浓度 36 波美度）一起倒入锅中，煮沸至 103℃时转入蜜缸，煨 48 小时。

⑥ 收锅：将姜坯与糖浆（浓度 35 波美度）一并入锅中，待温度上升到 107℃时，起锅倒入蜜缸，蜜制 48 小时起锅。

⑦ 上糖衣：另将新鲜精制糖浆加热熬至 110℃，放入蜜姜坯，用中火煮制约 30 分钟，待温度升到 112℃时即可起锅，沥干糖浆，冷却到 60℃左右时，放入川白糖中，均匀裹上一层川白糖。

⑧ 包装：用真空包装，杀菌后即为成品。

特点：制品芽状完整，色泽浅白，组织细嫩、化渣，姜味浓郁，香甜可口。

11. 姜汁软糖

（1）配料

鲜姜 100％，淀粉糖浆 30％～35％，白砂糖 60％～65％，琼脂 2.0％～2.2％，柠檬酸 0.2％～0.3％，山梨酸钾 0.05％。

（2）工艺流程

原料处理→过滤取汁→配料→冷却成型→分切→包糯米纸→干燥→包装

（3）制作要点

① 原料处理：选取新鲜嫩姜，挑出烂姜，用手工去皮或摩擦去皮，切碎，放入打浆机打成浆状，加水量视姜的老嫩而定。较老

的姜可以适当多加些水，嫩的姜可以少加些水。

② 过滤取汁：用压榨法或用布袋去渣，取姜汁。姜渣经干燥后可综合利用。姜汁经加热杀菌备用。

③ 配料：称取 30％～35％淀粉糖浆，其余 60％～65％重量是白砂糖，再用总糖量 10％～15％姜汁加到糖中与琼脂胶体（采用原料总质量 2％～2.2％琼脂，事先用琼脂重 20 倍水浸泡，然后加热煮成均匀胶体），一起共煮加热，充分混合，不断搅拌后分别加原料重 0.2％～0.3％柠檬酸、0.05％山梨酸钾，一直加热浓缩到固形物达到 70％为止，停止加热。

④ 冷却成型：把浓浆倒入浅盆内，厚度约 1 厘米，冷却成型。

⑤ 分切：用机械分切成 1 厘米宽、2.5 厘米长的粒状。

⑥ 包糯米纸：每粒软糖包上一块薄糯米纸，两头留空隙可蒸发水分。

⑦ 干燥：用糯米纸包好后，送入 45～50℃烘房内干燥 50 小时。

⑧ 包装：用玻璃纸单粒包装即可。

特点：制品呈半透明，有弹性和韧性，甜酸适口，稍带辣味，有姜的芳香风味。

12. 姜汁硬糖

（1）配料

鲜姜 100％，淀粉糖浆 20％～25％，白砂糖 75％～80％，柠檬酸 0.2％～0.3％，山梨酸钾 0.05％。

（2）工艺流程

原料处理→熬糖→加工辅料→糖膏冷却→成型→包装

（3）制作要点

① 原料处理：选取嫩姜或少许部分老姜洗净、去皮和破碎后，送入打浆机打浆，经压榨过滤取姜汁备用。

② 熬糖：硬糖中含有 97％以上的是糖，糖的组成有白砂糖和淀粉糖浆，两者的比例是(75～80)：(20～25)。淀粉糖浆在硬糖中的作用是抗结晶砂糖。白砂糖需要水溶解，就用姜汁代替水加入白

砂糖中与淀粉糖浆一起共同熬制，逐渐变成糖膏。到160℃左右高温时，浓度很高，含水量极少。

③ 加入辅料：在熬糖过程中加入色素、调味料，如柠檬黄色素、柠檬酸，要与糖膏混合均匀。

④ 糖膏冷却：目的是让流动性很大的糖膏变成半固态糖膏。糖膏温度从高温降至100℃以下时，就需控制冷却速度，冷却终点不能低于80~90℃。

⑤ 成型：硬糖的形态很多，其成型工艺有机械冲压成型和浇模成型。

⑥ 包装：成型后的糖粒还需经过挑选，如果不进行包装，在空气中糖粒表面会发黏、浑浊和潮解。目前以单粒包装效果较好。

特点：制品呈半透明状，粒体坚硬，甜微带辣味，有姜的芳香风味。

13. 话梅姜片

（1）配料

鲜姜100%，食盐2.0%，食用红色素或柠檬黄色素0.1%，酸梅水、甜蜜素各适量。

（2）工艺流程

选料→脱盐→切片→干燥→浸渍→包装

（3）制作要点

① 选料：选用盐姜坯半成品作为原料。

② 脱盐：采用多量清水浸泡盐姜坯，并需要换水。如果采用流动水处理脱盐效果快。脱盐程度要看需要，一般盐姜坯中留下2%左右盐分。

③ 切片：按需求进行切片。一般切片厚度为3毫米，切片要均匀。

④ 干燥：把切好的姜片在65~70℃条件下烘至半干状态备用。

⑤ 浸渍：采用酸梅水浸渍。凉果厂加工青梅时，用食盐腌制后的酸梅水，其风味一是咸味重，二是酸味浓。把这种酸梅水先过滤，必要时加水稀释，调整风味，加入甜蜜素，经煮沸杀菌，用

1∶0.5比例量来浸泡（即一份姜片、半份酸梅水浸泡），同时加入0.1％柠檬黄色素或食用红色素把姜片染成黄色或红色，让姜片充分吸收酸梅水的风味。

⑥ 包装：把浸渍的姜片放在60～65℃条件下，烘至半干就是成品。采用小袋包装，每袋20～50克。

特点：制品呈黄色或红色，爽脆，有咸、甜、酸及话梅风味，并有嫩姜的辣味，是一种成本低、受欢迎的小食品。

14. 姜粉

（1）配料

新鲜姜块100千克。

（2）工艺流程

原料处理→切丝→干制→粉碎→包装

（3）制作要点

① 原料处理：选用的新鲜姜块，用清水洗干净，轻刮去表皮备用。

② 切丝：将刮去表皮的姜块，以切菜机切成0.3厘米厚的姜片或丝。

③ 干制：将切成的姜片（或丝）进行自然干制或人工干制。在正常天气下晒3～5天即可干制。人工干制一般采用烘房温度在65℃左右。

④ 粉碎：干制后采用高速组织捣碎机捣成粉末，通过100目筛，即成姜粉。

⑤ 包装：用塑料食品薄膜袋包装。

特点：制品黄白色，姜味浓郁，颗粒大小均匀，水分含量小于3％。

15. 姜精油提取

姜精油是指从生姜根茎中提取的有浓郁芳香气味的挥发性精油。主要应用于食品饮料中的加香、调味，并具有调节情绪、促进新陈代谢的作用。除芳香治疗外，还有消炎、镇痛、抗过敏、健胃止吐功能，以及对肝损坏有保护作用。其提取方法有水蒸气蒸馏法和超临界二氧化碳（CO_2）萃取法两种。

（1）水蒸气蒸馏法

称取干姜粉 180 克置于挥发油提取装置中，加入水 1500 毫升，连续蒸馏 8 小时。将精油和水混合蒸汽经冷凝器冷却获得馏出液，用氯化钠饱和后，再用分液漏斗将精油相和水相分开，得到精油产物 1.75 克，此法精油获得率 1.5%～2.5%。

（2）超临界二氧化碳萃取法

将新鲜生姜切片，在 40℃ 烘箱中烘干，用粉碎机粉成粒状，过筛，筛掉细小粉末，干姜粉粒径为 0.3 毫米为最佳。

称取干姜粉粒置于超临界萃取釜中进行超临界萃取。萃取压力为 30 兆帕，温度为 50℃，时间为 4.5 小时，二氧化碳流量 26 千克/小时，最大萃取率为 5.27%。

此法具有简便、高效、环保、产物易于分离等优点，并能获得较高的萃取率。

特点：产品姜精油呈透明浅黄色、可流动液体。

六、慈 姑

（一）概述

慈姑又称茨菰、地栗、芽姑、燕尾草、剪刀草、张口草等。原产于我国。慈姑营养丰富，价值较高，主要成分为淀粉，蛋白质含量较高，每百克慈姑含蛋白质 5.6 克，脂肪 0.2 克，碳水化合物 25.7 克，粗纤维 0.9 克，灰分 1.6 克，还含有维生素 B_1、维生素 B_2、尼克酸、维生素 C、维生素 E，以及矿物质钾、钠、钙、镁、铁、锌、铜、锰、磷、硒，还有多种氨基酸等物质，对人体机能有调节促进作用。

慈姑味甘苦，性微寒，无毒。具有润肺止咳、通淋行血的功效。

（二） 制品加工技术

慈姑的食法有炒、烧、煮、炸、拌制成休闲食品，亦可加工成淀粉。

1. 拌慈姑片

（1） 配料

慈姑 0.3 千克，荸荠 0.15 千克，香油 15 克，辣酱油 20 克，陈醋、白糖各 15 克，食盐、味精各少许。

（2） 工艺流程

原料处理→腌制→调味汁→拌和→成品

（3） 制作方法

① 原料处理：先将慈姑洗净，放入锅中加水，淹过慈姑，置炉火上加热煮熟，捞出剥去皮，切成片，放在盆中待用。将荸荠洗干净，放入锅中加水淹过荸荠为宜，置炉火上煮熟，捞出，晾凉，剥去皮，切成片，放在慈姑片上。

② 腌制：在慈姑、荸荠上撒上食盐，拌匀，腌 30 分钟。

③ 调味汁：将香油、辣酱油、陈醋、白糖、味精拌匀制成调味汁。

④ 拌和：将调味汁加入腌好的慈姑、荸荠片内，拌匀，即为成品可食用。

特点：制品清香脆嫩，味美爽口。

2. 炒慈姑

（1） 配料

慈姑 500 克，葱片、清汤各 20 克，食盐、料酒、香油各 5 克，花生油 25 克，味精 2 克。

（2） 工艺流程

原料处理→炒制→调味→成品

（3） 制作方法

① 原料处理：先选取的慈姑去皮洗净，切成薄片，入开水锅

内稍焯烫，取出沥去水。

②炒制：炒锅置于火上，放入花生油，烧至七成热时投入葱片煸炒出香味，烹入料酒、清汤，加入慈姑片、食盐炒至入味。

③调味：将炒慈姑加入味精，淋入香油，颠翻均匀，即为成品食用。

特点：制品色泽洁白，质地脆嫩，味道鲜美。

3. 油炸慈姑片

（1）配料

慈姑 500 克，花生油 500 克（实耗 80 克），鸡蛋液 1 个，面粉 100 克，食盐 10 克，味精 2 克。

（2）工艺流程

原料处理→制糊→油炸→制椒盐→撒蘸椒盐→成品

（3）制作方法

①原料处理：将慈姑外皮刮去，洗净，切成 0.5 厘米厚的片，放入水中浸泡半天，期间换水 3 次，漂清渗出的淀粉质，捞起沥干。

②制糊：将面粉、鸡蛋液、食盐、味精和适量水调和成糊状。

③油炸：锅置于火上，放入花生油，烧至七成热，将慈姑挂一层薄糊，放入油锅中炸至外硬起脆，色泽呈金黄色时，捞出沥净油装入盆中。

④制椒盐：将花椒与食盐 4 克放入炒锅加热炒脆，碾成粉末状，制成椒盐。

⑤撒蘸椒盐：将椒盐撒在油炸的慈姑片上，即为成品供食。也可用面酱小碟匹配供食。

特点：制品色泽金色，香麻微咸，酥脆清口，是一种佐酒佳菜。

4. 煎慈姑饼

（1）配料

慈姑 1.0 千克，虾米 100 克，肥腊肉、鱼茸各 150 克，花生油

100 克，料酒、蚝油 15 克，葱姜汁 20 克，食盐、味精、胡椒粉各适量。

（2）工艺流程

原料处理→制馅→煎制→锅焖→成品

（3）制作方法

① 原料处理：将慈姑刮去皮，清洗干净，剁碎磨成茸，放入盆内待用。

② 制馅：虾米用温水泡发取出，连同腊肉，分别切成末放入盆中，加入鱼茸、食盐、味精、料酒、胡椒粉、葱姜汁一起搅拌均匀，搅至上劲制成馅心。

③ 煎制：炒锅置于中火上，放入花生油，烧至五成热，将制成的馅心料分成 5 份，裹上慈姑茸依次放入油锅内摊成 1 厘米厚的圆饼，用中火煎至两面金黄色，以熟透为度。

④ 锅焖：待 5 块饼全部做完，再同时放入煎锅中，淋入料酒、蚝油，加锅盖略焖后，即为成品可供食。

特点：制品色泽金黄，外香酥，里鲜嫩，别具风味。

5. 慈姑烧肉

（1）配料

慈姑 500 克，猪五花肉 500 克，熟花生油 25 克，酱油 15 克，白糖、料酒、葱段、姜片各 5 克。

（2）工艺流程

原料加工→煸炒→烧焖→成品

（3）制作方法

① 原料加工：将慈姑刮皮洗净切成滚刀块。将猪五花肉洗净切成小块。

② 煸炒：炒锅置火上，倒入花生油烧热，放葱段、姜片，煸出香味，放入肉块煸炒出油，加入酱油、料酒和少许水，用大火烧沸后，再转小火焖烧 1 小时。

③ 烧焖：在烧焖的猪肉块中加入慈姑块、白糖，用小火烧沸，焖至酥烂，即为成品可供食。

特点：制品慈姑酥松，猪肉细嫩，咸甜适口。

❧❦ 七、何首乌 ❦❧

（一）概述

何首乌的块根，本名文藤，别名首乌、赤首乌、生首乌、乌干石、地精等，是以块根供食蔬菜之一。原产于我国，主要产于河南、湖北、贵州等地。

何首乌营养丰富，每百克可食部分含淀粉 28.7 克，糖 2.67 克，胡萝卜素 7.3 毫克，还含有维生素 B_2、维生素 C，以及粗脂肪、卵磷脂、大黄酚、大黄素、大黄酸、大黄素甲醚、土大黄苷、蒽醌衍生物等。

（二）制品加工技术

何首乌块根可蒸可煮食用，也可制各种增智、延缓衰老、美容等保健食品和菜肴。

1. 清炒何首乌

（1）配料

何首乌 500 克，葱丝 20 克，花生油 25 克，食盐 5 克，味精 2 克。

（2）工艺流程

原料处理→煸炒→翻炒→成品

（3）制作方法

① 原料处理：将何首乌去杂清洗干净，切成细丝，入开水锅中稍焯，捞出沥干水待用。

② 煸炒：炒锅置于旺火上，放入花生油，烧至七成热时，投入葱丝，煸出香味后，再放入何首乌丝、食盐，炒至入味。

③ 翻炒：将炒至入味的何首乌，放入味精颠锅翻炒均匀，即

为成品可供食。

特点：制品质地嫩脆，味道咸鲜。

2. 何首乌炒鸡丁

（1）配料

何首乌 100 克，净鸡肉 500 克，净冬笋 50 克，鲜辣椒 100 克，花生油 500 克（实耗 80 克），料酒、酱油、淀粉各 10 克，食盐、葱、姜末、味精各 3 克。

（2）工艺流程

原料处理→余炸→调汁→颠炒→成品

（3）制作方法

① 原料处理：将何首乌洗净，放入砂锅中加水煮制，除渣取汁待用。鲜辣椒去蒂、籽，洗净切成丁。冬笋切成丁。

将鸡肉洗净，用刀背拍松斩切成丁，放在盆中，加入料酒、食盐、味精、淀粉，上浆待用。

② 余炸：炒锅置于旺火上，放入花生油，烧至五成熟，投入上浆的鸡肉丁余炸熟后倒入漏勺，沥去油待用。

③ 调汁：将料酒、味精、酱油、何首乌汁、淀粉放入碗中调成味汁。

④ 颠炒：炒锅中留少许油，复上火烧热，投入葱姜末，煸出香味，再投入熟鸡丁、笋丁、辣椒丁，烹入味汁，翻炒入味，即为成品供食。

特点：制品鲜嫩软烂，味美适口，为滋补佳品。

3. 何首乌煮鸡蛋

（1）配料

何首乌 600 克，鸡蛋 10 个，食盐、味精各适量。

（2）工艺流程

原料处理→煮蛋→调味→成品

（3）制作方法

① 原料处理：将何首乌去杂，用水洗涤干净，切成片待用。

②煮蛋：将何首乌片放入砂锅内加入适量水，再放入鸡蛋，加热煮至鸡蛋变熟，捞出去掉蛋壳。

③调味：将去壳鸡蛋、食盐、味精等放入砂锅内置于火上稍煮片刻，即可起锅，捞出鸡蛋，盛入碗中，即可食用。

特点：制品汤汁清淡，蛋味咸鲜，具有补肝益肾、填精乌发、安神养心的作用。

4. 何首乌山楂饮

（1）配料

何首乌 0.1 千克，山楂 0.1 千克，白糖适量。

（2）工艺流程

原料加工→煎煮→过滤→成品

（3）制作方法

①原料加工：将何首乌、山楂分别洗净，切成薄片待用。

②煎煮：将何首乌、山楂片放入铝锅内，加适量水煎煮 1 小时后倒出。

③过滤：将煎煮物倒出，用离心机或滤布滤出煎汁，加入白糖搅匀即为成品饮用。

特点：制品汁液黄橙色，酸甜爽口，常饮用能增强人体免疫功能，增加人体正气、减少疾病。

5. 何首乌酒

（1）配料

何首乌 250 克，白酒 4.0 千克。

（2）工艺流程

原料加工→装坛浸泡→滤渣→成品

（3）制作方法

①原料加工：将何首乌去杂洗净，切成片待用。

②装坛浸泡：将切成片的何首乌放入酒坛内，加入白酒搅匀，密封坛口浸泡，每隔三天搅拌一次，浸泡半月后开坛。

③滤渣：开坛后用纱布滤去药渣，滤汁即为饮品。

特点：制品澄清，酒气浓郁。有调和气血、舒筋活血、抵御寒湿之功效。适量饮用有延年益寿的作用。

✿ 八、牛 蒡 ✿

（一） 概述

牛蒡异名为黑萝卜、牛鞭草、蒂翁菜，又名为东洋参，俗称黑根或牛菜。原产于我国，属根菜类蔬菜，在我国东北和欧洲均有野生种。

牛蒡鲜根营养十分丰富，每百克含水 83.5 克，蛋白质 4.10克，脂肪 0.1 克，碳水化合物 3.5 克，粗纤维 1.5 克，灰分 0.7克，还含有维生素 B_1、维生素 B_2、尼克酸、维生素 C，以及矿物质钾、钙、镁、铁、磷、铜、锌、锰、硒等，还有菊科植物中特有的菊糖、牛蒡苷、咖啡酸、绿原酸、异绿原酸、牛蒡酸等多种成分。其中蛋白质和钙的含量在根菜类蔬菜中占首位。

（二） 制品加工技术

牛蒡入食，可拌、炒、炝、腌、烧、炖、煮，做汤，制粥，调馅，做罐头等，现将各种产品加工列述于后。

1. 牛蒡炒肉片

（1） 配料

牛蒡根 500 克，猪瘦肉 100 克，葱、姜末各 10 克，鸡蛋 1 个，食盐 4 克，味精 2 克，酱油 15 克，清汤 40 克，料酒 10 克，食醋10 克，水淀粉 25 克，花生油 500 克（实耗 35 克）。

（2） 工艺流程

原料处理→过油滑散→煸炒→调味→勾芡→成品

（3） 制作方法

① 原料处理：将牛蒡根去皮洗净，切成薄片，入开水锅中稍

焯，取出沥水。猪肉洗净，切成薄片，放碗内加食盐 1 克、味精 1 克、料酒 5 克，抓匀，再放入鸡蛋液，最后放入水淀粉 15 克拌匀。

② 过油划散：炒锅置于火上，加入花生油，烧至五成热时，投入猪肉片滑散后，倒入漏勺沥去油。

③ 煸炒：炒锅置于旺火上，加油 25 克，烧至七成热时，放入葱、姜末煸炒出香味，烹醋、料酒，放入牛蒡片、食盐，再加酱油、清汤、肉片炒至入味。

④ 调味、勾芡：将煸炒入味的物料，放入味精炒匀，加水淀粉勾芡，颠翻炒锅几下，即为成品。

特点：此菜色泽酱红，质地嫩脆，咸鲜微酸，具有祛风消肿、滋阴润燥的功效。

2. 炝拌牛蒡

（1）配料

牛蒡根 0.3 千克，黄瓜 0.12 千克，水发木耳 0.12 千克，姜丝 16 克，食盐 7 克，味精 2 克，料酒 5 克，花椒油 10 克。

（2）工艺流程

原料处理→焯烫→配料→拌和→成品。

（3）制作方法

① 原料处理：将牛蒡根去皮洗净，切成薄片。黄瓜洗净，切成菱形片。木耳用水洗净。

② 焯烫：将牛蒡片、黄瓜片、水发木耳同放入开水锅中焯至断生，捞出沥水，放入盆中。

③ 配料：把姜丝、食盐、味精、料酒、花椒油混拌一起制成调味品。

④ 拌和：将制成的调味品加热，浇入牛蒡盆内拌匀，加盖稍焖后即为成品。

特点：成品色泽鲜艳，质地脆嫩，味咸鲜，为佐餐佳肴。

3. 牛蒡香脆点心

（1）配料

牛蒡粉 60 克，面粉 0.58 千克，白糖 0.15 千克，泡打粉、起酥油、植物油各适量。

（2）工艺流程

制坯→烘烤→冷却→包装

（3）制作要点

① 制坯：将面粉、牛蒡粉、白糖、泡打粉、起酥油、植物油拌和均匀，加水适量揉匀，做成糕点坯。

② 烘烤：制好的糕点坯放入烘箱内，烘至呈黄色，取出即成香酥脆甜牛蒡点心。

③ 冷却：把烘烤好的糕点取出，晾凉。

④ 包装：将冷却好的牛蒡香脆点心采用真空包装入库。

4. 牛蒡饼干

（1）配料

面粉 100 千克，牛蒡粉 20 千克，白糖 70 千克，奶油 10 千克，鸡蛋 10 千克，发酵粉 1 千克，淀粉适量。

（2）工艺流程

原料捏合→整型→焙烤→冷却→包装

（3）制作要点

① 原料捏合：将面粉、淀粉、牛蒡粉通过筛选，然后加入细糖粉，再加入预先混合好的发酵粉和部分淀粉的混合粉末，进行充分的搅拌，使其混合均匀。将鸡蛋和奶油先搅拌均匀加入，最后加入水，共同在捏合机内捏合均匀。约捏合 4 小时就可以整型。

② 整型：面团经过辊压机压成一定厚度的片状面片，而且辊压时必须控制轧辊间的距离，以使面片的薄厚均匀一致。然后切断和整型，做成各种形式与花纹的饼干坯，放入涂抹植物油的浅盘内。饼干坯在浅盘内放置要有一定的间距，防止互相黏结。在烘烤前，必须将饼干坯表面喷水雾，以使成品饼干表面有明显的光泽。

③ 焙烤：焙烤设备是根据产量大小来决定。产量大可利用连续回转式烤炉，产量小可利用固定式烤炉。焙烤时间由炉型来决定。饼干的焙烤温度在 150～205℃ 的范围内。饼干坯在焙烤中的变化，首先是外表面受热，蛋白质凝固，表面淀粉糊化，并传到坯

内部。因发酵粉的作用产生气体，使内部膨胀而表层丰满，最后全部淀粉糊化，并渐渐干燥成为成品饼干。在焙烤的过程中，饼干坯较厚的宜采用低温而时间较长工艺。相反，饼干坯较薄者采用较高温、时间略短的工艺条件。

④ 冷却、包装：成品饼干从焙烤炉中取出后，不能立即冷却，因遇骤冷饼干易破碎。必须送入 40℃ 以上的冷却室内，待冷却 1 小时后才能进行密封包装。

5. 牛蒡蜜饯

（1）配料

鲜牛蒡 100％，白糖 50％，柠檬酸 0.2％，亚硫酸钠适量。

（2）工艺流程

选料→处理→预煮→糖渍→糖煮→烘烤→包装

（3）制作要点

① 选料、处理：选取发育良好、个体较大的牛蒡进行洗涤，然后削去外皮，切去根部较老的部位，切成长 4 厘米、宽 2 厘米、厚 1 厘米的长条，放入 0.2％ 的亚硫酸钠护色液中浸泡护色。

② 预煮：将浸泡护色的牛蒡条倒入煮沸的清水中，加热煮沸 5～8 分钟，捞出放入冷水中冷却。冷却后捞出放入 0.2％ 的亚硫酸钠护色液中浸泡护色。

③ 糖渍：配制 50％ 的糖液并煮沸，放入适量的柠檬酸，然后倒入放有牛蒡条的缸中，浸泡糖渍两天，将牛蒡条捞出。

④ 糖煮：将糖渍液调整浓度至 50％，煮沸后加入糖渍过的牛蒡条，煮沸 3～5 分钟后加入白糖，使糖液浓度达 60％ 以上，再次煮沸 15～25 分钟，牛蒡条有透明感时出锅，连糖液和牛蒡条一起倒入缸中浸泡 24 小时。

⑤ 烘烤：将糖煮过的牛蒡条捞出，沥干糖液后均匀地摆放在烘盘上，送入烘房烘烤，在 65～70℃ 条件下烘烤 12～16 小时，手摸时不粘手，水分含量在 16％～18％ 时出房。在烘烤过程中隔一定时间要进行通风排湿，以利于干制，并进行 1～2 次倒盘，以使干燥均匀。

⑥ 包装：烘烤好的产品放入 25℃左右的室内，回潮 24 小时，检验修整，剔除碎渣，用真空包装后入库。

特点：制品色泽鲜艳、有透明感，味道甜嫩可口。

6. 牛蒡罐头

（1）配料

新鲜牛蒡，抗坏血酸，柠檬酸，氯化钙，亚硫酸氢钠，食盐，白糖，食醋，味精，红辣椒等。

（2）工艺流程

选料→清洗、护色→切分→烫漂→装罐→灌汤汁→杀菌→保温检验→包装→成品

（3）制作要点

① 选料：选取新鲜、完整、无病虫害的牛蒡为原料。

② 清洗、护色：原料经清洗去皮后，迅速投入护色液中。护色液为 0.1%～0.2%亚硫酸氢钠溶液。

③ 切分：护色后的原料经冲洗，切成长 7～11 厘米、宽 0.2 厘米的细条，迅速放入护色硬化液中浸泡 30 分钟。此护色硬化液为抗坏血酸 0.005%、柠檬酸 0.3%、氯化钙 0.1%的混合液。

④ 烫漂：将护色硬化的牛蒡细条经清水冲洗后，放入 100℃沸水中烫漂 3 分钟，捞出，迅速投入冷水中冷却。

⑤ 装罐、灌汤汁：空罐清洗、检查后备用。将冷却的牛蒡细条捞出，经沥干水后，整齐竖放入空罐中。

用食盐 2.5%、白糖 6%、食醋 2%、味精 0.05%、整红辣椒少许，配制成汤汁，再经煮沸、过滤后，趁热灌注于装牛蒡的罐内，预留空隙 6～8 毫米。

⑥ 杀菌：采用沸水杀菌，250 克罐头杀菌公式为 5′—10′/100℃。

⑦ 保温检验：将罐头于 25℃下保温 7～10 天，期间每日检查一次，剔除败坏罐头。

⑧ 包装：将成品罐头贴标、装箱、贮存或外销。

特点：制品长短宽窄基本一致，滋味酸甜可口，具有牛蒡独特

风味，无异味、无致病菌，符合卫生要求。

<h1 style="text-align:center">九、芥菜和芥末</h1>

（一）概述

芥菜分叶用芥菜（如雪里蕻）、茎用芥菜（如榨菜）、根用芥菜（如大头菜）三种。将芥菜腌制成咸菜，具有一种特殊的鲜味和香味。因此，芥菜常常被作为美味佳肴中调味的小菜食用，可开胃理气。

（二）制品加工技术

芥菜的叶、茎、根可作蔬菜食用。食用方法有腌、酱等，干制后具有特殊鲜味和香味。芥末是一种食用香料，可调节食物的鲜味，增进人的食欲。

1. 腌酸芥菜

（1）配料

鲜芥菜 20 千克，食盐 100 克。

（2）工艺流程

选料处理→清洗控干→切丝→装坛→发酵→成品

（3）制作方法

① 选料处理：选用肉质肥厚、质地脆嫩，无空心、无病虫害、无损伤的新鲜带缨芥菜为原料。切去顶部菜缨，摘除菜叶的老叶、黄叶，削去根须备用。

② 清洗控干：将处理好的芥菜用清水洗涤，除去泥沙和污物，控干水分。

③ 切丝：将芥菜头用擦丝器或切丝刀切分为 0.3～0.5 厘米宽的细丝。用刀将芥菜叶切分为 1～1.5 厘米的小段细丝，然后将芥菜丝和碎菜叶混合均匀待用。

④ 装坛：将选用的口小、肚大的菜坛刷洗干净，擦干水。将混合均匀的菜丝分层装入坛内，每装一层菜都要按实，装至八九成满时，在菜表面撒上少许封口盐，压上净石，然后倒入清水，使其淹过菜面。

⑤ 发酵：将装好的菜坛，盖坛盖，放于通风、洁净处进行自然发酵，经过 10～15 天即为成品。

特点：制品呈微黄间褐绿色泽，质地清脆，味酸，鲜香可口。

2. 腌五香芥菜缨

（1）配料

新鲜芥菜缨 10 千克，食盐 1.3 千克，大料、桂皮、花椒各 40 克，小茴香 20 克。

（2）工艺流程

选料处理→一次腌制→二次腌制→成品

（3）制作方法

① 选料处理：选用新鲜质嫩的芥菜缨，去掉黄叶、根，用水洗净，沥干水分待用。

② 一次腌制：缸内先用食盐 400 克，用水化成盐水后，把沥水后的芥菜缨放入，上面撒上食盐 200 克，用重石压紧，2 天倒一次缸，大约 10 天腌好。

③ 二次腌制：腌好的芥菜缨取出沥水，至五成干，再把剩下的食盐撒在菜缨上面，用手搓匀后放入大料、桂皮、花椒、小茴香，入缸压实，封好坛口，一个月后即为成品。

特点：制品脆嫩，清香适口，便于存放，切碎生拌、炒吃皆可。

3. 糟腌芥菜

（1）配料

扁茎芥菜 100 千克，红糟 30 千克，食盐 15 千克。

（2）工艺流程

原料选择→修剪晾晒→糟腌制作→装坛封盖→切碎包装

（3）制作方法

①原料选择：选用春季扁茎芥菜，以株大、梗扁厚、无虫蛀、无老黄叶为佳。最好是初春开始抽茎 10 厘米时采收的芥菜，老嫩适中，加工后成品别有风味。

②修剪晾晒：将选好的芥菜剔除老叶、黄叶，削平老根，排放在地上，在阳光下晒一天，收回后拍去泥沙，晾晒、排湿至鲜菜脱水 10% 左右。以手捏菜茎感觉柔软而不断裂为度。

③糟腌制作：按 100 千克排湿的芥菜配用红糟 30 千克、食盐 15 千克，糟盐混合均匀，糟腌分两次进行。

第一次将酒糟抹擦在菜身上，根部、菜心要多擦，擦后摆进腌缸内，待 2～3 天后取出，沥去卤水进行二次擦糟。

第二次擦糟时要逐个抹擦。

④装坛封盖：采用陶制、口小肚大、坛口直径 15～20 厘米，密封性好的腌坛。

将糟腌好的芥菜连同糟料逐棵装入腌坛内，逐层压实，目的是除氧，防止装量松引起透气而发酵变酸。装至离坛口 10 厘米，用糟料盖菜，表面再加上一层盐。坛口用竹叶或荷叶包裹，用绳捆紧坛口，用泥土封口。一般腌制 15～20 天即为成品。长期贮存时，可将封口后腌制的糟菜坛一个个倒置于铺有一层 30～40 厘米厚的谷壳灰堆上，可贮存 1～2 年。

⑤切碎包装：糟菜食用前用凉水洗去糟料，再切成丝作为佐料。切丝时，沿菜茎横切成 1～2 厘米宽的丝状，然后装入铝膜袋中，每袋装量有 50 克、100 克、150 克，封口即成。

4. 酱芥菜

（1）配料

芥菜坯 20 千克，酱油 10 千克。

（2）工艺流程

选料→脱盐→沥干→酱制→成品

（3）制作方法

①选料：选用合格的芥菜坯为原料。剔除失水萎蔫过重和软

烂的芥菜坯。

② 脱盐：将选择的芥菜坯放入水池中浸泡。注意在 24 小时内换水 5～6 次，以除去多余的盐水。

③ 沥干：将脱盐后的芥菜坯捞出放在筐内，适当加压，使水分沥干。

④ 酱制：把 20 千克沥水的芥菜坯放入 10 千克酱油中浸泡一周后，芥菜坯由绿色变成深褐色，并具有酱香味，即为成品。

特点：制品呈深褐的酱色，具有酱香味。

5. 酱芥菜头

（1）配料

咸芥菜头 10 千克，甜稀酱、黄豆酱各 3 千克，酱油 2 千克。

（2）工艺流程

原料处理→漂洗→干燥→酱制→成品

（3）制作方法

① 原料处理：将咸芥菜头装入竹篮内，淋卤后，用刀削去菜头表面的须根、老斑后备用。

② 漂洗：将处理的咸芥菜放入 12 千克清水中漂洗 3 小时左右，间歇搅拌，至浸泡出液浓度达到 7～8 波美度为宜。

③ 干燥：将漂洗的芥菜捞出晾晒 2～3 天，使表皮略显干燥即可。

④ 酱制：把晒干后的咸芥菜头用稀甜酱、黄豆酱、酱油配成的混合酱酱制。每天早晨翻搅一次，经 15 天左右即为成品。

特点：制品呈棕褐色，具有光泽，味美鲜甜，质地爽口。

6. 沧州冬芥菜

（1）配料

鲜芥菜 50 千克，食盐 10 千克，冬菜坯（白菜）50 千克，红皮大蒜 15 千克，炒盐 7.5 千克。

（2）工艺流程

选料腌制→浸泡→晾晒→菜坯加工→菜坯腌制→拌蒜泥→

调配→入缸→封缸→发酵→成品

（3）制作方法

① 选料腌制：选取无病虫害、无伤裂、无烂心，重量为 250 克以上、750 克以下的鲜芥菜。削去芥菜顶叶、根须，入池腌制。以芥菜 10 千克加 2.0 千克食盐的比例，放一层菜，撒一层盐，以池装满为宜。第一天腌入，隔天翻池。第一遍翻池后，每隔五天翻池一次；20 天后用石块将菜压入卤水汁，下一个月即可捞出池加工。

② 浸泡：将腌好的芥菜捞出池后，切成厚 1.5 厘米的片，入缸用清水浸泡 4～5 小时，芥菜片含盐达 12％～14％为宜，然后捞出缸待用。

③ 晾晒：将浸泡后的芥菜捞出放在苇席上晾晒，每日翻倒 2 次，3 天后芥菜片水分挥发，菜片表面略出现皱纹，用手折有弹性、无脆裂即达晾晒目的。

④ 菜坯加工：将鲜白菜切成 1.5 厘米见方的菜坯，放在苇席上晾晒，厚度不超过 1 厘米，每日打坯 2 次，48 小时后，菜坯刀口收缩，出现皱纹，用手捏有弹性、成团，松手即散为宜。鲜白菜出品率 13％～15％。

⑤ 菜坯腌制：将食盐用锅焙炒至微黄色、大粒爆开即可。然后用粉碎机粉碎成细末，50 千克菜坯加炒盐 7.5 千克，调拌均匀后装入缸腌制 3 天即成卤坯。

⑥ 拌蒜泥：将红皮大蒜去蒜衣，拣去坏蒜、杂质，用粉碎机粉成蒜泥。卤菜坯 50 千克加蒜泥 15 千克。用扫帚将蒜泥于卤菜坯上扫均匀，然后再用木锨翻拌两次，即成冬菜坯。

⑦ 调配：用芥菜片 50 千克，冬菜坯 50 千克混合一起，用木锨进行翻拌 2 次，使芥菜片与冬菜坯调配均匀后即可入缸。

⑧ 入缸：将调配均匀的物料入缸，每缸 100 千克。装完后用木锤将表面砸实、拍严，撒上薄薄一层细炒盐即可封缸。

⑨ 封缸：装完缸后，用荷叶将表层盖好，缸口捆上一层塑料布，上面架上 6 根竹棍，用灰泥将缸口封严，入温室发酵。

⑩ 发酵：采用天然发酵时，将封好口的缸置阴凉干燥处进行发酵，冬季约经 6 个月，夏季约经 3 个月即可成熟。采用室温发酵时，将封好口的缸放室内架高 0.5 米，码放 2 层，室温控制在 35～38℃，冬季发酵 2 个月，夏季发酵 1 个月即可成熟。

特点：制品呈金黄色，具有冬菜特有香气，滋味鲜美，咸度适中，久存不坏，是河北沧州地方名特产品，历史悠久。

7. 独山酸芥菜

（1）配料

青芥菜，腌大蒜，甜酒、辣椒粉、食盐、冰糖。

（2）工艺流程

选料→晾晒→洗菜→复晒→腌制→切分→拌料→发酵→包装→成品。

（3）制作要点

① 选料：选取菜头菜薹粗壮鲜嫩，抽薹 10～15 厘米长，尚未形成花蕾的十字花科芥菜类的青菜作为原料。

② 晾晒：将选好的青菜，采收后就地摊晒一天（不要堆放），晒至菜柄一面微变软时，翻晒另一面，边翻边折断菜薹（但不要撕下），以促使水分蒸发和控制老化。晒至七成干即可。

③ 洗菜：将晒过的菜放入清水中冲洗去泥沙、杂质、菜虫和虫卵。

④ 复晒：把菜边洗边放在阳光下复晒。将含水量高的部位朝向阳面，晒至菜体柔软即可。

⑤ 腌制：复晒后把菜整理整齐，过秤后腌制。用盐量为菜量的 8％～10％。将菜一把一把装在腌缸内，菜头搭在菜叶上呈覆瓦式摆放，并一层菜一层食盐，踩踏结实，尽量不让空气透入，以抑制微生物活动。快装满缸时，在菜上浇喷菜量 0.2％的白酒，可增进香味和防止发霉。当装至最上面一层时，必须踩得更紧，并撒一层 2 厘米厚的食盐封口。盖上竹席，席上铺 6～10 厘米厚的食盐，上覆薄膜，以防灰尘。

⑥ 切分：腌制 10 天左右后，捞起菜，用小刀将菜叶从叶柄与

菜头之间切下，菜叶、菜心分开摊放，切去菜叶的叶柄，再把菜叶、叶柄分别切成宽 0.8 厘米、长 3.0 厘米的小段，分开摊放。然后剥去菜头与菜薹的外皮，也切成同样大小的小段，另外堆放。最后按原料分级贮存，以备拌料。

⑦ 拌料：按以下成品调配拌料。

一级冰糖腌渍酸菜：叶柄多的菜块 44 千克，菜头和菜薹 8 千克，腌大蒜 8 千克，甜酒 6 千克，辣椒粉 5 千克，食盐 5.5 千克，冰糖 5 千克。

二级冰糖腌渍酸菜：叶柄多的菜块 50 千克，菜头和菜薹 5 千克，腌大蒜 5 千克，甜酒 6 千克，辣椒粉 5 千克，食盐 5.5 千克，冰糖 5 千克。

拌料方法：先将使用的木盆、坛子、瓢勺等洗净，再把甜酒、食盐、冰糖放入木盆，充分拌匀。然后倒入菜块、大蒜，充分搅拌，即可装坛发酵。

⑧ 发酵：将调配均匀的拌好料的半成品装入菜坛内，装至距坛口 15 厘米即可。盖上盖子，以利发酵。当坛内不再冒气泡时，发酵即可结束。然后密封坛口，隔绝外界空气，半月后即可分装上市。

⑨ 包装：根据市场情况，将成品进行包装。装好后立即密封坛口，出厂时放进特制竹篓中外用。

特点：制品色泽红亮或黄亮，风味独特，咸甜酸辣适口，是贵州特产之一，畅销国内外市场。

8. 云南芥菜

（1）配料

新鲜芥菜头 10 千克，食盐 1.0 千克，黄酱 1.2 千克，白酱 250 克，红糖 500 克，饴糖 800 克。

（2）工艺流程

原料处理→腌制→配酱汁→酱制→晾晒→发汗

（3）制作方法

① 原料处理：选取新鲜肥嫩的芥菜头，削皮洗净。削皮时用

平刀顺着削，削的皮越薄、菜头越光滑越好。用反刀削菜头处，除掉须根和伤疤，使芥菜头呈圆形，然后一刀两开。太大的芥菜头，要在中间再划一个刀口，但不得切断。

②腌制：用食盐揉菜，每次揉进的盐不要太多，可多揉几次。一般要分四次才能把盐揉匀，揉匀后装入缸内，上面再撒食盐。在腌制过程中，分三次翻缸，每隔两天翻一次，每次都要下些食盐。第一、第二次用食盐占80％，第三次用食盐占20％，三次翻缸后即出缸，用盐水把菜头上的泥土洗净，放在竹帘上晾干。

③配酱汁：将红糖、饴糖、食盐、白酱等调料混合调匀，成为腌制酱液。

④酱制：将缸洗净、擦干，铺上一层黄酱，再装入菜头，装至离缸口约10厘米处停止，压实压紧，上面再铺盖一层黄酱，盖上木板、石头，1～2天后翻缸。翻缸后分三次下酱汁，第一次下60％，第二、第三次各下20％，每次都要使酱汁淹没过菜面。一般要经过60～80天腌酱时间。

⑤晾晒：将经过腌酱的芥菜头捞出，晾至不往下滴卤时为止。再放到用黄酱和糖色调好的酱缸内搅匀，然后捞出，放在竹席上日晒2～3天。

⑥发汗：最后下缸时压紧、密封，经30天后取出，芥菜头光亮透心，即为成品。

特点：制品色泽油润、透亮，质地软带弹性，菜心呈红褐色，口感脆香，回味由咸变甜。

第四篇

茄果类

茄果类有番茄、茄子、辣椒等品种，主要是以幼嫩果实为食用对象的蔬菜。

茄果蔬菜喜温暖气候，不耐霜冻，以夏季露地栽培为主，现在用地膜塑料大棚栽培较为普遍。由于质量高、营养丰富，生长和供应的季节长，经济价值高，应用范围广，赢得人们的青睐。

茄果蔬菜含有丰富的维生素、氨基酸、矿物质元素、碳水化合物、有机酸等，对增强体质、解除大脑疲劳、加强新陈代谢、增加免疫功能起着重要作用。由于它质地鲜嫩、清香味好，除鲜食外，可以加工成罐头、腌制品、酱制品、脱水蔬菜和速冻蔬菜。

中医认为茄果类蔬菜大部分食性甘平或干凉，具有清热润燥之功能。现将三种茄果蔬菜的营养、保健功能及制品加工技术分别列述于后。

一、番茄

（一）概述

番茄又称西红柿、洋柿子、蕃柿、金苹果、爱情果等。原名狼桃，番茄果实为浆果，具有天然风味、高糖度品质，成熟时极易腐烂，果肉细嫩，酸甜适口，可作为水果食用。每百克中含热量79.5千焦，蛋白质0.6克，脂肪0.3克，糖2.2克，碳水化合物2.0克，粗纤维0.4克，灰分2.0克，还含有胡萝卜素、维生素B_1、维生素B_2、维生素C、尼克酸（维生素PP）、烟酸，以及矿物质，其中钙、磷、铁、有机酸0.15～0.75克，果胶质1.3～2.5克，还有维生素P（芦丁）、番茄红素、谷胱甘肽、苹果酸、柠檬酸，其中尼克酸的含量在蔬菜中首屈一指。

番茄味甘酸、性微寒。具有止渴生津、清热解毒、活血化瘀、平肝凉血的功效。有一定的药用价值。

（二）　制品加工技术

番茄色、香、味俱佳，可谓蔬菜中之上品，夏季可以代水果食用，也可与肉、蛋、鱼、虾及其他蔬菜相配制成各种菜肴，并可制成饮品、罐头、番茄酱等。

1. 脱水番茄片

（1）配料

新鲜番茄 100 千克。

（2）工艺流程

原料处理→浸渍→脱水→回软→包装

（3）制作要点

① 原料处理：选用成熟度较低，果皮快要红时，果肉厚而致密，汁水较少的番茄。首先用清水洗去泥沙、叶柄等杂质后，用切菜机切分，横切成厚约 1 厘米的片。

② 浸渍：脱水前应用 0.6％的亚硫酸钠溶液浸渍番茄片 5～8 分钟，以提高脱水番茄的质量，改善制品外观色泽。

③ 脱水：一般用隧道式干燥机进行脱水，温度为 60～70℃，起始温度 45～55℃，然后逐渐升高到 75℃，后期降温到 50℃。温度不宜过高，以免使番茄色泽变深。

④ 回软、包装：烘干的番茄可放入室内回软，平衡水分，然后进行包装。包装一般采用马口铁罐抽气包装，或用食品塑料袋真空包装。

特点：制品色泽红亮，质地脆酥，味甜微酸，有浓郁番茄风味。

2. 番茄泡菜（日本）

（1）配料

番茄 10 千克，洋葱头 2.5 千克，食醋、白糖各 0.7 千克，食盐 0.6 千克，咖喱粉 20 克。

（2）工艺流程

原料处理→腌制→装坛→发酵→成品

（3）制作方法

① 原料处理：挑选无病虫害的青番茄，去蒂清洗干净，沥干水，横向把青番茄切成圆片。将洋葱洗净沥干，切成圆片。

② 腌制：把青番茄、洋葱分盛于干净盆内，分别加入 0.45 千克食盐和 0.15 千克食盐拌匀，腌制一夜。

③ 装坛：将腌好的青番茄、洋葱分别改刀切成长方形，然后混合一起装入泡菜坛内。将白糖加入食用醋内，全部溶化后加入咖喱粉，搅拌均匀后全部倒入泡菜坛内。

④ 发酵：装坛后封口，置于通风良好、干净卫生处发酵 7～10 天后即为成品。

特点：成品酸甜香嫩，口感舒适。

3. 番茄汁

（1）配料

番茄，食盐，白砂糖，醋酸钾。

（2）工艺流程

原料选择→清洗→破碎→打浆榨汁→调配→均质→脱气→灌装→杀菌→冷却→成品

（3）工艺要点

① 原料选择：选用八九成熟、新鲜、果肉厚、色泽鲜红、香味浓郁的番茄，剔除病虫果。

② 清洗：用清水冲洗除去番茄表面泥沙及污物，再用次氯酸钠处理，清除微生物。

③ 破碎：先用去籽机破碎去籽。破碎后的浆液，迅速加热到 50℃，以杀死微生物，降低果汁黏度，提高出汁率。

④ 打浆榨汁：将加热的番茄浆汁采用三道打浆机打浆，筛孔直径分别为 1.0 毫米，0.5 毫米，0.4 毫米，然后再用螺旋式榨汁机榨汁。

⑤ 调配：加入番茄汁重量 0.5% 的食盐和 0.8% 的白砂糖。

⑥ 均质：采用高压均质处理，使细碎的果肉进一步细化，其压力为 9.8～14.7 千帕。

⑦ 脱气：均质后采用真空脱气处理。真空度为 79.9 千帕，脱气 3～5 分钟。

⑧ 灌装、杀菌：脱气后的汁液，加热到 70℃ 左右，加入 0.2％ 的醋酸钾，趁热用灌装机灌于清洗消毒后的罐（瓶）中，封口，立即杀菌，杀菌可用沸水杀菌，也可用高温瞬时杀菌，采用高温瞬时杀菌效果好。杀菌温度为 120℃，时间 40 秒。

⑨ 冷却：杀菌后采用分段冷却到 38℃。

⑩ 包装：冷却后擦干罐，入库贮存一周，检验后包装。

特点：色泽红艳，有天然番茄的风味。

4. 番茄汁发酵饮料

（1）配料

番茄 125 千克，白砂糖 5 千克，柠檬香精 0.5 克，乳酸克鲁维酵母和脆壁克鲁维酵母适量。

（2）制作方法

① 选择成熟度高的，无病虫害斑，色泽鲜艳的番茄，用水洗净后破碎，再用孔径为 0.5 毫米的滤网榨汁机榨汁。榨汁后，将汁澄清，再进一步过滤后，采用夹套真空浓缩机浓缩至二分之一。

② 将浓缩液加热到 90℃ 杀菌后，冷却至 35℃，然后分别接入预先培养好的乳酸克鲁维酵母和脆壁克鲁维酵母，使基质酵母数达到 15×10^5 个/毫升。

③ 在防止外界杂菌感染的条件下，在 35℃ 静置发酵 40 小时，所得发酵液酒精浓度为 0.8％，pH 值为 4.2，将此发酵液经过离心分离出发酵母液，再加水稀释两倍备用。

④ 将 95 升发酵母液加入 5 千克砂糖和 0.5 克柠檬香精，调配好后，于 95℃ 杀菌 10 分钟，趁热装瓶，放入沸水中杀菌 20 分钟，然后分段冷却到 38℃，擦瓶，贮存一周，检验包装，即为番茄汁发酵饮料。

特点：香味怡人，风味独特。

5. 番茄乳酸饮料

（1）配料

番茄 80 千克，奶粉 80 千克，白砂糖 0.12 千克，调味料 0.5 克（柠檬香精），保加利亚乳杆菌适量。

（2）制作方法

① 将番茄清洗干净，采用孔径 2 毫米滤网的捣浆机挤压，得到含糖 5.4% 的汁液，用真空浓缩器浓缩至 1/2，得番茄酱。

② 用 50 份番茄酱和 50 份牛奶（12% 脱脂乳溶液）混合，调 pH5～3，加热到 110℃ 杀菌，然后冷却到 40℃。

③ 将预先配好的保加利亚乳杆菌按每毫升 15×10^5 个的比例加入番茄酱液中，在 40℃ 静置 8 小时，得到 pH 为 3.9、含 0.5% 乳酸的发酵液。

④ 采用离心分离机将发酵液离心分离。

⑤ 将 50 千克离心分离出的滤液与 49 千克水、120 克糖、0.5 克调味料混合后，得到所需的饮料。

特点：味道适口、营养丰富、有番茄风味。

6. 番茄汽水

（1）配料

番茄 100 千克，白砂糖 2 千克，柠檬香精 0.2 克，含二氧化碳苏打水适量。

（2）工艺流程

原料选择→清洗→破碎→打浆→脱气→过滤→配料→杀菌→充气→包装

（3）工艺要点

① 原料选择：选择成熟度高，色泽红艳，无病虫害斑、损伤的番茄为原料，去掉蒂。

② 清洗：用清水冲洗除去番茄表面的泥土、污物。

③ 破碎、打浆：用破碎机将番茄破碎后，加热至 70℃，再冷却至 30℃ 送入打浆机打浆。

④ 脱气、过滤：浆液采用真空脱气，真空度为 79.9 千帕，脱气 5 分钟，然后用离心机甩滤，得番茄滤汁。

⑤ 配料、杀菌、充气：番茄滤汁加入白砂糖、柠檬香精，在 98℃杀菌 1 分钟，立即冷却至室温，按 1∶1 压入含二氧化碳 4% 的苏打水，混合均匀。

⑥ 包装：用清洁消毒的瓶或易拉罐分装即为成品。

特点：能保持原有各种营养成分，而且去掉番茄中令人不快的味道。

7. 番茄醋饮料

（1）配料

番茄 1000 千克，4.2%葡萄酒醋 35.6 千克，白砂糖 23.7 千克，柠檬汁 118.5 毫升。

（2）制作方法

① 选择色泽好的番茄，用清水洗净，捣碎、静置 7 分钟，加热到 70℃，然后立即冷却到 30℃。

② 连续通过孔径 2 毫米、0.5 毫米及 80 目筛网榨汁，过滤得到番茄汁 790 千克。

③ 将榨出的汁在压力 2133 帕下脱气，进行间隔离心分离，得到透明番茄汁 396 千克，色泽呈淡黄色，糖为 3%，酸度为 0.37%，pH 值为 4.4。

④ 在番茄汁中加入葡萄酒醋、白砂糖和柠檬汁，在高温 98℃ 瞬时杀菌，立即冷却到 10℃，可得到番茄汁醋饮料。

特点：番茄与醋混合产生一种新的香味，消除了番茄特有的涩味。

8. 番茄冰淇淋

（1）配料

番茄，白砂糖，羧甲基纤维素钠，明胶，淀粉，单甘酯，鲜奶，奶油，香精。

（2）工艺流程

选料→清洗→去蒂→漂烫→榨汁→配料→杀菌→冷却→均质→

冷却→陈化→凝冻→软质→冰淇淋

（3）工艺要点

① 选料、清洗、去蒂：选择皮薄肉厚的品种，而且成熟度高无腐烂、无病虫害及损伤的鲜果为原料，用清水冲洗干净，用不锈钢刀去蒂。

② 漂烫、榨汁：将去蒂后的番茄放沸水中烫漂 0.5～1 分钟后，立即浸入冷水，然后用人工去皮，再用破碎机破碎，用打浆机打浆，再加水过滤得到番茄汁。

③ 配料：首先将白砂糖加水加温溶解后过滤，然后将羧甲基纤维素钠、明胶、淀粉和单甘酯溶解于 70℃ 以上热水中。最后，按配方要求，将白砂糖、羧甲基纤维素钠、明胶、淀粉和单甘酯溶液及番茄汁、鲜奶、奶油慢慢加入到料液混合罐中，搅拌均匀。

配料比例：番茄汁 5%，白砂糖 15%，鲜牛奶 40%，稀奶油 5%，淀粉 3%，明胶 0.3%，羧甲基纤维素钠 0.5%，单甘酯 0.075%，香精适量，其余为水。

④ 杀菌：将料液加热到 80℃，杀菌 30 分钟。

⑤ 冷却、均质：将杀菌后的料液降温到 60℃ 时，用高压均质机均质，均质压力为 0.18～0.2 兆帕。

⑥ 冷却、陈化（老化）：均质后的料液在板式热交换器中冷却，然后送入陈化罐中，搅拌 10～12 小时，温度控制在 2～4℃。

⑦ 凝冻：陈化好的料液加入香精，送进冰淇淋料斗槽中冻结膨化，然后迅速进入 -35～-30℃ 冷库中速冻 6～8 小时，再转进 -18℃ 冷藏。

特点：色泽浅粉红色，长方形或长矩形，不收缩，不变形，有柔和奶香味和番茄特有香味，无异味，组织细腻，无大的冰晶及颗粒，入口即化。

9. 番茄罐头

（1）配料

番茄，氯化钙，柠檬酸。

（2）工艺流程

原种选择→原料处理→去皮浸泡→装罐→排气→密封→杀菌→冷却

（3）工艺要点

① 原料选择：选取新鲜、成熟、质地细腻的番茄，去除病虫、损伤果。

② 原料处理：选择的番茄用清水洗去表面泥土和杂质，用不锈钢刀挖去果柄、果蒂。

③ 去皮浸泡：将处理后的番茄投入 95～98℃ 热水中，烫 1 分钟取出，浸入冷水中进行人工去皮。将去皮的番茄浸泡于 0.2%～0.3% 浓度的氯化钙液中 5～6 分钟硬化取出，用清水清洗一下。

④ 装罐：将浸泡清洗后的番茄，按色泽、大小不同分类，分别装罐，其装罐量，玻璃罐装量不低于净重的 50%，铁罐装量不低于净重的 55%。

⑤ 排气、密封：装罐后用热力排气。使罐内温度达到 60～70℃，立即封罐。

⑥ 杀菌：当番茄原料 pH 值为 4.3 以下时，用常压杀菌，对于含酸量低的原料，可加入柠檬酸再杀菌、冷却。

特点：果实红艳，可直接食用，也可作菜肴的配料。

10. 番茄酒

（1）配料

番茄，糖浆，果酒酵母，酒精，香料，白砂糖，柠檬酸，单宁。

（2）工艺流程

原料预处理→调配→发酵→过滤→调酒度→贮存陈酿→制备香料液→调制成品→陈酿→热处理→灌装→成品

（3）工艺要点

① 原料预处理：选择完整、成熟的番茄，除去腐烂、虫害、损伤果实，用清水洗净，用破碎机破碎，再用榨汁机榨汁后，加热升温到 70℃ 以上，以激活番茄中原有的果胶酶，使能起到澄清果

汁的作用，然后冷却到30℃以下。

② 调配、发酵：将上述澄清番茄汁用糖浆调整糖度到10%，pH值为4.5，然后加入酸性较强的果酒酵母，温度控制在25～28℃下发酵，当残糖量低于0.5%时发酵结束。

③ 过滤、调酒度、贮存陈酿：发酵结束的番茄汁过滤，用脱臭酒精调到酒度达18%后，转入贮存陈酿，时间不少于三个月。

④ 制备香料液：选用菊花、薄荷、柠檬皮、桂皮、丁香粉五种植物原料，加入65%脱臭酒精混合均匀、浸泡，期间搅拌几次，浸泡20～30天，然后将浸泡香料装入滤布口袋中过滤，所得香料液在低温下澄清处理。时间为一个月。

⑤ 调制成品、陈酿、热处理、灌装：将上述陈酿所得的番茄酒液和香料液按比例混合。加入适量精制白砂糖、柠檬酸、脱臭酒精、蒸馏水，调整酒度到20%、糖度5%、酸度0.35%，然后加入单宁液混合均匀，再转入陈酿，时间六个月。到时候，收集上层清液过滤，在温度65～70℃热处理20分钟，再分装，即得透明的番茄酒。

特点：清亮透明，有果实香气，味醇厚，爽口。

11. 番茄脯

（1）配料

番茄，石灰（或氯化钙），砂糖，淀粉糖浆，柠檬酸，苯甲酸钠。

（2）工艺流程

原料选择→原料处理→划缝→压饼→硬化→漂洗→沥干→浸糖→沥干→整形→烘干→包装

（3）工艺要点

① 原料选择：选择果型中等大小，果径4～5厘米，圆形、形态饱满的早熟期新番茄为原料，着色度大约85%左右。

② 原料处理：用清水冲洗番茄除去泥土、杂质后，放入夹层锅中，以95～98℃热水烫漂10～30秒钟取出，浸入冷水中冷却后，用手工剥去外皮。

③ 划缝、压饼：去皮后的番茄用小刀在果实周围均匀划 4～6 条小缝，然后稍微加压去掉部分籽和汁液以呈饼状。

④ 硬化、漂洗、沥干：压饼后的番茄放入浓度为 1.0％～1.2％的石灰水中浸泡 4 小时，或用 0.5％～1.0％氯化钙溶液中浸泡 4 小时也可。硬化后，捞出沥干，用清水冲洗 3～4 次，再浸泡 1 小时，捞出沥干。

⑤ 浸糖：采用三次连续浸糖工序，糖液浓度第一次为 35％，第二次为 40％，第三次为 55％。糖液的组成成分为 40％淀粉糖浆和 60％砂糖。在第三次浸渍中加入 0.5％柠檬酸和 0.10％苯甲酸钠或 0.05％的山梨酸钾防腐剂。

⑥ 沥干、整形：将浸糖后的番茄脯沥干糖液后，逐个压扁整形。

⑦ 烘干、包装：将整形后的番茄脯送入烘房烘烤，温度为 60～65℃，烘至不粘手时即可推出，冷却后用塑料食品袋分装，再装箱即为成品。

特点：成品扁形，色泽黄红，糖分布均匀，酸甜适口，不粘手。

12. 番茄粉

（1）配料

番茄，食盐，亚硫酸氢钠。

（2）工艺流程

原料选择→原料处理→破碎→打浆→细磨→浓缩→喷雾干燥→检验→包装

（3）工艺要点

① 原料选择：选用充分成熟、色艳、肉质厚、汁少，无腐烂和虫害的新鲜番茄。

② 原料处理：番茄用清水洗去泥土、杂质，去柄蒂，投入沸水中热烫 2 分钟。

③ 破碎、打浆：洗涤热烫后的番茄送入片式破碎机中破碎。再送入打浆机打浆，过筛，去果皮、果籽和纤维。

④ 细磨、浓缩：将除去皮籽、纤维的果浆用胶体磨连续处理两次，磨成细腻、均匀的番茄浆。然后把果浆用真空浓缩锅浓缩至糖度达 18% 以上。在浆中加入 1%～2% 的食盐，增加风味，加入 0.03% 亚硫酸氢钠，可减少维生素 C 的损失。

⑤ 喷雾干燥：浓缩后的番茄浆放入保温缸中保持温度 65℃ 左右。当干燥间内温度达到 85℃ 时，即可进行喷雾。一般采用 CGW-Y75 型立式压力喷雾干燥机进行喷雾干燥。其喷雾压力为 0.686 兆帕，进风温度 170℃，排风温度 80℃，孔径 1.2 毫米，集粉器随时收集干燥的粉粒。

⑥ 检验、包装：按标准进行抽样检验，合格后进行密封包装，以免与空气接触。

特点：粉体颗粒均匀，流动性及冲调性好，产品为红色，保有番茄原有风味。

13. 番茄果丹皮

（1）配料

番茄，砂糖，柠檬酸，胭脂红食用色素，苯甲酸钠。

（2）工艺流程

原料选择→清洗→预煮→打浆→调配→刮片→烘干→包装

（3）工艺要点

① 原料选择：选择充分成熟，梗部绿色消退，红色鲜艳，无病斑、无腐烂的果实。

② 清洗：选取的番茄用清水冲洗干净，去蒂。

③ 预煮、打浆：清洗去蒂后的番茄，用不锈钢刀切成两半，放入夹层锅中加热软化，然后送入破碎机中破碎去籽。果肉送入打浆机中打浆，浆体要求细腻均匀。

④ 调配：番茄浆倒入搅拌器中，加入砂糖至果浆可溶性固形物达到 50% 时，加入 1%～2% 的柠檬酸，再按每 100 千克番茄浆加入 15 克胭脂红食用色素，再加入 0.1% 的苯甲酸钠或 0.05% 山梨酸钾防腐剂，搅拌均匀后即可刮片。

⑤ 刮片：将特制的木框放在玻璃板上，将番茄浆倒入木框中，

刮成 0.5 厘米厚的薄片。浆片厚薄均匀，光滑平展。

⑥烤干：将载有浆片的玻璃板送入烤房中，在 70～80℃烘烤 10～12 小时即成。注意通风排湿，以防干湿不匀或焦化。

⑦包装：将烤干的番茄果丹皮趁热揭下，晾凉，再均匀撒上一层砂糖，再切成块或卷成卷，用玻璃纸包装，装入食品袋中即可。

特点：口感柔韧，酸甜适口，番茄味浓郁。

14. 番茄果冻

（1）配料

番茄，砂糖，柠檬酸，琼脂。

（2）工艺流程

原料选择→原料处理→破碎→过滤→调配→浓缩→加凝固剂→冷却→成品

（3）工艺要点

①原料选择：选择成熟度较好，皮薄肉厚，汁液少，无腐烂、病虫害的鲜果。

②原料处理：将番茄用清水冲洗去表面泥沙及其他污物，然后用 0.66％的漂白粉水溶液或 0.33％的水果清洗剂，浸泡 5～10 分钟，捞出用清水冲洗干净。然后用刀挖去果蒂，放入沸水中烫 0.5～1 分钟，取出浸入冷水冷却，用手工去皮。

③破碎：用破碎机破碎，然后送入打浆机中打浆，并除去籽粒。

④过滤：按番茄果量的 2～3 倍加水稀释果浆，充分搅拌，搅匀后用 80 目筛网过滤，得番茄汁。

⑤调配、浓缩：过滤得到的果汁边搅拌边加入 6％～7％的砂糖和 1％～2％的柠檬酸调配番茄汁，然后加热浓缩到可溶性固形物含量达 30％～35％时停止。

⑥加凝固剂、冷却：在浓缩后的番茄汁中加入 0.5％～1％的琼脂或果胶作凝固剂。搅拌均匀后，趁热注入塑料模具中，冷却脱模，即成果冻。

特点：色泽红丽，呈透明状，酸甜可口，有番茄风味。

15. 番茄蜜饯

（1）配料

新鲜番茄，石灰，白砂糖。

（2）工艺流程

选料划缝→灰液硬化→配糖腌渍→整形→烘干

（3）制作要点

① 选料划缝：选果圆形、中等大小、无病虫害的晚熟番茄为原料。用清水洗净，摘去果蒂，用刀片在果身中部对称刻划四道约1厘米左右的小口，然后压扁。

② 灰液硬化：将刻划的番茄放入15％石灰水澄清液中浸泡12小时，捞出用流动水漂洗去石灰味，沥干。

③ 配糖腌渍：按番茄、水、白砂糖的比例为5：4：2，先将白砂糖放于水中煮沸溶化后，再倒入硬化过的番茄中浸渍24小时。然后，每天将糖液浓度提高10％～15％。到第七天糖渍液浓度已高达55％～60％后，捞出番茄沥去糖液，在清水中洗1～2秒钟。

④ 整形、烘干：将番茄坯压扁整形，在60℃左右条件下，烘烤3～16小时即为成品。

特点：制品色泽鲜红，油津光亮，吃起来香甜可口。

16. 番茄红素提取

番茄中番茄红素含量很高。可利用加工番茄汁、番茄酱的下脚料和番茄皮为原料，提取番茄红素。目前多采用微波辅助萃取法。

（1）工艺流程

原料处理→控温浸提→微波辐射→离心分离→浓缩→干燥→成品

（2）制作要点

① 原料处理：将新鲜番茄洗净捣碎。番茄糊的粒度对番茄红素的提取影响较大，粒度越小，番茄红色素的提取率越高。

② 控温浸提：将番茄糊调pH值至6，按照料液比为1：2加

入乙酸乙酯，室温浸提，适宜的浸提温度为室温到 35℃ 之间，超过 40℃ 时提取的色素不稳定，易分解。

③ 微波辐射：使用微波辐射法效果最优，浸提条件是低火、萃取时间 80 秒钟，料液比为 1∶2。采用微波辐射法萃取，可以提高萃取效率，微波辐射时间在 60～80 秒钟时，对番茄红素的提取效果最好。微波辐射法可以大大加快浸提速度，缩短浸提时间。

④ 离心分离、浓缩、干燥：离心分离除去渣得到滤液，采用真空低温浓缩，回收乙酸乙酯，干燥得粗红色素，然后冷却结晶，得到番茄红素。

二、茄　子

（一）概述

茄子又称茄瓜、矮瓜、落苏、草鳖甲、昆仑瓜等。营养成分比较全面，每百克含热量 92 千焦，蛋白质 2.2 克，脂肪 0.1 克，碳水化合物 3.1 克，粗纤维 2.2 克，灰分 0.4 克，还含有胡萝卜素、维生素 A、维生素 B_1、维生素 B_2、尼克酸、维生素 C、维生素 E、烟酸、维生素 P 以及矿物质钾、钠、钙、镁、铁、锌、铜、锰、磷、硒、碘，此外含有葫芦巴碱、水苏碱、胆碱、龙葵碱等多种生物碱和皂草苷，种子中龙葵碱含量较高，果皮中含有色素茄色苷、紫苏苷等。

茄子性寒、味甘、无毒。具有消肿止痛、健脾益胃、通络祛风、凉血止血、健脑益寿的功效。

（二）制品加工技术

茄子的烹制可荤可素，可热可凉，可咸可甜，可鲜食也可制成时令家常菜。茄子喜油而不腻，食用方法多样，有炒、烧、炖、拌、炸、蒸、焖、煎、烧汤、制馅等。

1. 玻璃茄子

（1）配料

圆茄子 0.5 千克，红枣 0.25 千克，鸡蛋 2 只，白糖 0.2 千克，面粉 50 克，水淀粉 25 克，青红丝 10 克，植物油 0.5 千克（实耗 150 克）。

（2）制作要点

① 将红枣洗净，放在开水锅中煮烂，呈深紫色，去掉皮及核，只用枣泥，放入炒锅里，加入白糖 50 克，稍炒一下，使白糖与枣泥混合均匀，即成枣泥馅。

② 鸡蛋磕打在碗中，加入面粉及水淀粉，用筷子搅拌均匀，即成蛋糊。

③ 将茄子洗干净，去掉蒂，削去皮，切成 3 厘米长、6 毫米厚的大三角块，从三角块的一尖端片开，直到底边不片断，中间夹入炒好的枣泥馅。

④ 将植物油倒入锅中，放置在旺火上，待油加热后，将夹馅的茄子块表面蘸匀蛋糊，放入油锅内炸制。待锅内油起泡并发出响声时，将锅转入微火，使油渗入茄子中。前后炸约 5 分钟左右，再将锅端到旺火上，约炸 2 分钟左右，呈现浅黄色即可捞出。

⑤ 取 100 克水倒入锅内，放入白糖 150 克。置到旺火上，将糖溶开，熬制到发黏时，用勺挑起有丝拉出来，并见空气就变硬而脆时，即将炸好的茄子倒入糖锅中将锅颠翻几次，使糖液均匀裹到茄子上，出锅倒入盘中，撒上青红丝即可上桌食用。

特点：此菜亮如玻璃，糖包茄子，香甜适口。

2. 茄子酱

（1）配料

紫色茄子 50 千克，食盐 5.0 千克，番茄酱 4.0 千克，白糖、茴香、胡萝卜、洋葱、芹菜、荷兰芹、防风根各适量，胡椒粉。

（2）制作要点

① 选用新鲜、成熟度适中，无病虫害，未腐烂发霉的紫茄子。

② 将选好的茄子清洗干净，浸入 10％的盐水中 5 分钟左右，然后捞出，冲去茄子表面的盐水，去柄蒂，切成 1 厘米厚的片。

③ 将胡萝卜洗净，去除青色头部，切成段，加热煮至软化。洋葱洗净，切根剥皮，切成片状。茴香洗净，去除粗茎和枯萎部分。芹菜去根、洗净，切成 4 厘米长的小段。荷兰芹洗净，去除腐烂部分和中心坚实的硬茎，切成薄片。防风根洗净，切成小块。

④ 将茄子投入 170～180℃ 的油锅中炸制。将其他配料分别放入 140～160℃ 油锅中炸至微黄色捞出，沥油。

⑤ 油炸茄子 50 千克、油炸胡萝卜 11.5 千克、油炸洋葱 0.8 千克、油炸根菜各 0.3 千克混在一起，送入筛孔径 1～3 毫米的绞碎机中绞碎。

⑥ 将番茄酱与绞碎的料混合。其混合物的比例为：取含干燥物为 15％的番茄酱 3.7 千克、食盐 3.2 千克、白砂糖 0.2 千克、胡椒粉 12 克，芹菜、荷兰芹、茴香 3 种菜的菜叶共 7 克，加入绞碎料搅拌均匀，即成茄子酱。

⑦ 将搅拌均匀的茄子酱，装入玻璃罐中，进行排气，密封，再用 116℃ 杀菌 15～18 分钟，分段冷却。

特点：此酱酱体均匀一致，不流动，不析出液汁，呈黏稠状，具有番茄及其他混合物风味。

3. 甜酱茄子

（1）配料

茄子 20 千克，食盐 3.0 千克，红砂糖 1.5 千克，甜面酱 12 千克，苯甲酸钠 10 克。

（2）工艺流程

原料处理→盐渍→酱制→洗酱→装缸→成品

（3）制作方法

① 原料处理：将选用的茄子去蒂、去籽，在清水中浸泡后捞出去皮。

② 盐渍：将去皮后的茄子放入食盐水中（淹没茄子即可），用蒲包封顶盖严。茄子腌制半天后取出，装入布袋内，扎口，平放在

筐中压石头，4 小时后紧口，翻袋一次。

③ 酱制：经 10 小时后，将压制好的茄子放入甜面酱中，每天打耙一次，5 天通风一次，不要晒，80～100 天后取出茄子。

④ 洗酱：将取出的茄子，用清水洗掉外表酱即可入缸。

⑤ 装缸：将洗去外酱的茄子放入缸内，将红砂糖均匀撒入茄子内，加入溶化的苯甲酸钠，待糖全部溶化即为成品。

特点：成品呈红褐色，质地鲜嫩，酱香味浓。

4. 糖醋茄子

（1）配料

嫩茄子 10 千克，食盐 0.4 千克，姜丝 0.1 千克，白糖 0.5 千克，食醋 0.7 千克

（2）工艺流程

选料处理→烫漂→盐渍→晾晒→装坛→成品

（3）制作要点

① 选料处理：将选择好的茄子去蒂，清洗干净，改刀切成小块。

② 烫漂：将茄子块放入沸水锅中烫漂一下捞出，用手挤干水分。

③ 盐渍：将挤干水分的茄子块放入盆内，撒上食盐腌渍一天，取出。

④ 晾晒：盐渍的茄子块放在竹席上晒制六七成干待用。

⑤ 装坛：取坛一个，将茄块和姜丝拌匀，放入坛中，加入白糖、醋，盖好坛盖，经 2～3 天即为成品。

特点：成品酸甜可口，食时带有韧性。

5. 茄子干

（1）配料

茄子 100 千克，食盐 7.0 千克，腌制红辣椒 15～20 千克，豆皮 35～40 千克。

（2）工艺流程

选料→清洗→预煮→切片→一次日晒→盐腌→二次日晒→浸泡

日晒→配料→包装→成品

（3）制作要点

① 选料：选用个大肥嫩，肉质细密，无病虫害、无腐烂的新鲜茄子作原料。

② 清洗：将选好的茄子用刀切去果柄及萼片，放入清水中洗净待用。

③ 预煮：锅中加入清水煮沸，倒入洗净的茄子，盖上锅盖，待锅内的水再沸时捞出一只茄子，查看其煮熟程度，若茄子已变为深褐色、柔软，但未熟透，表明已煮好，应立即捞出茄子，放在竹帘上散热晾凉。

④ 切分：将预煮散热后的茄子用刀切成两半，再将每半划成 3～4 瓣，不要抖开，使茄子瓣仍连在一起。

⑤ 一次日晒：切好后，将茄子放在凉席上，茄子剖面朝上，置阳光下曝晒一天，不要翻动，待茄子散热后，收回盐腌。

⑥ 盐腌：用陶瓷盆或缸进行腌制。将晒后的茄子剖面朝上放入盆内，上面撒一层研碎的盐末，用手揉搓均匀，使盐粉全部粘在茄瓣上。用盐量按晒后的茄子 100 千克加食盐 5.0 千克。搓盐后，将茄子剖面朝上，一层层地铺在盆中，直至茄子高于盆口 3～4 厘米，使盆中央凸出时为止。盐渍 12 小时。

⑦ 二次日晒：盐渍后，仍然把茄子一只一只地摆放在晒席上进行日晒。每隔 4 小时翻动一次，翻晒时若发现茄子下面有水汽，要用干布擦干。如此日晒 2～3 天，茄子色变黑褐，能够折断时，即为半成品。

⑧ 浸泡、日晒：将干茄瓣放在清水中浸泡 20 分钟左右，让其吸水膨胀变软，然后捞出，再放到晒席上日晒。晒至茄瓣表皮无水汁，质量比刚浸泡完时略有减少，但仍较半成品重 45%～50% 为宜。浸泡的目的是为了脱去部分盐分及其苦涩味。

⑨ 配料：将半成品切成长 4 厘米、宽 6.5 厘米的块。按 100 千克茄瓣加食盐 2.0 千克、腌制的红辣椒 15～20 千克（红辣椒切成每片 1 厘米的碎块）、豆皮 35～40 千克的比例混拌均匀。然后逐

层装入泡菜坛中，边装边逐层捣塞结实，使坛内不透空气。装满后，坛口盖上盖，坛口周围的水槽里注入水，最后用扣碗扣在槽中，以隔绝外界空气进入坛内，经15天左右发酵，即为成品茄干。

⑩ 包装：上市时，可用食品塑料袋分装，每袋300～500克，也可用坛子密封包装，外套竹篓后起运外销。

特点：成品色泽褐色，内有鲜红辣椒碎块点缀，茄肉软润，口味鲜咸，有香辣味，无杂质、无异味。其营养成分可与番茄媲美。

6. 糖醋茄干

（1）配料

茄子50千克，红糖5.0千克，食盐4.0千克，食醋7.5千克，生姜1.0千克，橘子皮1.0千克，紫苏1.0千克。

（2）工艺流程

原料选择→清洗→切分→漂烫→压榨水分→盐腌→一次曝晒→糖醋渍→二次曝晒→包装

（3）制作要点

① 原料选择：选取成熟度适宜，个大，无病虫害、无腐烂、无机械损伤的茄子为原料。

② 清洗、切分：将选用茄子清洗干净后，去把、去皮，再纵切成6～8瓣，然后放入2%的食盐水中浸泡5～6小时后，再切成片。

③ 漂烫：将切好的茄子放在沸水中烫一下，以防止褐变及维生素的氧化损失。

④ 压榨水分：将漂烫后的茄片放入布袋中压榨，去除部分水以节约用盐。

⑤ 盐腌：按每千克茄片加80克食盐的量，将压去水分的茄片放入缸中进行盐腌，充分拌匀，腌渍24小时。

⑥ 一次曝晒：将腌渍的茄片摊放在竹席上曝晒，每隔4小时翻动一次，使茄片湿度一致，晒至茄片质量减少到原质量的40%为止。

⑦ 糖醋渍：将红糖、食盐、食醋、生姜丝、橘皮丝和紫苏丝

放入锅中搅拌均匀，煮沸，冷却至 60℃，然后倒入装有茄片的缸内，与茄片拌匀，浸渍 24 小时，每隔 6 小时翻拌一次，以使茄片充分吸收糖醋香液。

⑧ 二次曝晒、包装：将经糖醋腌过的茄片均匀地摊放在竹席上曝晒，每隔 4 小时翻动一次，晒至原质量一半时收起，放入缸内过夜，随后即可进行包装。

特点：制品酸甜适口，质地柔软，有韧性。

7. 茄子脯

（1）配料

茄子 100 千克，白砂糖 85 千克，亚硫酸氢钠、饴糖、食盐各适量，柠檬酸少许。

（2）工艺流程

原料处理→预煮浸硫→配糖渍制→沥液烘烤→检验包装

（3）制作要点

① 原料处理：选择八九成熟、个大，无虫害、无霉烂、无斑疤的茄子。用流动清水清洗干净，沥干水分，用刀去除茄疤及外皮，将茄子纵切成 6～8 瓣，再切成厚 1.5～2.0 厘米、长 4.0～6.0 厘米的长条或菱形块。然后放入 2.0％食盐溶液和 0.1％柠檬酸溶液中浸泡 4～6 小时，泡出茄子中的苦水和涩味。

② 预煮浸硫：捞出浸泡好的茄子块，放入沸水中热烫处理。烫至八九成熟时捞出，放入凉水中冷却，沥水，然后放入 0.2％～0.25％亚硫酸氢钠溶液中浸泡 8～12 小时。

③ 配糖渍制：每 50 千克处理好的茄子瓣用 30 千克白砂糖腌渍，时间 24 小时，然后再加糖 10 千克，腌渍 24 小时，然后将腌渍茄子的糖液滤出，在锅中加热并加入适量的饴糖煮沸。将腌渍好的茄子放入锅中，煮沸 5～8 分钟，捞出茄子块，沥净糖液后烘晒至半干时，再将其放入加热至沸的原糖液中煮沸，最后将糖液、茄子块放入缸中浸泡 24～48 小时。

④ 沥液烘烤：将糖煮浸泡后的茄子块捞出，沥干糖液，均匀地摆入烘盘中，送入烘房烘烤 12～18 小时，烘烤温度 60～70℃，

当产品含水量降至 8%～20%，且用手摸产品表面不粘手时即可出烘房。当烘烤房内相对湿度高于 70% 时，应进行通风排潮。一般通风排湿 3～5 次，每次以 15 分钟为宜。在烘烤过程中，还要注意调换烘盘位置，中前期和中后期进行倒盘 1～2 次，以利于产品干度均匀。

⑤ 检验包装：出烘房的茄子脯应放在 25℃ 左右的室内回软24～36 小时。然后进行检验和整形，去掉茄子脯上的杂质和碎渣，合格产品包装入库。

特点：制品呈乳黄或橙黄色，色度基本一致，浸糖饱满，块形完整，晶莹剔透，甜而不腻，质绵肉厚，保持茄子原有风味，无异味。

8. 茄子蜜饯

（1）配料

茄子 10 千克，红糖 6～7 千克。

（2）工艺流程

选料→处理→煮熟浸泡→压扁糖渍→控温蒸熟→反复蒸晒→包装

（3）制作要点

① 选料：选用中等大小、成熟偏老一点的茄子为原料。

② 处理：首先将茄子柄去掉洗净，用竹签在茄子四周捅成梅花形 6 个洞。洞要一捅到底，捅透气。再在茄子腰部四周每隔 3 厘米用竹签捅个洞，也要捅透气。

③ 煮熟浸泡：将茄子放在锅中煮熟。切勿煮烂，也不可偏生。茄子煮好后捞出放进清水中浸泡 8～10 小时，将茄子里的苦水泡出来。

④ 压扁糖渍：将浸泡好的茄子用手挤成扁形，平放在盆里，摆一层茄子，撒一层糖。按 0.5 千克茄子加 0.3～0.35 千克糖的比例进行糖渍。

⑤ 控温蒸熟：将盆子放在蒸笼中，温度达到 100℃ 后，再持续蒸 1 小时，即可蒸熟下笼。

⑥ 反复蒸晒：将盆子放在阳光下曝晒一天。晒后按前法再蒸，蒸后再晒。如此连续 6～7 天，即可制成。

⑦ 包装：用塑料薄膜食品袋真空包装，杀菌后即为成品。

特点：制品色泽乌黑，油津光亮，晶莹剔透，吃起来香甜可口，甜而不腻，质绵肉厚。

9. 辣味腌茄包

（1）配料

茄子 5 个，辣椒粉 8 克，姜 15 克，食盐 10 克，大蒜 15 克，香菜 50 克。

（2）工艺流程

选料处理→蒸制→调料配制→装坛→成品

（3）制作方法

① 选料处理：选取个大，质量较好的长条形茄子，去蒂，洗干净，从根部以下纵切 3 刀成 4 片，根部连着。

② 蒸制：将切好的茄子放在蒸锅内蒸至能用筷子扎透不烂时，取出晾凉。

③ 调料配制：将辣椒粉与食盐用少许开水拌好，蒜、姜切成碎末，香菜切成长 1 厘米小段，然后将蒜末、姜末、香菜段一同拌入辣椒与盐中拌匀。

④ 装坛：用手把制好的调料加在茄子片间，将片合上，然后码入坛内，用重物压上，密封，24 小时后即为成品。

特点：制品鲜嫩，味香辣，入口绵软，诱人食欲。

10. 油炸茄子罐头

（1）配料

鲜茄子，棕榈油，姜丝，葱花，大料，食醋，酱油。

（2）工艺流程

选料→处理→刺花→油炸→配料汁→装罐→排气→密封→杀菌→冷却→成品

（3）制作要点

① 选料：选用个大、无籽、成熟适度的老来黑等晚熟品种

为好。

② 处理：将选取的茄子，用刀尖挖去柄，除去萼片，接着去皮，削净。然后及时进行切片。切片厚度为 1.5 厘米，要求厚薄一致，以利加工质量统一。

③ 刺花：在茄片的正、反两面错开，用刀尖刻划线，使成菱形但不切断，这样切后既美观又利于油炸。

④ 油炸：最好用"抗哈"品种的油，以棕榈油为佳。待油烧到 150℃ 以上时，放入茄片，1 分钟左右茄片发黄即可，以软而不烂为佳。

⑤ 配料汁：此工序在油炸工序同时进行。先上油加热，油热后放入姜丝、葱花、大料，接着烹酱油，稍加一点醋，待开锅后再添加热水煮沸 3 分钟，待香味散出，汤显黏稠时，起锅备用。

⑥ 装罐：将油炸的茄片装入罐中（净占 60% 以上），注入料汁。

⑦ 排气：在 95～98℃ 下排气 15 分钟，使罐内茄片达 80℃，密封。

⑧ 杀菌、冷却：采用杀菌公式为 $20'—40'—40'/105～115℃$ 反压，冷却到 40℃ 即为成品。

特点：制品茄片厚薄一致，色泽金黄，香酥可口，具茄子独特风味，无异味。

❧❀ 三、辣 椒 ❀❧

（一）概述

辣椒又称番椒、香椒、榛椒、海椒、牛角椒、辣子、辣角、辣虎等。辣椒的营养成分极为丰富，每百克鲜辣椒含热量 418 千焦，蛋白质 1.6 克，脂肪 0.3 克，碳水化合物 4.5 克，粗纤维 0.6 克，灰分 0.7 克，还含有胡萝卜素、维生素 B_1、维生素 B_2、尼克酸、维生素 C、维生素 E 以及矿物质钾、钙、磷、铁。干辣椒富含维生素 C，居各种蔬菜之冠，还含有辣椒红素、辣椒碱、二氢辣椒碱。挥发油有辛辣味，这种辛辣味有很强的刺激性，有增进食欲、帮助消化、兴奋精神、增进血液循环的作用。

青椒果肉厚而脆嫩，每百克含水分 93.9 克，热量 92 千焦，蛋白质 1.0 克，脂肪 0.2 克，碳水化合物 3.8 克，还含有胡萝卜素、维生素 A、维生素 B_1、维生素 B_2、尼克酸、维生素 C、维生素 E，以及矿物质钾、钠、钙、镁、铁、锌、铜、锰、磷、硒、碘等。

辣椒味辛、性热。具有健胃消食、散热止痛、除湿减肥、延缓衰老的功效。可治寒带腹痛、呕吐泻痢、消化不良、胃纳不佳、冻疮疥癣等症。外用对皮肤有刺激作用，能治风湿痛、腰肌疼痛、冻伤和脱发症。

（二）　制品加工技术

辣椒食法很多，有拌、炒、烩、腌、酱、酿及做各种荤素菜肴的配料、罐头等。干辣椒可制作辣椒粉、辣椒油等。现将各产品加工方法列述于后。

1. 辣椒干制

（1）配料
青辣椒或充分成熟的羊角椒 100 千克。

（2）工艺流程
选料处理→切分热烫→冷却冲洗→脱水烘干→精选包装

（3）制作要点

① 选料处理：选用青椒、羊角椒、朝天椒、野山椒等品种。其中肉质肥厚、组织致密、粗纤维少的新鲜饱满的青椒为好。去除果柄，用流水漂洗，清除附着的泥沙、杂质、农药和微生物污染的组织。

② 切分热烫：将青椒切分成一定大小的片状、丁状或条状，以便水分蒸发。热烫时间依据原料种类的不同而有所差异，以青椒略软为度。煮烫过度，养分损失大，复水能力下降。煮烫过程应保

持锅中的水处于沸腾状态,下锅后要不断翻动,使其充分受热均匀。

③ 冷却冲洗:煮烫好的青椒出锅后,立即放入冷水中散热,并不断冲入新冷水,待盆中水温与冲水温度基本一致时,捞出,沥干水分后便可送入烘房烘烤。

④ 脱水烘干:将煮烫晾好的青椒均匀地摊在烘盘里,然后送进温度 32~42℃烘房中,使其干燥,每隔 30 分钟进烘房检查温度,同时不断翻动烘盘里的青椒,使之加快干燥。一般经过 11~16 小时,青椒内水分含量降至 20％左右时,在青椒表面喷洒 0.1％的山梨酸钾或碳酸氢钠等防霉保鲜剂。

将烘干的青椒放入大木箱中密封暂存 10 小时左右,使干制的青椒含水量保持均匀一致。

⑤ 精选包装:用筛除去产品中的碎粒、碎片及杂质等,然后倒入拣台上,拣除不合格产品。操作要迅速,以防产品吸潮而使含水量回升。不合格产品需进行复烘。成品一般用塑料袋封存,每 500 克为一小袋,50 千克为一大包,再用瓦楞纸箱外包后入库。

特点:制品风味脆而辣,水分含量少于 11％,无霉烂虫斑。

2. 速冻青(红)椒

(1) 配料

青椒或红辣椒 100 千克,氯化钙。

(2) 工艺流程

选料→清洗→浸泡→切分→预冷→沥干→速冻→包装→贮存

(3) 制作要点

① 选料、清洗:选用当天采收,个体大、肉质厚、无病斑的新鲜青椒或红椒为原料。除去辣椒叶等杂质,在清水中洗净,沥干。

② 浸泡、切分:将洗净的青椒放入 0.5％~1.0％氯化钙的水溶液中,全部淹没为止。浸泡 10~15 分钟后捞出,以清水冲洗,除去附在青椒表面的氯化钙残液。

浸泡后的青椒除去椒蒂,再切分。一般多用人工掰成边长 2~

3 厘米任意多边形。大个的掰成 5～6 片，小个的掰成 4～5 片。

③ 预冷、沥干：将切分好的椒坯浸于低温水中，使椒坯内部温度迅速降至 5℃左右，然后捞出，放于竹篮内沥干水分，以利于迅速冷冻。

④ 速冻：预冷后将椒坯迅速放入冻结机内，冻结温度为 −30℃，椒坯冻结最终温度降至 −18℃。在冻结时需振动 1～2 次，防止椒体结成坨块。

⑤ 包装、贮存：冻结后的青椒坯装入塑料食品袋内，封好口后入纸箱贮存或外销。

包装后如不外销，可贮存于 −18℃以下的冷库贮存，相对湿度保持 90％以上，贮存一年左右不会变质。

特点：成品保持鲜椒色、香、味。同一袋内青椒形状、大小较一致，无附着或夹杂冰块、冰屑，无其他杂质，无明显脱水现象。

3. 辣椒叶饮料

（1）配料

辣椒叶，白砂糖，磷酸钠，柠檬酸，乙基麦芽酚，食用香精，乳酸锌，维生素 C，叶绿素铜钠，明胶。

（2）工艺流程

原料选择→清洗→热烫→破碎→浸提→澄清→精滤→调配→装罐→杀菌→成品。

工艺要点：

① 原料选择：选取鲜嫩的辣椒叶，剔去老叶、黄叶、虫蛀及病害叶。

② 清洗：用清水冲洗去叶表面的泥沙及污物。

③ 热烫：将洗净的辣椒叶投入沸水中热烫 30～60 秒钟，捞出用冷水冷却、沥干水。

④ 破碎：将热烫后的辣椒叶加入一倍水，放入搅拌机中破碎。

⑤ 浸提：将破碎叶浆、加入 4 倍量的水在 60～70℃热水中浸提 40 分钟，并加搅拌，然后过滤，滤渣加入 3 倍水，再用上述方法浸提两次，合并三次滤液。

⑥ 澄清：在滤液中加入 0.4％明胶，搅拌均匀，在 10℃以下，静置 24 小时，吸取上面清液。

⑦ 精滤：用硅藻土过滤机精滤。吸取的清液通过硅藻土过滤机压滤出清液。

⑧调配：按配方调配，加入白砂糖 8％，磷酸钠 0.05％，柠檬酸 0.04％，乙基麦芽酚 20 毫克/千克，食用香精、乳酸锌、维生素 C、叶绿素铜钠适量，搅拌均匀。

⑨ 杀菌：采用高温瞬时杀菌，趁热灌装封口，立即冷却到 38℃，入库一周，检验贴标装箱为成品。

4. 油椒罐头

（1）配料

辣椒 100 千克，花生油 12 千克，白砂糖 6～7 千克，淀粉 1.5 千克，葱白 4～5 千克，味精 0.15～0.2 千克，防腐剂 0.1 千克（苯甲酸钠或山梨酸钾），食盐 12～13 千克，明矾 0.2～0.25 千克。

（2）工艺流程

原料选择→原料处理→腌制→精加工→装罐→封口→杀菌→冷却→入库

（3）工艺要点

① 原料选择：选择成熟的红辣椒，肉厚新鲜，剔除腐烂、发黄干枯的辣椒。

② 原料处理：选择好的辣椒应及时进行加工，以防堆放时间过长由于椒体发热，影响质量。首先将辣椒剪去蒂把，再用清水冲洗表面泥沙、污物，沥干水分，用手工或机械破碎。

③ 腌制：破碎的椒坯放入罐或坛子中，100 千克辣椒坯加入 12～13 千克食盐，0.2～0.25 千克明矾，一层椒坯一层盐和明矾拌和均匀的料，入缸腌制，大约 10～12 天时间后，将腌制的椒坯出缸进一步加工。

④ 精加工、装罐：将一定量的优质花生油放入夹层锅内烧开，待油出泡沫后，立即放入白糖、葱白、辣椒腌坯、淀粉、味精、防腐剂，搅拌 2～3 分钟后，即可装罐。

⑤ 封口、杀菌、冷却、入库：装罐后采用真空封口，沸水杀菌 15 分钟，分段冷却，擦干入库，一周后检验贴标，装箱即为成品。

特点：色泽鲜红或橙红，具有花生油及油椒酱香味，无异味，味辣、鲜、脆。

5. 辣椒罐头

（1）配料

鲜红辣椒，食盐，大蒜，生姜，白糖，氯化钙，红糖，冰糖，白酒，黄酒。

（2）工艺流程

选料处理→配料拌匀→装坛发酵→装罐排气→杀菌冷却

（3）制作要点

① 选料处理：选用色泽鲜红，硬度好，肉质较厚，无虫蛀、无疤痕的辣椒。用清水冲洗 3～4 次，摘除蒂柄，浸泡于 5% 的食盐水中 20 分钟，捞出再用清水洗涤 2～3 次，将辣椒切片。大蒜瓣去皮洗净沥干，破碎。生姜选用鲜姜，洗净，去皮，破碎。白酒选用气味香醇的高度酒。食盐、白糖均为优质品。

② 配料拌匀：按配方，辣椒 10 千克，食盐 100 克，大蒜 60 克，生姜 35 克，氯化钙 0.5 克，红糖 15 克，冰糖 10 克，白酒 50 克，黄酒 30 克，放于容器中充分拌匀。氯化钙应溶化在白酒与黄酒中备用。

③ 装坛发酵：先将拌好的辣椒装入坛内，层层压实，装至距坛口 1～2 厘米为宜，将溶有氯化钙的酒倒入坛内，最后盖好坛口密封。常温下发酵，夏天 7～8 天，冬天 15 天左右，可发酵成熟。

④ 装罐排气：发酵后的辣椒调味后可装罐，也可不进行调味，直接装罐。真空密封或排气封口。

⑤ 杀菌冷却：封口后尽快杀菌，杀菌条件为 100℃、10 分钟，杀菌后立即冷却至 38℃左右，即为成品。

特点：制品辣椒味甜，片片一致，无杂质，无致病菌。

6. 腌红辣椒

（1）配料

鲜红辣椒 100 千克，食盐 20 千克，白糖 5.0 千克，料酒 1.0 千克。

（2）工艺流程

原料清洗→焯烫→腌制→成品

（3）制作方法

① 原料清洗：将选择的鲜红辣椒用清水洗涤干净。

② 焯烫：把洗净的红辣椒放入开水锅中焯烫 5 秒钟迅速捞出，沥尽水，摊放竹席上晾晒。

③ 腌制：将晾晒后的红辣椒放入盆中，加入食盐、白糖拌匀，腌 24 小时后入缸，淋上料酒，密封。贮藏约 60 天后，即可开封，捞出即为成品。

特点：制品肉质脆嫩，味道香醇。

7. 腌青辣椒

（1）配料

青辣椒 100 千克，食盐 15 千克，大料 0.25 千克，花椒 0.3 千克，干姜 0.25 千克，水 25 千克。

（2）工艺流程

原料清洗→扎眼装缸→盐水制备→腌制→成品

（3）制作方法

① 原料清洗：将选取的青椒，用清水洗涤干净。

② 扎眼装缸：将洗净的青椒，晾干表面水分后，用竹签扎眼，装入缸中。

③ 盐水制备：把花椒、大料、生姜装入布袋后，投入盐水中煮沸 3～5 分钟，捞出，待盐水冷却后，备用。

④ 腌制：将冷却的盐水倒入盛青椒的缸中，每天翻动一次，连续 3～5 次，约 30 天即为成品。

特点：制品色泽翠绿，味道咸辣，耐贮存。

8. 腌虾油青椒

（1）配料

青椒 2.0 千克，21% 左右的食盐水 4.0 千克，虾油 1.0 千克。

（2）工艺流程

原料处理→盐水浸泡→装坛油浸→成品

（3）制作方法

① 原料处理：将选取的青椒去蒂洗净，用干净牙签或干净竹签在蒂部扎几个小孔备用。

② 盐水浸泡：将扎孔的青椒放入制备好的盐水中浸泡，每隔几小时翻倒一次，以排出青椒内的热气，保持青椒的清脆碧绿。3 天后捞出青椒，控出青椒内的盐水。

③ 装坛油浸：将控出盐水的青椒，再放入干净坛中，倒入虾油浸泡，20 天后即为成品。

特点：制品色泽翠绿，清香脆嫩。

9. 酱辣椒（一）

（1）配料

小辣椒（一寸长青椒）100 千克，食盐 9.0 千克，酱油 30 千克，白糖 3.0 千克，香油 0.5 千克。

（2）工艺流程

原料处理→装坛→配盐水→酱制→浸洗→食用

（3）制作方法

① 原料处理：将选择的小辣椒除去蒂，晾干。

② 装坛：按 100 千克辣椒加 2 千克盐拌匀，放入缸中压紧。

③ 配盐水：取 100 千克水放入 4 千克盐，烧开，待晾凉后备用。

④ 酱制：将配置的盐水倒入盛辣椒的缸中，至全部淹没辣椒，放 7 天后捞起，用布袋装好压干放入坛中，每 100 千克辣椒加盐 3 千克。再倒入优质酱油，将辣椒淹没，放室外晒 3 个小时，即成半成品。

⑤ 浸洗：半成品食用前，用凉开水浸洗压干，加入适量白糖、香油拌匀，即为成品供食。

特点：制品清鲜、甜、香、辣。

10. 酱辣椒（二）

（1）配料

鲜辣椒 10 千克，大酱或面酱适量。

（2）制作方法

① 大酱腌制：选择中等个的鲜辣椒，在蒂部扎 1～4 个小孔，洗净，投入酱缸中搅动，使辣椒的热量及时散去，约 20 天后即成产品。

② 面酱腌制：腌制方法同上，改用面酱即可。如果使用咸辣椒，则先将咸辣椒放入清水中浸泡 3～4 小时，去掉大部分咸味，捞出放阴凉处阴干后，投入面酱中浸没腌制。每天搅动一次，10 天后即成产品。

特点：制品用大酱腌制，味咸辣脆嫩，适合北方人口味；用面酱腌制，味甜辣脆嫩，南方人比较喜食。

11. 辣椒酱

（1）配料

鲜辣椒 7 千克，干辣椒 3 千克，菜油 0.3 千克，酱油 0.5 千克，芝麻 0.4 千克，生姜、食盐各 0.5 千克，黄豆 1 千克。

（2）制作方法

① 鲜、干两种辣椒均洗干净，都剁碎。

② 黄豆入锅炒出香味，再磨成粉末。芝麻炒香再压碎。生姜切成末。

③ 将菜油入锅加热，倒入辣椒翻炒几分钟，再倒入酱油、芝麻碎末、生姜末、食盐、黄豆粉，拌和均匀，炒几分钟，起锅，装缸密封，1～2 个月后可开封食用。

12. 辣椒牛肉酱

（1）配料

红辣椒酱 3 千克，牛肉 3.5 千克，猪油 1.5 千克，酱油 0.2 千克，白糖 250 克，食盐 0.39 千克，五香料 40 克，料酒 10 克，花生酱 0.35 千克，味精 25 克，防腐剂（苯甲酸钠或山梨酸钾）5克，大葱 0.5 千克。

（2）制作方法

① 将牛肉除去筋络，切成大约 0.2～0.5 厘米的小粒，加入猪油 1.5 千克、酱油 0.1 千克、白糖 0.5 千克、食盐 40 克、五香调料 40 克、料酒 10 克，拌均匀腌制 5 小时，然后加水，一起下锅中煮熟，煮至肉粒成熟时捞出晾干。

② 将油下锅烧热，然后下入盐 0.35 千克、大葱 0.5 千克、酱油 0.1 千克、红辣椒酱 3 千克、花生酱 0.35 千克、味精 25 克、苯甲酸钠 5 克，不断搅拌，以防糊底，待其物料变为深红色时，迅速加入已晾干的熟牛肉粒，充分搅拌，不停地翻动，待牛肉酱起密密麻麻小泡时，即可端锅离火，趁热装罐，杀菌，即为成品。

特点：牛肉柔嫩，酱体不流动，黏稠、味鲜。

13. 浓缩辣椒酱

（1）配料

辣椒，盐，味精，蒜蓉，姜泥，稳定剂。

（2）工艺流程

选料→去柄→清洗→破碎→预热→浓缩→调配→灌装→杀菌→冷却→检验→成品

（3）加工要点

① 选料：按消费者的不同需要，选择不同的辣椒品种。选用红辣椒，剔除绿椒及霉烂辣椒。

② 去柄、清洗：辣椒去掉柄，用清水冲洗净辣椒表面的泥沙及污物。

③ 破碎：用破碎机破碎，孔径 3 毫米以下。

④ 预热：将破碎的辣椒浆加热到 80℃，保持 15 分钟，以预热、灭酶。

⑤ 浓缩：将预热的辣椒浆置于真空浓缩设备中，温度为 70℃，真空度为 0.06～0.08 兆帕，进行真空浓缩成酱。

⑥ 调配：在浓缩辣椒酱中加入 8％的盐、0.2％的味精、2％蒜蓉和 0.7％鲜姜泥、0.1％稳定剂。

⑦ 灌装、杀菌：加热到 80～85℃条件下进行灌装，并趁热封口后，在沸水中杀菌 20 分钟。

⑧ 冷却、检验：分段冷却后，再放入库中一周，检验合格后贴标，包装即为成品。

特点：具有鲜红色泽，酱体细腻、均匀、黏稠适当，有辣椒酱应有滋味，无异味。

14. 辣椒泡菜

（1）配料

红辣椒，食盐，白酒，姜，蒜，花椒，八角，胡椒，苹果。

（2）工艺流程

选料处理→配制浸泡液→装坛封口→分期发酵→成品

（3）制作要点

① 选料处理：选择鲜嫩清脆，肉质肥厚，色泽鲜艳，外观一致的红辣椒，无虫眼、病斑、落柄、质软等现象。将原料用流动水清洗干净，留果柄 1 厘米，晾干表面水分。

② 配制浸泡液：用硬水配制泡菜液。按水量加入 5％～6％的食盐、0.5％白酒，少量姜、蒜等。另外将花椒、八角、胡椒、苹果等香辛调味料，按泡菜液量的 0.05％～0.1％用白纱布包好制成香料包。

③ 装坛封口：将处理好的红辣椒装入坛内，装入一半时放入香料包，再继续装入辣椒，压实。原料装至距坛口 8～16 厘米时用竹片卡紧，加入泡菜液，液面淹没原料 1 厘米，然后加盖，在泡菜坛的水槽中加 6％～8％的食盐水，形成水封口。

④ 分期发酵

初期：以异型乳酸发酵为主，伴有微弱酒精发酵和醋酸发酵，产生乳酸、乙酸、醋酸和二氧化碳，逐渐形成厌氧状态。乳酸积累 $0.3\%\sim0.4\%$，pH 值为 $4.5\sim4.0$，时间为 $15\sim20$ 天，是泡菜的初级阶段。

中期：为正型乳酸发酵，厌氧状态形成，植物乳杆菌活跃。乳酸积累达 $0.6\%\sim0.8\%$，pH 值为 $4.0\sim3.8$，大肠杆菌、腐败菌等死亡，酵母、真菌等受到抑制，时间为 $5\sim9$ 天，是泡辣椒的完熟阶段。

后期：正型乳酸发酵继续进行，乳酸积累达 $0.7\%\sim0.8\%$ 时，发酵成熟。

特点：制品色泽红褐，气味清香，咸酸适口、清脆，略有辣味。

15. 泡红辣椒

（1）配料

大红辣椒 100 千克，食盐 15 千克，白酒 1.0 千克，醪糟汁 1.0 千克，红糖 2.5 千克，香料 1 包。

（2）工艺流程

选料→装坛→封坛→发酵→成品

（3）制作方法

① 选料：选择新鲜、肉厚、不霉烂、不损伤、带柄的大红辣椒，用水清洗干净。

② 装坛：将食盐、白酒、醪糟汁、红糖等各种物料调和均匀后装入坛内，再放入洗净的红辣椒、香料包。

③ 封坛：将各种物料装坛后，盖上坛盖，坛沿注上清水封闭。

④ 发酵：封坛后放通风良好处，发酵 15 天左右，即可去盖，捞出辣椒成品。

特点：成品咸甜适口，醇香浓郁。

16. 辣椒油

（1）配料

红辣椒 35 千克，酱油 55 千克，茶油 16 千克，细食盐 6 千克，麻油 4 千克。

（2）制作方法

① 红辣椒晒干，去柄蒂，碾成辣椒粉。

② 将酱油 55 千克、细食盐 6 千克拌和一起。

③ 缸内装入 20 千克的辣椒粉，再倒入酱油盐混合料，拌匀，放置 12 小时左右。

④ 将茶油 16 千克烧热，立即倒入缸内，搅拌均匀，待冷却后拌进麻油 4 千克，再拌匀，装坛、密封放置数日后，即可开缸食用。

特点：色棕红，油辣、香浓，可用作调味剂。

17. 辣椒脆片

（1）配料

辣椒，白砂糖，食盐，味精。

（2）工艺流程

选料→清洗→去籽→切分→浸渍→沥干→真空油炸→脱油→冷却→包装→成品

（3）加工要点

① 选料：选用八九成熟、个大，肉厚、无腐烂，无虫害的新鲜青椒或红椒。

② 清洗：用清水洗净辣椒表面的泥沙及污物。

③ 去籽：将洗净的辣椒纵切两半，挖去内部籽，用清水冲洗，沥干。

④ 切分：将去籽后的辣椒切成长 4 厘米、宽 2 厘米的片。

⑤ 浸渍：将切好的辣椒片投入糖液浸糖。糖液是采用 15% 的白砂糖、2.5% 食盐及少量味精混合而成。糖液温度 60℃，浸渍 1～2 小时。

⑥ 沥干：浸渍的辣椒片捞出，用无菌水冲去表面糖液，沥干。

⑦ 真空油炸：将沥干的辣椒片放入真空油炸机中进行真空油炸，真空度不低于 0.06 兆帕，温度在 80～85℃，油炸时间与辣椒片品质以及油炸温度和真空度有关，一般炸制 15 分钟。

⑧ 脱油：用离心机离心脱除辣椒片中多余的油。

⑨ 冷却：将脱过油的辣椒片迅速冷却到 40～50℃后，尽快送入包装间。

⑩ 包装：按片形、大小、饱满程度、色泽等分选和修整，检验合格后称量真空充气包装，即为成品。

特点：制品呈棕红色或青绿色，色泽鲜艳，半透明状，片形扁平，大小均匀，组织饱满，肉质酥脆，具有浓郁的原果风味，甜辣适口，无异味。

18. 虎皮辣子

（1）配料

青椒 0.5 千克，白糖 80 克，香醋 40 克，熟花生油 60 克，酱油 10 克，料酒 6 克，味精适量。

（2）工艺流程

原料处理→糖醋汁调制→煸炒→炒拌→成品

（3）制作方法

① 原料处理：将选取的青椒用水清洗干净，去蒂、去籽，用刀平剖成两半待用。

② 糖醋汁调制：香醋、白糖、酱油、料酒、味精同放一盆中调和成糖醋汁。

③ 煸炒：炒锅置于火上，投入辣椒，用小火煸炒至表面皮出现斑点时，放入熟花生油再煸一下备用。

④ 炒拌：将煸的青椒中烹入糖醋汁料，炒拌均匀，即为成品。

特点：成品色呈斑点状如虎皮，味酸甜辣，香脆爽口。

19. 辣椒脯

（1）配料

辣椒，白糖，淀粉糖浆，果胶，氯化钙，氯化钠，亚硫酸氢钠，磷酸二氢钾，卡拉胶。

（2）工艺流程

选料→清洗→去籽→切片→护色硬化→浸糖→沥糖→烘干→上

胶衣→整形包装→成品

（3）工艺要点

① 选料：选用八九成熟、无腐烂、无虫害、个大、肉质厚的新鲜青椒或红椒。

② 清洗：用清水冲洗干净，除去表面泥沙污物。

③ 去籽：将辣椒纵切两半，挖去内部的籽，用清水冲洗，沥干。

④ 切片：将辣椒切成长 4 厘米、宽 2 厘米的片。

⑤ 护色硬化：将切成的辣椒片，立即浸入 0.5％氯化钙、0.1％亚硫酸氢钠和 3.5％氯化钠、3.0％磷酸二氢钾组成的混合溶液中进行护色硬化处理。在常温下处理 1～2 小时或在真空度 0.06 兆帕中真空处理 30 分钟，捞出漂洗干净，沥干。

⑥ 浸糖：将已漂洗好沥干的辣椒片，投入煮沸的糖液中漂烫 2～3 分钟，马上冷却到 30℃即可真空渗糖。糖液采用 20％的白糖、30％的淀粉糖浆、0.2％～0.3％的果胶制成的混合糖液。真空度为 0.065～0.07 兆帕，糖渍温度为 80℃，时间 30 分钟，然后去除真空度，常压下再浸糖 8～10 小时。

⑦ 沥糖：捞出浸糖辣椒，用无菌水将表面糖冲洗去，沥干。

⑧ 烘干：将沥干糖液后的辣椒脯摆在烘盘上，送入烘房烘干。烘干分两个阶段进行，第一阶段温度 60～65℃进行 1～2 小时，使水分含量达 30％～35％；第二阶段温度为 50～55℃，烘至含水量为 20％左右，中间须翻动几次，取出。

⑨ 上胶衣：将烘干的辣椒脯浸入 0.6％的卡拉胶溶液中，10 分钟后捞出，然后沥干，再经 80～85℃热风干燥 15～20 分钟，再用 0.5％氯化钙溶液处理后烘干，使其表面形成一层凝固致密的膜。

⑩ 整形包装：按脯形大小、饱满程度、色泽分选、修整后，即可用真空包装为成品。

特点：制品呈红棕色，色泽鲜艳，半透明状，脯形扁平，外形完整，大小均匀，组织饱满，肉质柔软有弹性，具有浓郁的原清香，酸甜辣适中，无异味。含糖量 40%，含水量 22%～28%，总酸量 12%，残硫量（SO_2 计）0.2%。

20. 辣椒蜜饯

（1）配料

鲜辣椒 70 千克，白砂糖 50 千克，石灰水适量。

（2）工艺流程

选料→制坯→烫漂→糖渍→煮制→上糖衣→包装

（3）制作要点

① 选料：选用色泽鲜红、柄蒂完好、肉质坚硬、无虫眼、大小一致的辣椒作为原料。

② 制坯：将选好的辣椒用清水清洗干净，用小刀将椒体纵向划一道 3 厘米长的小口，去籽，柄把保持完好。随即浸入 4% 的石灰水缸中，浸泡 4 小时左右，待辣椒剖面略呈黄色，手捏略有硬度时，捞出，倒入清水中清漂。清漂时，每隔 1 小时换一次水，时间为 8 小时左右，直至灰液漂净为止。

③ 烫漂：将辣椒坯投入沸水锅中，待水再沸时捞起，再置于清水缸内浸漂，每隔 1 小时换水一次，连续进行 3～4 次即可。

④ 糖渍：糖渍分三次进行。第一次，将白糖、清水放入锅中加热溶化，配成 40% 浓度糖液，冷却后入缸，将辣椒坯浸泡在此糖液中，浸泡 24 小时后捞起。第二次，将糖液加热至沸，把辣椒坯浸入（糖液不足时可按 40% 浓度添加），仍浸泡 24 小时。第三次，按上述方法再浸泡一次，待辣椒吸糖充足、形体饱满即可。

⑤ 煮制：将糖渍后的辣椒坯连同糖液一起倒入锅内，加热煮制 30 分钟，待糖液浓度为 50% 左右时，即连同糖液起锅倒入缸中，静置蜜渍 24 小时左右。然后连同糖液再倒入锅煮制，待糖液浓度达 60% 时起锅，入缸继续静置蜜渍 7 天。最后再加入 35% 的糖液，用中火煮制，待糖液浓度达到 70% 左右时起锅，沥去全部糖液。

⑥ 上糖衣：将糖煮制的辣椒坯冷却至不烫手时上糖衣。按每 70 千克鲜辣椒配白糖 50 千克的比例配料上糖衣。其方法是，将椒

坯摊于竹席上，厚度为 10～15 厘米，向椒坯上撒一层白糖，要求糖衣均匀，切口处有糖粒。

⑦ 包装：用食品塑料包装袋将糖衣辣椒趁凉密封包装，再用硬纸箱成件包装，即可入库贮存或投放市场。

特点：辣椒呈原状，体表色泽红亮，糖衣色白如雪，红白相间，口味细腻滋润，醇甜清香，微有辣味。

21. 干辣椒粉

（1）配料

红辣椒 100 千克，食盐适量。

（2）工艺流程

原料处理→脱水干制→粉碎→加盐→包装

（3）制作方法

① 原料处理：选用完全红透的羊角椒、朝天椒、野生椒或其他品种。原料采摘后进行挑选，剔除病变软烂等辣椒，清洗除去泥沙、虫卵等。

② 脱水干制：可进行人工干制。即在 65～70℃下烘干，也可进行自然晒干，干制后进行回软。

③ 粉碎：用高速捣碎机或磨粉机磨碎，经过 100 目过筛。

④ 加盐：在过筛后的辣椒粉中添加 5%（以干粉计）的食盐，充分拌匀。

⑤ 包装：用食品塑料袋包装封存，注意防潮防虫。

特点：制品色泽粉红，粉末颗粒大小均匀，水分含量小于 3.0%。

22. 辣椒油树脂提取

辣椒油树脂又称辣椒精，是从辣椒中提取浓缩而得到的一种油状液体，具有辣椒固有的强烈辛辣味，它除了含有辣椒的辛辣成分外，还含有辣椒醇、蛋白质、果胶、多糖、辣椒色素等化学物质。

（1）配料

干辣椒，食用酒精。

（2）工艺流程

原料处理→连续浸提→蒸馏浓缩→成品

（3）制作要点

① 原料处理：选用色红、味辣、无霉变的干辣椒，经 60℃ 恒温干燥 1.5 小时后粉碎，过 60 目筛，待用。

② 连续浸提：称取原料 10 克，置于连续浸提装置中，用 30 毫升食用酒精溶液浸泡一段时间后让浸泡液流出，缓缓加入浸出液和 50 毫升新鲜溶剂，放置 3 小时后，打开底阀，控制流速每分钟 2 毫升，浸提液流完后，再加入 20 毫升新鲜溶剂，继续连续浸提。待连续浸提完后，压出原料中的余液与浸提液合并。

③ 蒸馏浓缩：提取液在 70℃、80～85 兆帕减压蒸馏，回收酒精，去除部分水分，获得含辣椒油树脂，置于称量皿中，先在 60℃ 恒温干燥箱中浓缩 2 小时，再在 105℃ 干燥至恒重，得到辣椒油树脂。

特点：成品为暗红色黏稠液体，辛辣，折射率 1.3854，相对密度 1.0628，pH 值为 5.2，黏度 0.006 帕。

参考文献

［1］ 民族饭店菜谱编写组编 . 北京民族饭店菜谱 . 北京： 中国旅游出版社， 1982.

［2］ 北京第一服务局（北京素菜谱）编写组编 . 北京素菜谱 . 北京： 北京出版社， 1983.

［3］ 《食品科技》编辑主编 . 吃 . 北京： 科学普及出版社， 1983.

［4］ 程尔曼， 姜润泉编著 . 膳食保健 . 北京： 纺织工业出版社， 1987.

［5］ 封长虎编著 . 美味家常瓜菜 . 北京： 中国农业出版社， 1997.

［6］ 张哲普主编 . 野菜的食用及药用 . 北京： 金盾出版社， 1997.

［7］ 攀守金， 朱海涛主编 . 野菜食谱 . 济南： 山东科学技术出版社， 1997.

［8］ 董淑炎等编著 . 中国野菜食谱大全 . 北京： 中国旅游出版社， 1998.

［9］ 烹调基础知识编写组 . 烹调基础知识 . 北京： 北京出版社， 1990.

［10］ 高文场主编 . 野菜栽培与食用 . 北京： 中国农业出版社， 1999.

［11］ 曹汝德编著 . 吃的学问 . 北京： 气象出版社， 1999.

［12］ 李刚主编 . 广东菜巧作指导 . 北京： 中国农业出版社， 1999.

［13］ 生活健康专家组编著 . 食物选购诀窍 . 兰州： 兰州大学出版社， 2001.

［14］ 孔庆霞主编 . 四季饮食养生 . 北京： 中央编译出版社， 2002.

［15］ 张慧、 郑昌江等主编 . 家常蔬菜菜谱 . 昆明： 云南科学技术出版社， 2002.

［16］ 周范林主编 . 中国凉拌菜肴大全 . 北京： 中国林业出版社， 2002.

［17］ 陈栓虎， 高胜利等主编 . 农副产品综合利用和深加工技术（蔬菜类）. 西安： 陕西科学技术出版社， 2002.

［18］ 包来发编著 . 百粥治百病 . 上海： 上海中医药大学出版社， 1998.

［19］ 中国人民解放军空军后勤部军需部编 . 中国南北名菜 . 北京： 金盾出版社， 2003.

［20］ 封长虎等编 . 美味家常菜 . 北京：金盾出版社， 2003.

［21］ 叶连海， 郝淑秀编著 . 地方特色菜肴400种 . 北京：金盾出版社，2004.

［22］ 李常友主编 . 中国素菜集锦 . 西安：陕西科学技术出版社，2005.

［23］ 仲连主编 . 大众家宴、 大众凉菜 . 北京：中国轻工业出版社，2003.

［24］ 李时珍著 . 图解本草纲目 . 西安：陕西师范大学出版社，2007.

［25］ 视界编写组 . 你不可不知的100种家常食物功效 . 南京：江苏科学技术出版

社，2009.

[26] 侯刚编著．你不可不知的100款滋养食方．南京：江苏科学技术出版社，2009.

[27] 李希新著．蔬菜的营养与健康．北京：中国物资出版社，2009.

[28] 薛效贤等编著．中华名菜文化与制作．北京：化学工业出版社，2008.

[29] 曾洁，李东华主编．蔬菜类小食品生产．北京：化学工业出版社，2013.

[30] 高海生主编．蔬菜酱腌干制实用技术．北京：金盾出版社，2013.

[31] 严泽湘主编．蔬菜食品加工技术．北京：化学工业出版社，2014.

[32] 陈夏娇，王巧敏主编．蔬菜加工新技术与营销．北京：金盾出版社，2015.